民用航空器维修基础系列教材

活塞发动机
飞机结构与系统 (第2版)

PISTON ENGINE AIRCRAFT
STRUCTURE AND SYSTEMS

(ME-PA)

郝劲松　刘　峰　主编

清华大学出版社
北　京

内 容 简 介

本书的内容包括活塞发动机飞机的结构和各工作系统,在介绍飞机结构和系统的基本组成、工作原理的基础上,着重介绍日常维护和检查工作要点,以及部分特殊维护项目的基本实施方法。

本书主要作为民用航空器维修 ME-PA(航空机械专业-活塞式飞机)类人员进行基础培训的教材,也可作为 CCAR-147 学校的培训教材,还可作为民航相关专业学生的参考书。

图书在版编目(CIP)数据

活塞发动机飞机结构与系统:ME-PA/郝劲松,刘峰主编.—2 版.—北京:清华大学出版社,2015
(2024.8重印)

(民用航空器维修基础系列教材)

ISBN 978-7-302-41621-0

Ⅰ.①活… Ⅱ.①郝… ②刘… Ⅲ.①活塞式发动机-民用飞机-飞机构件-教材 ②活塞式发动机-民用飞机-飞机系统-教材 Ⅳ.①V271

中国版本图书馆 CIP 数据核字(2015)第 228254 号

责任编辑:赵 斌 赵从棉
封面设计:李星辰
责任校对:刘玉霞
责任印制:沈 露

出版发行:清华大学出版社
   网 址:https://www.tup.com.cn,https://www.wqxuetang.com
   地 址:北京清华大学学研大厦 A 座   邮 编:100084
   社 总 机:010-83470000   邮 购:010-62786544
   投稿与读者服务:010-62776969,c-service@tup.tsinghua.edu.cn
   质量反馈:010-62772015,zhiliang@tup.tsinghua.edu.cn
印 装 者:北京嘉实印刷有限公司
经 销:全国新华书店
开 本:185mm×260mm   印 张:20.5   字 数:497 千字
版 次:2007 年 1 月第 1 版 2015 年 12 月第 2 版 印 次:2024 年 8 月第11次印刷
定 价:58.00 元

产品编号:062064-02

民用航空器维修基础系列教材
编写委员会

主任委员：任仁良

编　　委：刘　燕　　陈　康　　付尧明　　郝　瑞

蒋陵平　　李幼兰　　刘　峰　　刘建英

刘　珂　　吕新明　　任仁良　　王会来

张　鹏　　邹　蓬　　张铁纯

序 言

PREFACE

2005 年 8 月，中国民航规章 CCAR-66R1《民用航空器维修人员执照管理规则》考试大纲正式发布执行，该大纲规定了民用航空器维修持照人员必须掌握的基本知识。随着中国民用航空业的飞速发展，业内迫切需要大批高素质的民用航空器维修人员。为适应民航的发展，提高机务维修人员的素质和航空器的维修水平，满足广大机务维修人员学习业务的需求，中国民航总局飞行标准司组织成立了"民用航空器维修基础系列教材"编写委员会，其任务是组织编写一套满足中国民航维修要求、实用性强、高质量的培训和自学教材。

为方便机务维修人员通过培训或自学参加维修执照基础部分考试，本套教材根据民航局颁发的 AC-66R1-02 维修执照基础部分考试大纲编写，同时满足 AC-147-02 维修基础培训大纲。本套教材共 14 本，内容覆盖了大纲的所有模块，具体每一本教材的适用专业和对应的考试大纲模块见本书封底。

本套教材力求通俗易懂，紧密联系民航实际，强调航空器维修的基础理论和维修基本技能的培训，注重教材的实用性。本套教材可作为民航机务维修人员或有志于进入民航维修业的人员的培训或自学用书，也可作为 CCAR-147 维修培训机构的基础培训教材或参考教材。

"民用航空器维修基础系列教材"第 1 版在 CCAR-66 执照基础部分考试和 CCAR-147 维修基础培训中得到了非常广泛的应用。通过 10 年的使用，在第 1 版教材中发现了不少问题；同时 10 年来，大量高新技术应用到新一代飞机上（如 B787、A380 等），维修理念和技术也有了很大的发展，与之相对应的基础知识必须得到加强和补充。因此，维修基础培训教材急需进行修订。

"民用航空器维修基础系列教材"第 2 版是在民航局飞行标准司的直接领导下进行修订编写的。这套教材的编写得到了民航安全能力基金的资助，同时得到了中国民航总局飞行标准司、中国民航大学、广州民航职业技术学院、中国民用航空飞行学院、民航管理干部学院、上海民航职业技术学院、北京飞机维修工程有限公司（Ameco）、广州飞机维修工程有限公司（Gameco）、中信海洋直升机公司、深圳航空有限责任公司等单位以及航空器维修领域专家的大力支持，在此一并表示感谢！

由于编写时间仓促和我们的水平有限，书中难免存在许多错误和不足，请各位专家和读者及时指出，以便再版时加以纠正。我们相信，经过不断的修订和完善，这套教材一定能成为飞机维修基础培训的经典教材，为提高机务人员的素质和飞机维修质量作出更大的贡献。任何意见和建议请发至：skyexam2015@163.com。

"民用航空器维修基础系列教材"编委会

2016 年 4 月

前 言

FOREWORD

本书依据《民用航空器维修人员执照基础部分考试大纲》（中国民用航空局咨询通告，AC-66R1-02，2006年7月17日颁发）中 M13 模块所规定的内容和要求编写，是中国民用航空局飞行标准司所属的"民用航空器维修人员执照考试管理中心"组织编写的民用航空器维修基础系列教材之一。本书的内容包括活塞发动机飞机的结构和各工作系统，在介绍飞机结构和系统的基本组成、工作原理的基础上，着重介绍日常维护和检查工作要点，以及部分特殊维护项目的基本实施方法。本书主要作为民用航空器维修 ME-PA（航空机械专业-活塞式飞机）类人员进行基础培训的教材，也可作为 CCAR-147 学校的培训教材，还可作为民航相关专业学生的参考书。

由于航空技术的不断发展和进步，民用航空器的一些设计、使用和维修理念都有了一定的变化。为了适应这些变化，民用航空器维修人员执照考试管理中心组织编者，在本书第一版的基础上，对本书进行了修订。主要修订内容包括：在飞机结构部分新增了复合材料相关知识；在空调系统中新增了制冷和设备通风两节；在防冰排雨系统中新增了飞机地面防冰/除冰程序；在多数章节中新增了与维护工作密切相关的内容；对某些章节的内容进行了一定的补充和完善。

本书所有作者都是中国民用航空飞行学院的专业教师，主编为郝劲松，刘峰，参编人员有徐亚军和朱新宇。本书共15章，其中第4章和第15章由徐亚军编写，第5章和第14章由朱新宇编写，其余各章由郝劲松和刘峰编写。

本书在编写过程中得到了民用航空器维修人员考试管理中心任仁良、刘燕的悉心指导，得到了中国民用航空飞行学院机务处、中国民用航空飞行学院航空工程学院飞行器制造工程教研室等单位的大力支持和帮助，并由杨倩对初稿进行了认真严谨的审阅，在此一并表示衷心感谢。

由于作者水平所限，书中定有不妥之处，恳请读者批评指正。

编　者

2015 年 11 月

目 录

CONTENTS

第1章

飞机结构一般概念

　　现代活塞发动机飞机虽然千差万别,但它们的主要部件及其结构和功用却是非常类似的。固定翼飞机一般由机身、机翼、尾翼、起落架和动力装置等 5 个部分组成(图 1-1),它们被连接成一个整体,以满足气动性能和使用、维护性要求,并能够安全、经济地完成飞行任务。机身、机翼和尾翼统称为"机体",是本章和第 2 章讨论的主要内容。

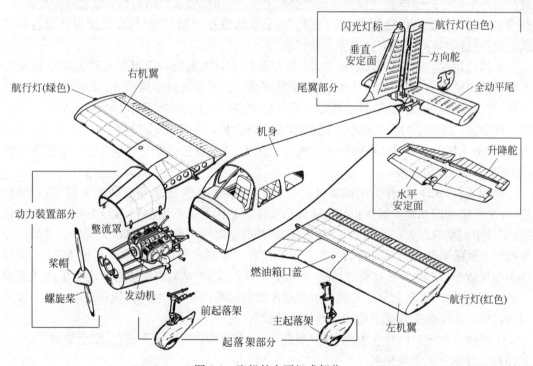

图 1-1　飞机的主要组成部分

　　"飞机结构"通常是指由几个到成千上万个零、构件结合在一起构成的受力整体。这些零件相互之间没有相对运动,同时能承受指定的外载荷,满足一定的强度、刚度、稳定性、寿命、可靠性等要求。因此,这种结构又称为"承力结构"。一架飞机的整个结构,通常包含机身、机翼、尾翼、发动机短舱等几个大部分。从广义上讲,起落架、操纵系统(指机械操纵系统部分)及其他系统的受力结构等部件结构或组件结构也属于承力系统的一部分,但它们有时可与飞机主体结构发生相对运动。

　　机翼、机身这样的大结构,通常称为部件结构。机翼、机身又可沿翼展方向或机身纵向分成几个大段,这样的一大段结构常称为组件结构。组件结构还可以分为小组件、构件等结构。零件则为不需装配的基本单位。构件由很少几个零件装配而成。当零件与构件在飞机结构中作为有一定功用的基本单元时常称为元件,如翼肋、梁、框等,它可以是一个构件,也可以是零件。

通过本章的学习,可以了解有关飞机结构的一般知识和结构日常维护及修理必需的基础知识。

1.1　结构的适航性要求

飞机结构承受载荷的能力通常采用结构强度、结构刚度和结构稳定性等技术指标来衡量。结构强度是指结构抵抗破坏的能力;结构刚度则表明结构抵抗变形的能力;结构稳定性指在外力作用下结构保持原有平衡状态的能力。一般来说,结构强度是首要的和基本的要求,也是飞机结构安全使用的前提和基础。当某些结构(如机翼、机身和尾翼等)在承受外载荷后产生的变形影响到飞机的气动性能和安全运行时,对这些结构则必须提出刚度要求;而当某些结构在承受外载荷变形后,其构件(如机翼蒙皮和桁条等)可能无法保持原有平衡状态时,对这些结构则必须提出稳定性要求。

中国民用航空规章 CCAR21、23、25 部相关章节对飞机结构及其零部件的强度都规定了具体的适航标准,大到机体结构、气密座舱、起落架,小到飞行操纵系统、操纵面、舱门乃至铸件、接头、支撑、铰链等,都详细规定了强度标准、损伤容限和疲劳评定以及试验验证等要求。其中,21 部主要明确了航空产品和零部件的合格审定规定,23 部给出了正常类、实用类、特技类飞机(9 座以下)和通勤类飞机(19 座以下)的适航标准,25 部给出了运输类飞机(19 座以上)的适航标准。

例如,CCAR23-R3 作为中国民航对"正常类、实用类、特技类和通勤类飞机"的适航标准,在关于结构的总则中对飞机结构强度与变形限制作了如下规定:"强度的要求用限制载荷(服役中预期的最大载荷)和极限载荷(限制载荷乘以规定的安全系数)来规定";"结构必须能够承受限制载荷而无有害的永久变形。在直到限制载荷的任何载荷作用下,变形不得妨害安全运行";"除非另有规定,安全系数必须取 1.5";"结构必须能够承受极限载荷至少三秒钟而不破坏,但是如果结构能够承受要求的极限载荷至少三秒钟,则在限制载荷与极限载荷之间产生局部失效或结构失稳是可接受的"。

上述条文中出现的几个术语,如限制载荷、极限载荷、变形、永久变形、安全系数等,与飞机结构设计和使用密切相关。

限制载荷又称为使用载荷,是预期的飞机使用中其结构可能承受的最大载荷,也是结构使用中允许承受的最大载荷。极限载荷又称为设计载荷,是飞机结构设计时所设定的载荷。当飞机结构承受的载荷达到极限载荷值时,结构中单个零件或构件可能出现的失效形式包括:超过限制值的塑性变形、局部或整体失稳、脆性断裂破坏,但此时整个结构仍然具有一定的承载能力。安全系数就是设计载荷与使用载荷的比值,表明结构具有一定的剩余强度。对于主要由铝合金材料构成的飞机机体结构,根据结构受力特点及重要性的不同,安全系数通常取 1.5～2.0;对于采用玻璃纤维、碳纤维、芳纶纤维(凯夫拉)等复合材料的结构,考虑到材料和工艺的分散性,安全系数通常取 2.0。

现代活塞发动机飞机的主要结构常常采用金属材料,当它们受到外载荷作用时,必然产生变形。当结构应力水平低于材料弹性极限时,结构变形属于弹性变形。该变形在载荷卸除后能完全消除。当外载荷过大,结构应力水平高于结构材料的弹性极限时,载荷卸除后,变形不能完全消失。这种外载荷卸除后仍不能消失的变形称为塑性变形或残余变形,也可统称为永久变形。随着飞机服役时间变长,飞机结构或多或少都会存在一定的塑性变形,但此类变形必须控制在飞机维护手册规定的限制值以内。实际维护工作中,可以通过飞机结构校装和对称性检查来对结构的塑性变形进行监控和评估。当结构塑性变形超限时,不仅对结构本身的承载能力有影响,而且可能会使飞机的飞行操纵系统出现操纵效率下降、系统摩擦力增大等现象,严重时在飞行中可能导致操纵面卡滞。在地面对结构进行维护时,需要注意到飞机结构在地面停放和在空中飞行时载荷状态是不同的。

随着材料科学技术的发展,复合材料在飞机中的应用越来越广泛。复合材料是指由两种或两种以上具有不同物理、化学性质的材料,以微观、细观或宏观等不同的结构尺度与层次,经过复杂的空间组合而形成的一个材料系统。活塞发动机飞机上复合材料从最初应用于非承力件的制造,目前已经扩大到应用于主承力件的制造,有些轻型活塞动力飞机甚至采用了全复合材料结构。由于复合材料结构缺乏成熟的分析方法和足够的设计与使用经验,必须采用试样、元件、典型结构件、组合件、全尺寸部件等多个层次的积木式设计验证试验(building block approach,BBA),来保证其结构完整性。美国联邦航空局颁布的FAA AC 20-107A对复合材料飞机结构提出了详细的适航标准,对复合材料结构的静强度、损伤容限、疲劳强度、耐久性提出了详细的要求。

结构强度的适航性要求规定了飞机结构设计和制造的基本标准,保证了飞机在承受各种规定的载荷状态下,具有足够的强度、刚度和稳定性,不会产生不能允许的残余变形、气动弹性问题、疲劳问题和振动问题,并具有足够的寿命和高可靠性,保证飞机的初始适航性。在飞机使用寿命周期内,只要所受载荷均在限制载荷以内,飞机结构将不会发生超限的塑性变形,更不会发生破坏,从而保证飞机结构的安全。同时,规范、良好的维护工作和正确使用则能使飞机的强度、刚度、稳定性、损伤容限、耐久性等指标符合法规的要求,保持飞机的持续适航性。

1.1.1　结构分类

构成飞机结构的各部件或组件通常采用多种材料制造,如铝合金、钢、钛合金或各种复合材料,并且通过铆钉、螺栓、螺钉连接或焊接、胶接等方式连接起来。部件又是由不同的构件构成,如纵梁、桁条、长桁、肋、隔框等,这些构件主要用来承受应力并传递载荷。多数情况下杆状构件以承受轴向载荷为主,即拉伸或压缩为主;板状构件以承受剪切载荷为主。但有时单个构件也可能承受组合应力,例如,纵梁常同时承受弯曲引起的轴向应力和剪切引起的剪应力。按照对结构强度要求的不同,可将飞机结构分为主要结构与次要结构两类。

1. 主要结构

飞机某些结构在飞行中承受拉伸、压缩、扭转、剪切、弯曲应力,或它们的组合,这时强度是主要要求,因此将它们称为主要结构(或受力结构)。例如,机身、机翼、尾翼、飞行操纵面、起落架等都属于主要结构。

2. 次要结构

飞机的另一些结构,如某些舱门、盖板、发动机整流罩、整流罩及类似的零构件,其作用主要是构成流线外形以减小阻力,它们通常不承受飞行和着陆载荷引起的应力或承受的应力很小,因此将它们称为次要结构。

1.1.2 安全寿命

飞机结构安全概念的内涵是随着科学技术的发展而变化的。就世界范围来讲,20世纪50年代以前的飞机,基本是用静强度设计来保证飞机结构的安全。随着飞机飞行速度和技术性能要求的提高,飞机机翼开始采用薄翼型和后掠翼,这使得气动弹性问题变得突出起来,比较突出的问题包括飞机高速飞行时发生副翼反效、机翼颤振等问题。这就要求飞机结构不仅要有足够的静强度,还应有足够的刚度;不仅要避免结构处于共振点附近,而且要保证结构不出现过大的变形以免影响飞机的性能。在第二次世界大战以后的10年,世界各国的军用飞机和民用飞机中,出现了多起疲劳破坏事故。尤其是1954年英国彗星式喷气客机因机体结构疲劳破坏造成的灾难性事故给人们以深刻影响。此后,飞机结构设计除静强度、动强度、刚度要求外,又特别强调了安全寿命问题。在20世纪50年代后期及整个60年代,各国逐步采用了以防止疲劳破坏为目标的安全寿命思想设计飞机。到了70年代,又提出了以新的力学理论——断裂力学为基础的损伤容限设计思想。

在结构设计时,采用安全寿命设计准则设计的结构称为安全寿命结构。这种设计准则要求在设计时基于结构材料的疲劳试验数据,通过控制应力水平、优化结构细节设计和减少应力集中,以保证结构在理论上具有足够的寿命,早期通常采用线性损伤累积理论(Miner法则)来对结构在给定载荷下的寿命进行计算预测;最后,飞机结构的寿命必须通过结构全尺寸疲劳试验进行验证。飞机制造商给定的使用寿命(即安全寿命)等于或小于疲劳试验寿命的1/4。这种设计思想要求所设计的结构在一定使用周期内不发生疲劳破坏。结构中的构件从无裂纹到形成可检裂纹的这段时间就是构件的疲劳寿命,也称安全寿命。到了寿命的构件需要进行修理或更换。

安全寿命与飞机结构材料的疲劳特性密切相关,而材料的疲劳又起因于疲劳载荷——载荷的大小和作用方向随时间周期性或非周期性变化,即重复的或交变的载荷。飞机在使用过程中可能遇到的各种疲劳载荷包括:突风载荷、机动载荷、地-空-地载荷、着陆撞击载荷、地面滑行载荷、座舱增压载荷(如果是气密座舱)、尾翼抖振、发动机振动和噪声以及操纵面附加气动载荷等。构件在疲劳载荷的作用下,即使应力水平较低,经过足够多次载荷循环后,也会发生疲劳破坏。图1-2所示为某种金属构件承受交变应力 S_a 与构件疲劳破坏时经历的应力循环次数 N 的关系曲线,即由试验得出的 S-N 曲线。从曲线图可看出,当交变应力幅值较大时,材料破坏时经历的循环次数就少(寿命短);交变应力幅值较小时,材料破坏时经历的循环次数就多(寿命长)。而当交变应力幅值小到一定值以下时,S-N 曲线趋近于一条水平线,其物理含义为材料所能承受的载荷循环次数将变得无穷大(无限寿命)。

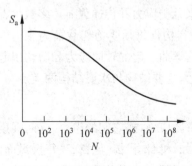

图1-2 典型金属构件 S-N 曲线

疲劳破坏一般有以下特征：

(1) 疲劳破坏不是立刻发生，要经历一定的甚至很长的时间。破坏过程实际上是裂纹形成、扩展以致最后断裂的过程。

(2) 构件中的交变应力在远小于材料的静强度极限的情况下，破坏就可能发生。

(3) 对于塑性材料也常常无显著的残余变形而呈脆性断裂，故不易觉察，具有更大的危险性。

(4) 初始的疲劳破坏常具有局部性，因此优化局部细节设计，就可延长构件疲劳寿命。在发现裂纹后，如更换损伤部分或采取制止裂纹继续扩展的合理止裂措施，结构还可继续使用。

以上结论对于飞机用户有着重要的实践指导意义：一方面，飞机在运行使用过程中必须遵循机型使用手册相关载荷限制，尽量降低飞机结构承受载荷的幅值，以保持飞机结构在设计制造时所具有的安全寿命，实际使用中可监控飞机过载值；另一方面，当飞机结构受到意外的大幅值载荷时，如粗猛着陆或穿越强紊流区后，应对结构重点部位进行针对性检查，如发现存在结构损伤，则必须进行修理或更换，以保证结构安全。

安全寿命设计的缺点是：结构一旦出现可检测疲劳裂纹就算破坏，然而实际上此时结构还有剩余强度和剩余寿命，亦即没有充分利用已损伤结构的寿命潜力。此外，它对材料可能存在的原始缺陷、漏检和使用损伤也无法计及，所以不能确保结构的绝对安全。但这一方法已沿用了几十年，积累了丰富经验，它在改善疲劳品质的设计方法、生产上强化质量控制等方面都已被吸取到更先进的损伤容限设计和耐久性设计中。

1.2 飞机的站位识别系统

在飞机制造或维修时，为了方便地确定飞机结构、构件或设备、附件的位置，飞机制造厂家都要对飞机采用某种定位编码系统。通常的做法是：首先将飞机划分为若干区域，如机身、机翼、水平尾翼、垂直尾翼、副翼、襟翼、发动机短舱等，然后再对这些区域进行位置编码，从而对飞机结构各部位进行精确定位。下面介绍几种常用的站位编码系统。

1.2.1 机身站位编码系统

为了对机身结构、部件或构件进行精确定位，需要从纵向、横向和高度方向对其进行位置确定，通常采用机身纵向站位、纵剖线站位和水线站位来构成对机身的三维定位系统，用来唯一确定某结构、部件、构件或附件的位置。

1. 机身纵向站位(FS 或 BS)

设置假想的与飞机纵轴垂直的参考基准面，该基准面通常位于机头或机头之前接近机头处，不同的飞机制造商对基准面的定义稍有不同。从参考基准面开始，沿机身纵轴方向向前或向后布置一系列平行于参考基准面的平面。这些平面距离参考基准面的水平距离(对欧美飞机，以 in 为计量单位)，即为机身纵向站位(fuselage station，FS)，简称机身站位(图 1-3)。机身站位用于确定机身结构或部件的纵向位置。例如，站位 FS265 表示前起落架机轮轴心距参考基准面的水平距离为 265in(1in=0.0254m)。

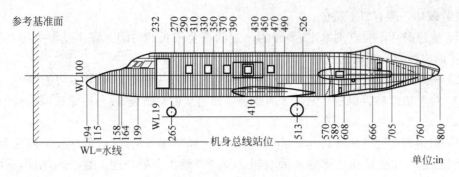

图 1-3　机身纵向站位和水线示意

2. 纵剖线（BL）

　　从飞机尾部水平地向前看，或从飞机上部垂直向下看，设置一个假想平面通过机身纵轴垂直而对称地将机身剖开，则该假想平面就是机身结构的纵向对称面。以该对称面为基准，水平地向左或右测量（以 in 为单位），测得一系列与对称面平行的面，称为纵剖面。由于是后视图（或顶视图），纵向对称面聚集成一条中心线（图 1-4），称它为对称中心线；纵剖面聚集成的一系列平行于对称中心线的铅垂线，即为纵剖线（buttock line，BL）。这些纵剖线与对称中心线之间的水平距离可以用来确定机身结构件或部附件的左右位置。例如，纵剖线 12R 表示距离机身结构对称中心线右边 12in 的位置。

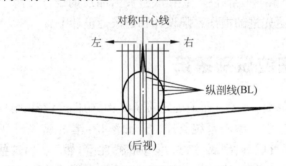

图 1-4　纵剖线

3. 水线（WL）

　　设置一个假想的水平面位于机身底部若干英寸处（图 1-3），以该水平面为基准垂直向上或向下测量，测得一系列水平面。由于是侧视图，这些水平面（包括基准水平面）都聚集成水平线，称为水线（water line，WL）。这些水线与基准水线之间的距离可用来确定结构高度方向的位置（以 in 为单位）。图 1-3 中标注的 WL19 表示飞机机轮底部距基准水线的高度为 19in；而 WL100 则表示飞机纵轴距基准水线 100in 处。

1.2.2　机翼站位编码系统

　　与机身站位编码系统类似，机翼也是利用站位编号对机翼上的各点进行定位。机翼站位系统由机翼展向站位（wing station，WS 或纵剖线 BL）、弦向站位和水线构成，其测量和定位方式与机身各方向站位类同。如图 1-5 所示，假设机翼展向站位基准定于机身对称中心线，则机翼所有展向站位都从该中心线沿展向左或右方向测量（以 in 为单位）。图中标注的

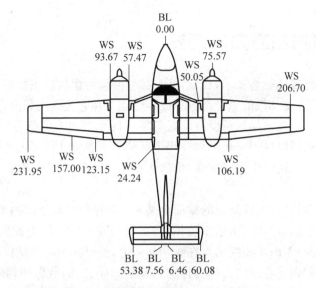

图 1-5   机翼和尾翼展向站位示意图

WS231.95 表示机翼翼尖距飞机对称中心线的水平距离为 231.95in。

1.2.3   其他区域的站位

飞机的副翼、襟翼、水平安定面、垂直安定面和多发飞机的发动机短舱等区域，都采用相应的站位来测定区域内结构或构件的位置。图 1-5 给出了水平尾翼展向站位示意。在对具体飞机的某一点进行定位时，必须先查阅飞机制造厂家提供的相关术语和站位定位系统。

1.2.4   区域的划分

飞机区域划分使机务人员可以很容易地找到相关的部件位置。区域使用 3 位数字代码表示，每个数字代表一个区域类型：第 1 位数字表示主区域、第 2 位数字表示次区域，第 3 位数字表示子区域。例如，100 表示机身下半部分，200 表示机身上半部分，300 表示飞机尾段，400 表示发动机吊舱，500 表示左翼，600 表示右翼，700 表示起落架及其舱门，800 表示机身舱门。图 1-6 为飞机维护手册中常见的飞机区域示意图。

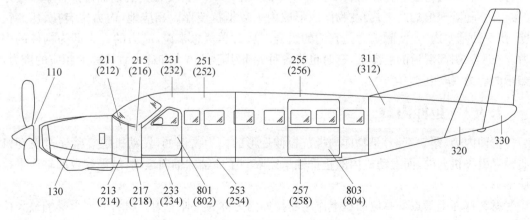

图 1-6   飞机区域划分示意图

1.3　飞机结构的应力与应变

根据飞机结构强度适航性要求,在设计飞机时,必须考虑构成飞机各部分结构的每一个构件具有足够的强度,使飞机的每个部分都能承受施加在它上面的载荷,不发生对飞机安全有害的变形或破坏。对飞机结构承受载荷后各零构件受力状态进行分析的工作,称为应力分析。通过应力分析可以确保飞机结构在规定载荷下不发生任何形式的失效。为了避免因修理不当而使原有的结构强度发生改变,维修人员应当了解和正确评价飞机结构所承受的应力。

应力是一个力学概念,在所研究的截面上某一点处单位面积上的内力称为应力,也就是说应力是定义在点上的,单位与压强单位相同,都是帕斯卡(Pa)。当提到应力这个概念时,需要明确研究的对象,考虑所研究的点在哪个截面上,所研究的应力是该点上具体哪个方向的应力。同所研究截面垂直的应力称为正应力或法向应力,同截面相切的应力称为剪应力或切应力。若正应力沿所研究截面外法线方向,则定义为拉应力;若正应力沿所研究截面内法线方向,则定义为压应力。应力会随着外力的增加而增大。对于某一种材料,应力的增长是有限度的,超过这一极限值,材料就要发生破坏。对某种材料来说,应力可能达到的这个最大极限值称为该种材料的极限应力。极限应力值要通过材料的力学性能试验来测定。将测定的极限应力进行适当降低,规定出材料能够安全工作的应力最大值,这就是许用应力。工程应用中要保证材料的安全使用,根据特定强度准则计算得到的应力值应低于材料的极限应力,否则材料就会在使用时发生破坏。工程中常采用安全系数来定义极限应力和许用应力的比值,它表征了材料的安全裕度。

物体在外力作用下,必然会发生形状和尺寸的变化,称为变形。物体受力产生变形时,体内各点处变形程度一般并不相同。用以描述一点处变形程度的物理是该点的应变。与应力相对应,应变包括正应变和剪应变两种。正应变是指构件内某点处的六面微元体3条相互垂直棱边的长度在变形前后的改变量与原长的比值;剪应变是指该微元体两条相互垂直的棱边在变形后的直角改变量。由此可见,正应变和剪应变都是相对值,是无量纲的物理量。在线弹性变形限度内,应力与应变符合胡克定律,即应力与应变成正比。飞机结构的变形有拉伸、压缩、弯曲、剪切、扭转5种基本形式(图1-7),实际变形是它们任意几种基本变形的组合。随着变形的产生,会在物体内形成内力以抵抗变形。相应地,内力也有拉、压、弯、剪、扭5种基本内力,实际内力是它们的组合。从力学概念来说,应力的合力即为构件的内力。在不致引起混淆的前提下,有时也将各种变形引起的内力和应力直接称为相应的应力,如弯曲应力、扭转应力等。

1.3.1　拉伸内力

拉伸内力(图1-7(a))是物体内抵抗拉伸变形的内力。例如,发动机螺旋桨通过发动机曲轴牵引飞机向前,而发动机内的止推轴承则限制了曲轴的轴向运动,结果导致曲轴产生拉伸变形。

材料截面上某点处单位面积上作用的拉伸内力称为拉伸应力。材料能够承受的最大拉伸应力用拉伸强度来表示,采用兆帕(MPa)作为其单位。材料力学性能试验中将材料试件

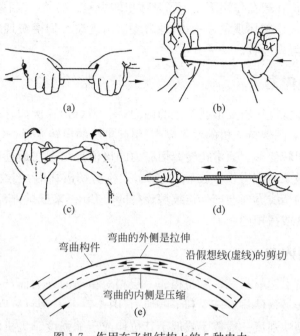

图 1-7 作用在飞机结构上的 5 种内力
(a) 拉伸；(b) 压缩；(c) 扭转；(d) 剪切；(e) 弯曲(组合应力)

拉断时所承受的载荷除以此时试件横截面积得到拉伸强度。塑性材料拉伸断裂时有明显的塑性变形，体现为试件中间出现截面逐渐减小的现象，也就是通常所说的"颈缩"现象；而脆性材料拉伸断裂时没有明显的塑性变形，表现为脆性断裂的特征。

1.3.2 压缩内力

压缩内力(图 1-7(b))是物体抵抗试图压短或挤压它的外力而产生的内力。同样，材料截面上某点处单位面积上作用的压缩内力称为压缩应力，它与拉伸应力同属于正应力，而材料的压缩强度也是用单位面积上能承受的内力来度量，单位为 MPa。材料性能试验中将被压材料出现塑性变形时承受的载荷除以此时试件的横截面积得到压缩强度。需要注意的是，很多材料的拉伸强度和压缩强度是不完全相同的。

当构件受压时，存在两种可能的破坏情况：构件应力超过压缩强度发生破坏和构件受压失去稳定性(简称"失稳")。飞机机体属于薄壁结构，当受到较大轴向压力时构件可能出现失稳，尤其当构件受到偏心压缩时更易出现失稳现象。受到弯曲和扭转载荷的构件，若设计不当也可能产生受弯失稳和受扭失稳，如工程中常见的深梁失稳问题和薄壁圆轴失稳问题。图 1-8 所示为桁条在受到轴向压力 P 作用时表现出的几种失稳情况。其中，图 1-8(a)中桁条轴线不能保持为直线，发生了整体失稳；图 1-8(b)中桁条的轴线保持为直线状态，但局部出现褶皱，发生了局部失稳；图 1-8(c)中桁

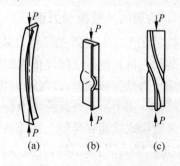

图 1-8 构件受压失稳
(a) 整体失稳；(b) 局部失稳；(c) 扭转失稳

条轴线保持为直线,但在载荷作用下发生了整体扭转失稳。另外,飞机蒙皮在受到压力作用时,也可能出现褶皱失稳破坏现象,一般表现为蒙皮出现波纹型褶皱现象,有时靠目视检查难以发现,需要用手触摸检查。

1.3.3　扭转内力

扭转内力是物体抵抗扭转变形而产生的内力(图 1-7(c))。例如,操纵飞机向一侧横滚时,飞机的一些部件力图保持飞机的水平姿态,引起机身的扭转变形。这时机身结构将产生扭转剪应力来抵抗扭转变形。通常扭转剪切应力的极值都出现在最远离扭转中心的位置,如圆截面轴受扭时最大剪应力发生在轴的表面,发生剪切破坏时,裂纹与轴的轴线呈 45°。机身受扭时沿截面的切线方向会产生连续剪流(shear flow)来抵抗外部扭矩。扭转强度用来表征材料抵抗扭转或扭矩的能力。

1.3.4　剪切内力

剪切内力是抵抗引起材料某一层与相邻一层相对错动的外力而产生的内力。例如,两块受拉伸作用的铆接板材使铆钉杆受到了剪切力(图 1-7(d)),铆钉杆则产生剪切内力与之抵抗。工程材料的剪切强度一般等于或低于其拉伸或压缩强度。飞机的大部分构件,特别是螺钉、螺栓和铆钉等,一般都要承受剪切内力。

1.3.5　弯曲内力

弯曲是拉伸和压缩的组合。例如,一块板材受到弯曲作用时(图 1-7(e)),其弯曲的外侧(凸起)部分被拉伸,产生拉伸内力,拉应力极大值位于上表面;内侧(凹进)部分则被压缩,产生压缩内力,压缩应力极大值位于下表面;虚线所示的对称面上的材料既不受拉也不受压,这个对称面我们通常称之为中性层。

1.3.6　飞机机体结构的应力分析

在飞行中,飞机的机翼、机身和尾翼要承受气动力、自身的结构质量力和安装在其结构上的部件传递来的质量力等外载荷的作用,导致结构产生弯曲、扭转和剪切变形。飞机机体结构必然产生弯矩、扭矩和剪力等内力来抵抗变形。对机体结构进行内力分析,可明确了解机体结构的受力特点和容易损伤的部位。

1. 机翼的外载荷和力图

机翼在飞行中受到空气动力载荷 q_a、机翼自身结构质量力 q_c、发动机质量力 P 和机翼上安装的飞机其他系统部件传来的质量力 R 4 种外载荷的作用(图 1-9)。其中气动载荷和结构质量力是分布载荷,以气动力为主;而部件质量力则属于集中载荷,通过安装接头传给机翼结构。图中所示外载荷均以合力形式给出。

悬臂梁式机翼在受到上述外载荷作用时,机翼结构中将产生相应的内力:剪力 Q、弯矩 M 和扭矩 M_1。因为机翼的升力很大,且作用在机翼刚度最小的方向上,因此在进行结构受力分析时,常着重考虑气动载荷沿垂直于弦平面的分量引起的内力 Q、M 和 M_1 等。此时,机翼上剪力、弯矩和扭矩的分布见图 1-10。从力图中分析可知,沿机翼展向从翼尖到翼根,

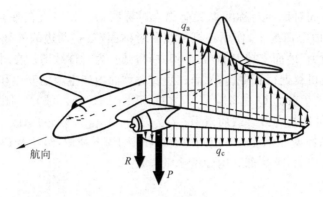

图 1-9　机翼外载荷

机翼内力逐渐增大,翼根处的内力达到最大。机翼上安装设备或装载后,在飞行中可减小翼根段的内力水平,即所谓"卸载作用"。这也是现代飞机将主油箱置于机翼中的原因之一。

图 1-11 表示机翼结构承受应力的情况。剪力 Q 的绝大部分由翼梁腹板承受(图中的 $Q_前$ 和 $Q_后$),在腹板上形成剪切应力。弯矩 M 主要由翼梁的上、下缘条承受。由于弯曲是组合变形,所以机翼受升力作用向上弯曲时,机翼下表面的构件(翼梁下缘条、下蒙皮和桁条)承受拉应力,而上表面构件(翼梁上缘条、上蒙皮和桁条)承受压应力,因此,上翼面构件既要满足强度要求,也要满足稳定性要求。扭矩 M_1 由蒙皮与前、后梁腹板形成的闭合框上产生的单向剪流平衡。

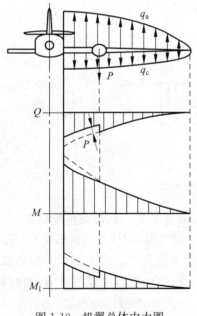

图 1-10　机翼总体内力图

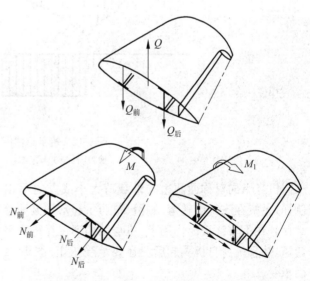

图 1-11　机翼结构承受应力示意

2. 机身的外载荷和力图

飞机在飞行和着陆过程中,机身结构主要承受由机翼、尾翼、起落架等部件的固定接头传来的集中载荷;同时还要承受机身上各部件及装载的质量力、机身结构质量力以及气密座舱的增压载荷等。通常将作用在机身上的外载荷分为对称载荷和不对称载荷。

相对于机身纵向对称面对称的外载荷称为对称载荷。如飞机在垂直平面内做机动飞行、正常起飞和接地等情况下,作用在机身纵向对称面左、右两边的外载荷(如平飞中的升力、阻力、重力和拉力,地面支持力等)大小和方向相同,为对称载荷。在对称载荷作用下,机身上的全部载荷在机翼处得到平衡,从而在垂直对称面内产生剪切变形和弯曲变形(机身上凸)。机身结构将产生剪力 Q 和弯矩 M 与之抗衡(图 1-12(a)、(b))。图中所注的 $P_1 \sim P_5$ 为结构质量力、部件质量力或装载质量力;Y 为升力;$Y_{尾翼}$ 为平尾平衡升力。此时剪力主要由机身整体结构的横截面承受;弯矩则主要由机身上、下蒙皮,纵梁和长桁承受,且机身上半部分构件承受拉应力,下半部分构件承受压应力。

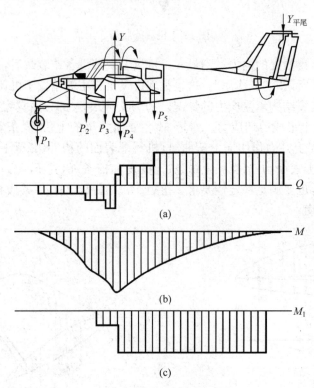

图 1-12　机身总体内力图

(a) 剪力图;(b) 弯矩图;(c) 扭矩图

机身纵向对称面两边的外载荷大小或方向不相同时,机身所受外载荷为不对称载荷。例如,飞机在飞行中转弯、侧滑、单边主起落架接地等情况下的载荷,对机身来说都是不对称载荷。在不对称载荷作用下,机身结构不仅在垂直平面和水平面两个方向上都承受剪力和弯矩,并且机身自机翼起后段还要承受扭矩(图 1-12(c))。扭矩由机身蒙皮形成的闭合截面承受。

在机身与机翼的连接部位,若两边机翼的大梁对接在一起,则机身只承受机翼传来的升力,而不承受机翼产生的弯矩,此时两边机翼的弯矩自平衡;若两边机翼大梁没有对接,而是分别与机身的隔框连接(无中央翼结构),则机身隔框既受到机翼传来的升力,同时也受到机翼传来的弯矩,此种结构形式会导致机翼和机身的连接结构复杂,结构增重。

垂直尾翼和水平尾翼的外载荷和应力分析方法与机翼类似,这里不再赘述。

1.4 飞机结构基本构件

现代活塞发动机飞机常采用金属构件构成其主要结构,这些构件包括机身的纵梁、长桁、隔框,机翼的大梁、桁条和翼肋等。它们按照设计要求通过铆接、螺接、粘接等方式被连接成主体构架,外部敷设金属或非金属蒙皮,构成空气动力表面。

1.4.1 机身基本构件

机身的基本构件分为纵向构件和横向构件两类(图1-13)。纵向构件包括纵梁、长桁或桁条、局部短梁等;横向构件包括隔框、框架等。这两类构件通过角片、铆钉、螺钉或螺栓等连接件连接成机身骨架,再在骨架外部用铆接方式敷设金属蒙皮,使整个结构具有适当的强度和刚度。图1-14为常见蒙皮种类,包括分离的薄金属蒙皮和整体蒙皮(蒙皮与桁条由整块材料加工而成),后者常称为整体壁板。由于整体壁板具有优良的疲劳特性、密封性和重量特性,在飞机的结构油箱等部位得到了广泛的应用。图1-15为常见的金属桁条种类,它们具有不同的截面形状。按照工艺特征不同进行分类,桁条一般可分为板弯桁条和挤压桁条两类。

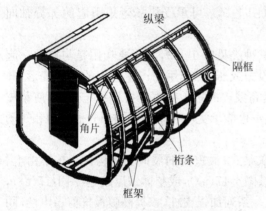

图1-13 机身结构基本构件

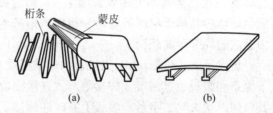

图1-14 蒙皮
(a)金属蒙皮;(b)整体蒙皮(壁板)

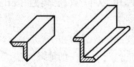

图1-15 典型的桁条种类

机身隔框用于承受和传递机身横向载荷,维持机身剖面形状;桁条主要用于承受总体弯曲载荷引起的拉伸、压缩轴向力;在机身的开口区往往采用局部短梁和加强隔框对结构进行补强。在有集中载荷传递的部位,机身隔框也会适当进行加强。

1.4.2 机翼的基本构件

机翼的基本构件分为展向构件和弦向构件两类(图1-16)。展向构件包括翼梁、桁条、纵墙(辅梁)等;弦向构件为翼肋。它们也是通过角片、铆钉等连接件连接成机翼骨架,再用铆接方式敷设金属蒙皮(极少数飞机用粘接方式敷设布质蒙皮),使整个机翼结构具有适当强度和刚度。

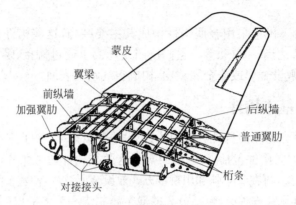

图 1-16 机翼结构基本构件

机翼蒙皮的直接功用是形成流线型外表面,同时在飞行中承受垂直于蒙皮表面的局部气动力。此外,蒙皮还参与机翼的总体受力,它与翼梁腹板形成闭合的盒式结构承受机翼的扭矩;当蒙皮较厚时,它与桁条一起组成壁板(图 1-14),可承受机翼弯矩引起的部分轴向应力。

桁条是机翼骨架中重要的展向受力元件(其种类见图 1-15),其主要功用是与翼肋一起支撑蒙皮,保持机翼的翼型,防止在气动载荷(吸力或压力)作用下产生过大的局部变形,并与蒙皮一起把空气动力传到翼肋上去;通过提高蒙皮的抗剪强度和抗压稳定性,可使蒙皮能更好地参与承受机翼的弯矩和扭矩。桁条本身也能承受由弯矩引起的部分轴向力和气动力造成的局部弯曲载荷。

翼梁是梁式机翼(小型飞机常采用单梁或双梁式)最重要的展向受力构件。翼梁由上、下缘条和腹板通过铆接或焊接等方式连接而成(图 1-17(a)),或整体锻压成型(图 1-17(c)),其截面形状为"工"字形。腹板上有时还铆接了一系列加强支柱,以提高腹板抗剪稳定性,同时作为连接件将翼梁与翼肋连接在一起。某些现代活塞式发动机飞机的机翼金属大梁在制造时采用了复合连接方式,即先采用胶接方式将上、下缘条,腹板和腹板支柱粘接在一起,然后再采用铆接方式进行机械连接。这种连接方式可以有效提高连接的接触面,降低铆钉孔

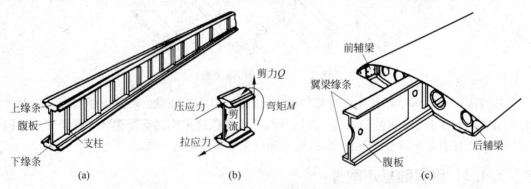

图 1-17 翼梁的构造
(a) 连接型翼梁;(b) 翼梁各部分受力;(c) 整体成型翼梁

周围的应力集中,提高结构的疲劳强度。翼梁的上、下缘条承受弯矩引起的轴向应力(上压下拉);翼梁腹板承受剪力(图 1-17(b))。某些弦长较大的单梁式机翼在其前、后缘设置辅助梁,用以提高机翼的弯曲和扭转刚度,并可作为机翼前、后缘增升装置或副翼等飞行控制舵面支座的安装结构。辅助梁可承受部分剪力,并与蒙皮组成闭合盒段来承受扭矩。

翼肋是机翼的弦向构件,分为普通翼肋和加强翼肋两种类型,如图 1-18 所示。普通翼肋的功用是:构成并保持机翼的剖面形状;把蒙皮和桁条传给它的气动载荷传递给翼梁腹板;把气动力形成的扭矩,通过铆钉以剪流形式传递给蒙皮;支持蒙皮、桁条和翼梁腹板,提高它们的稳定性。为了保持机翼大梁、翼墙等展向构件的连续性,翼肋通常分块制造。常见的翼肋多采用板件冲压成形方式制造,在翼肋的腹板上有减轻孔,可以允许飞控系统的推拉杆、钢索和其他线缆穿过。机翼结构油箱中的翼肋

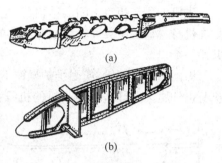

图 1-18　翼肋的构造
(a) 普通翼肋;(b) 加强翼肋

还可以起到油箱隔板的作用,防止飞机飞行姿态发生改变时油液在油箱内来回晃动,保持飞机的平衡。高性能飞机的翼肋还可采用整体翼肋,使用一块金属毛坯整体铣削成形。

加强翼肋除了具有普通翼肋的所有作用外,还要承受自身平面内较大的集中载荷,或由于结构不连续(如在机翼上、下表面开口)处引起的附加载荷,并将这些载荷传递给翼梁,再由翼梁传递给机身加强隔框。例如,机翼的根肋承受了机翼的整体扭矩,后掠机翼的根肋要承受翼肋面内的弯曲载荷,因此都制成加强翼肋。

1.4.3　飞机其他结构的基本构件

除了机身、机翼外,飞机结构还包括尾翼、操纵面等。图 1-19 所示为典型水平安定面结构。这些结构的基本构件与机翼类似,同样有梁、桁条、肋和蒙皮等,常以铆接方式构成整体结构。由于尾翼、操纵面的内力水平通常小于机翼,所以它们的结构相对简单。

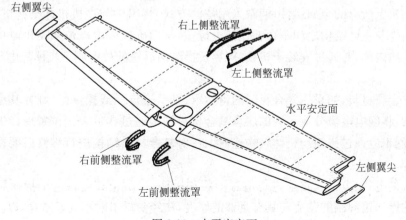

图 1-19　水平安定面

1.5　排泄、通风和防雷击保护的要求

1.5.1　飞机排泄与通风

飞机上所有相对封闭的结构，凡是可能积聚水分的地方，都应当设置通风口和排泄口，如在机身、机翼、尾翼和操纵面等结构的最低位置设置通风和排泄口。多数时候通风和排泄共用一个口。

因雨水漏进座舱，或因维护操作不当使水或液体流入座舱，可能导致座舱内设备污染和机身构件腐蚀，所以，小型飞机的机身都设置有排水系统，将意外进入座舱的水排出机外。

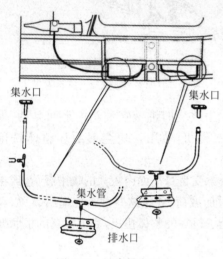

图 1-20　机身排水系统

图 1-20 所示为某飞机机身排水系统的安装。在冲压空气进气口和飞行员座位地板下方设置了集水口，水通过集水管流到位于机身下部的排水口被排放到机外。

在发动机短舱及整流罩位置较低处通常安装有集液管，当飞机处于正常的地面和飞行姿态时，能够迅速、全部地排出整流罩各部分所积留的液体。集液管的排放口通常设置在远离有失火可能的区域，如机翼后缘或机身下部。

飞机座舱内如果有厨房、厕所等，则通常在其地板下设置有集水管和机外排放口，以便将废水或废液排出机外。另外，飞机全、静压系统也设置有水分排放装置或放水口。

1.5.2　飞机防雷击保护要求

CCAR23.867 对闪电与静电防护给出了专门规定："必须防止飞机因受闪电而引起灾难性后果"。飞机上防雷击主要采用静电释放和电流分流等方式。

对于飞机上所有的金属组件，通常采用搭铁方式，将组件与飞机机体结构搭接，使各组件之间及组件与主体结构之间不存在任何电位差，从而确保闪电电流从飞机蒙皮外部通过而不进入座舱内部，并通过安装于机翼、尾翼及操纵面后缘的放电刷将机体静电释放到大气中去。

对于非金属材料，如采用复合材料的雷达罩、某些安定面或操纵面，则在其表面胶接或埋设避雷条，将闪电电流分流。有的层合复合材料结构通过在近表面位置埋设铜网进行电流分流，铜网也应通过搭铁与机体结构连通。在对复合材料结构进行维修后要注意恢复其防雷击装置。

对飞机的电气、电子线路应进行电磁屏蔽和接地，以防止其受雷电干扰而影响正常工作。飞机的燃油箱周围的蒙皮应具有足够的厚度，在经受雷击时不会被击穿，以防止雷击造成油箱燃烧爆炸；铰链、油箱盖等容易产生静电放电的部位都要经过特别设计和处理，在雷

击时就不会在油箱内部产生放电火花引燃燃油。

1.6　结构装配技术

如前所述,分散的构件必须通过一定方式连接成整体,才能具备足够的强度和刚度。为了使各种材料的构件能够紧密连接,现代飞机在结构装配时广泛采用铆接、螺纹连接、粘接或焊接等工艺。无论采用哪种装配技术,都应遵循一个基本原则:连接处的强度不能低于任何一个被连接构件的强度。

1.6.1　铆接

铆接是以金属铆钉将两块或两块以上板材、片料或构件铆合在一起的一种装配工艺。由于铆接在结合强度和外观整洁等方面具有明显优点,所以在飞机制造和修理工作中,铆接被广泛应用于蒙皮固定、翼梁装接、肋条固定、各种构件的接头配件安装、各种支撑件和其他部位的连接和紧固等诸多方面。

铆钉的外形是金属销钉形式,铆钉头在生产时已预制成形;铆钉杆身则是圆柱形直杆,用于插入待连接件的预制铆钉孔中。利用手工或气动工具将铆钉杆直端敲击挤压形成另一个铆钉头(墩头),从而将待连接件铆夹贴合(图1-21)。

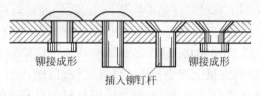

图 1-21　铆接示意

1. 铆钉的种类

应用于飞机结构连接的铆钉主要有两大类:一类是常见的实心铆钉,它必须用垫铁和敲击才能铆接成形;另一类是专用铆钉,应用于因施工空间限制而不能使用垫铁的被连接部位。

（1）实心铆钉

实心铆钉的钉杆由实心材料制成,根据铆钉的材料、头型和尺寸的不同,分别应用于不同要求的连接。实心铆钉的尺寸标注和常见头型见图1-22和图1-23。实心铆钉的头型均以铆钉的头部形状而定,有通用型、圆头型、平头型、埋头型以及扁凸头型等。

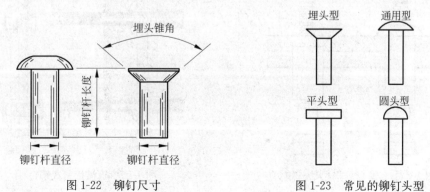

图 1-22　铆钉尺寸　　　　　　　图 1-23　常见的铆钉头型

航空实心铆钉多数由铝合金材料制成。它们在热处理性质、强度规范等方面的标识与区分，通常采用数字结合字母来表示，如1100、2117-T、2017-T、2024-T、5056、7075等。

1100系列铆钉含纯铝99.45%，质地柔软，一般用于铆接对承载强度没有要求的软铝合金件。

2117-T系列铆钉广泛应用于现代飞机制造和结构修理。由于在铆接前不需进行热处理，可直接使用，故这种铆钉又被称为"外场铆钉"。

2017-T和2024-T系列铆钉具有较高的剪切强度和硬度，应用于有较高强度要求的铝合金构件的连接。这种铆钉在使用前需要退火并置于冰箱内冷藏，故称为"冰箱铆钉"。施工时取出，即取即用。2017铆钉必须在1h内完成铆接；2024铆钉则只允许10~20min。如果铆钉从冰箱取出后超过规定的时间而没使用，则必须重新进行热处理。

5056系列铆钉材料中含有5%的镁，具有较高的剪切强度，应用于铆接镁合金结构件。

（2）专用铆钉

飞机上某些部位因空间的限制不能使用垫铁顶铆的方式，或连接强度要求不高的某些非结构件，采用可在工件单侧铆接成形的专用铆钉。根据成形工艺的不同，专用铆钉分为摩擦锁紧式铆钉和机械锁紧式铆钉两大类，施工时要使用专用工具。它们共同的特性，即在铆接施工时看不到工件背面的铆钉墩头，故称之为"盲铆"。

摩擦锁紧式铆钉又分为自塞式铆钉和拉堵铆钉两种，都是由一个带铆钉头的空心杆（套管）和一个穿过空心杆的芯杆组成。这两种铆钉的连接强度不高，一般应用于非结构性修理。铆接时，用专门的拉铆工具沿芯杆轴向施加拉力，芯杆端部台肩挤入套管，迫使套管端部膨胀。当芯杆端部完全被拉入套管后，在受到很大摩擦阻力（或者说受到很大拉力）时，芯杆在刻有断裂槽痕处断裂，完成铆接，最后需要修整断口。拉堵铆钉在完成铆接后是空心的，其剪切强度较低，所以在飞机上很少使用；自塞式铆钉（图1-24）在完成铆接后，其芯杆填充在套管内，其剪切强度较高，但不能用同尺寸、同材料的自塞式铆钉去替换实心铆钉，而必须比实心铆钉直径大一号（1/32英寸）。这是因为自塞式铆钉的芯杆可能因损伤或振动而脱出套管，致使强度降低。

机械锁紧式铆钉（图1-25）的构成与自塞式铆钉基本相同，但它有一个刚性机械锁环，可防止芯杆因振动而脱出铆钉套管。机械锁紧铆钉的铆接施工与摩擦锁紧铆钉类似，其芯

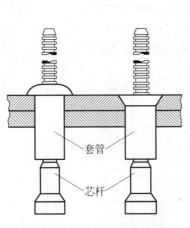

图1-24　自塞（摩擦锁紧）式铆钉

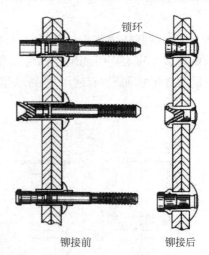

图1-25　机械锁紧式铆钉

杆在铆钉头处截断，一般不需要修整断口。由于这类铆钉具有足够的剪切强度和承压强度，通常可用来代替同尺寸的实心铆钉。

2. 铆接的基本要求

在进行飞机结构修理时，如果需要采用铆接，必须查阅相应技术手册，制订正确的工艺规程。

首先根据铆接部位的应力类型，以及待铆件的材料、厚度尺寸和在飞机上的位置等，选择铆钉的头型、尺寸和种类。一般来说，铆钉直径不得小于待铆板件中较厚板厚度的3倍，铆钉杆长度应等于待铆件总厚度再加上形成适当墩头所需的杆长（铆钉直径的1.5倍）。再根据铆钉直径确定铆钉间距和边距，结合待铆件平面尺寸确定所需铆钉数，并在待铆件平面上画出铆钉孔位置，用样冲定位。

接下来采用手钻或轻型台钻预制铆钉孔。118°夹角麻花钻头用于在硬质金属上钻孔，并应低速运转；90°夹角麻花钻头用于在软质金属上钻孔，并应高速运转。先钻一个比铆钉直径稍小的孔，然后用与铆钉同尺寸的钻头扩孔，得到所需尺寸的铆钉孔。如果采用埋头铆钉，则钻孔后还需采用锪钻或压窝的方法加工埋头孔。

铆钉孔预制好后，根据所选用的铆钉种类，采用相应的铆接工具和方法进行铆接。安装实心铆钉时，应注意最终形成的墩头直径应为铆钉直径 D 的1.5倍，而墩头高度应为铆钉直径 D 的1/2，如图1-26所示。

更换或拆卸铆钉时应当特别注意保持铆钉孔的原有尺寸和形状，必须在铆钉头一边进行拆除施工。如果是圆头或扁圆头铆钉，应首先将铆钉头顶部锉平，并用样冲对准中心冲窝。选用比铆钉杆直径小一点的钻头，对准铆钉头中心位置垂直地钻入，直到铆钉头沿钻杆上升为止。然后用比铆钉杆直径稍小的冲头向墩头方向冲出剩余的铆钉杆。

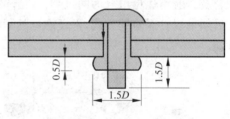

图1-26　铆钉连接示意图

1.6.2 螺栓连接

在飞机结构的某些连接处要求有很高的抗拉强度和刚度，并且在维护工作中需要频繁拆卸分解或更换，这时采用螺栓或螺钉这两种紧固件可以很好地满足连接的可靠性、坚固性和可拆卸性。螺栓连接用于强度要求较高的部位，螺钉连接则用于强度要求较低的部位。下面重点介绍螺栓连接。

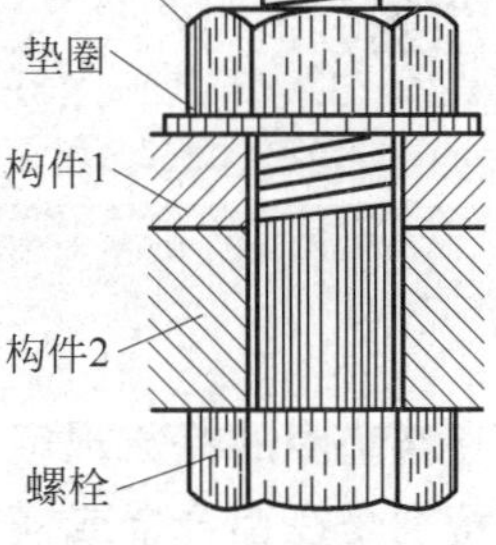

螺栓连接必须与螺母和垫圈配套使用（图1-27）。在维修工作中如果需要使用或更换螺栓，应参阅飞机制造商提供的维修手册和零件目录。

1. 航空螺栓

航空螺栓制造材料有镀铬或镀锌不锈钢、无镀层不锈钢和表面经阳极化处理的铝合金等。根据用途，螺栓分为通用螺栓、高精度螺栓和专用螺栓等几种。根据螺栓头型分为普通六角头螺栓、

螺母
垫圈
构件1
构件2
螺栓

图1-27　螺栓连接示意

圆头螺栓、环眼螺栓、带孔六角头螺栓、埋头螺栓和内六角螺栓等(图1-28)。普通六角头螺栓广泛应用于结构装配,通常用来承受拉伸或剪切应力。高精度螺栓一般用于要求紧密配合的部位。专用螺栓是为特殊用途而设计的螺栓,如销轴螺栓、环眼螺栓、锁扣螺栓等。

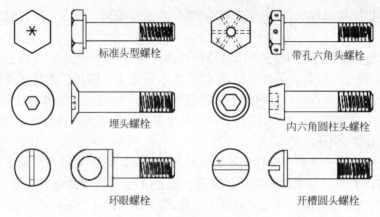

标准头型螺栓　带孔六角头螺栓

埋头螺栓　内六角圆柱头螺栓

环眼螺栓　开槽圆头螺栓

图 1-28　典型的航空螺栓

2. 航空螺母

　　螺母与螺栓必须配套使用才能完成螺栓连接。制造航空螺母的材料是碳钢、不锈钢或铝合金。航空螺母可分为两大类:非自锁型螺母和自锁型螺母。非自锁型螺母(图1-29)固定后须采取打保险的方式,保证螺母的紧固性;自锁型螺母(图1-30)则本身具有防松保险性能。

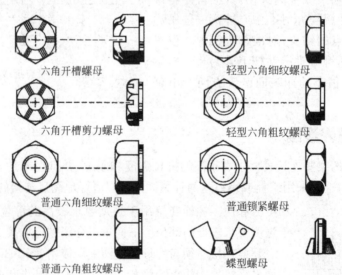

六角开槽螺母　轻型六角细纹螺母

六角开槽剪力螺母　轻型六角粗纹螺母

普通六角细纹螺母　普通锁紧螺母

普通六角粗纹螺母　蝶型螺母

图 1-29　非自锁型螺母

3. 航空垫圈

　　在螺栓端头,螺母与待连接件之间必须装设相应的垫圈(除非有省略垫圈的特殊规定),因为垫圈具有保护待连接件表面不受损伤和防止腐蚀的特定作用。特别是在铝合金或镁合金构件上使用钢螺栓作为紧固件时,必须装设铝合金垫圈,以防止构件表面产生电化学腐蚀；而在钢构件上使用钢螺栓时，则使用钢垫圈。几种飞机上常用的垫圈见图1-31。

"靴"式飞机用螺母　　弹性锁定螺母　　柔性自锁螺母　　纤维垫自锁螺母　　弹性止动螺母

图1-30　自锁型螺母

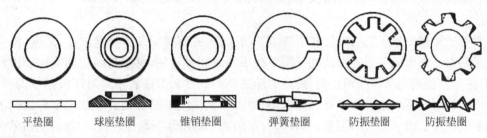

平垫圈　　　球座垫圈　　　锥销垫圈　　　弹簧垫圈　　　防振垫圈　　　防振垫圈

图1-31　常见垫圈种类

4. 螺栓的安装

安装螺栓时，其方向应尽可能使螺栓头朝外(向上或向前)，这样万一螺母松脱时，螺栓仍然在其原位不致掉出。另外，在选择螺栓长度时，应注意螺栓杆无螺纹段(白杆)的长度应与被连接件的总厚度相等或稍长。

安装螺母时，应按规定使用力矩扳手，以便准确控制螺栓的连接强度，使结构单元的负载得到合理分布与传递，最大限度地降低因疲劳或应力集中导致结构失效的可能性。在螺母安装完成后，必须采用适当的保险方式，以防止螺母在飞机使用过程中因振动而自行脱落。除了采用自锁螺母、保险螺母、锁紧螺母、弹簧垫圈等防松方式外，还广泛采用保险丝、开口销等保险方法。图1-32所示为几种打保险丝的方法；图1-33所示为开口销的安装方式。

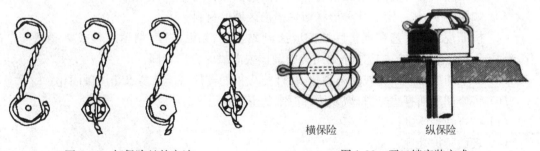

横保险　　　　纵保险

图1-32　打保险丝的方法　　　　　　图1-33　开口销安装方式

1.6.3 粘接

粘接工艺常应用于层合复合材料结构、蜂窝夹芯复合材料结构的制造和维修以及结构密封和塑料构件等非金属材料的修理中。随着胶接技术的发展，出现了金属补片胶接修理金属结构，金属补片胶接修理复合材料结构等新工艺。

　　航空复合材料结构中应用最广泛的复合材料为树脂基纤维增强复合材料,其中增强纤维主要有玻璃纤维、碳纤维、芳纶纤维3种。碳纤维具有相对最优的刚度和强度特性,如Toray公司生产的T800H碳纤维的拉伸强度可达到5.49GPa,比高碳钢强度高出5～6倍。玻璃纤维与碳纤维相比,强度和刚度较低,但由于价格较为低廉,在航空结构中得到了广泛的应用。芳纶纤维具有较强的韧性,在飞机弹性减震起落架支柱等结构中得到了广泛的应用。常用的复合材料树脂基体包括环氧树脂、双马来酰亚胺树脂、聚酰亚胺树脂等。复合材料夹芯结构常见的芯材主要有泡沫夹芯、铝蜂窝夹芯、纸蜂窝夹芯(Nomex蜂窝)、木材夹芯4种。

　　常见的粘接维修工艺有湿法和干法施工两大类,维修时对工作环境温度、湿度、清洁度的要求应符合手册的要求。湿法施工需要在现场调制黏合剂,树脂与固化剂按比例进行混合,有时还需要按要求添加增塑剂,提高树脂基体的韧性。湿法施工对时间限制较为严格,黏合剂调好后需在规定时间内完成操作,使用已开始固化的黏合剂会导致维修后结构的强度和刚度下降。由于受人为因素影响较大,湿法施工的质量分散性较大,对维修人员的技术要求较高。干法施工一般采用纤维布预浸料(prepreg)和胶膜进行操作,对操作时间限制较小,质量分散性较小。外场维修时常采用真空袋固化工艺,通过真空加压、电热毯加温使维修部位固化,恢复损伤结构的强度和刚度。

　　由于复合材料构件和其他非金属构件的构成特性、材料性能以及损伤范围等差别很大,所以在对它们进行修理时,必须查阅相关的结构修理手册(structure repair manual),以便确定正确的修理方法和选择适用的维修材料,并应当严格遵守工厂制订的操作程序。

1. 粘接修理基本程序及要求

　　下面描述的粘接作业程序仅为简单的常识性介绍,不能作为具体粘接修理的操作规程,针对具体机型的粘接维修程序需要参考厂方的相关技术文件。粘接修理一般步骤如下:

　　(1) 检查构件损伤部位,确定损伤位置和损伤尺寸,初步检查可通过敲击法完成,详细检查可采用超声波扫描等无损探伤方法完成;

　　(2) 选用适当的清洗剂,清除损伤部位周围的油漆、保护层和污染物;

　　(3) 如果需要,按一定尺寸和形状切除损伤区域的材料;

　　(4) 按照规定的工艺在损伤区域完成涂刷黏合剂、粘贴胶膜、粘填芯料或叠层粘接工作,补片或填充芯材的方向应与原始结构中铺层或芯材的方向相同;

　　(5) 真空加压常温固化或加温固化,高性能飞机的部件可能会要求热压罐固化;

　　(6) 将修理表面打磨光滑,恢复构件原来的形状;

　　(7) 检查修理质量;

　　(8) 表面防护处理。

2. 粘接修理工艺

　　飞机制造厂家将飞机结构损伤分为可忽略损伤、可修理损伤和不可修理损伤。可忽略损伤可采用简单方法处理,不影响飞行;可修理损伤是指飞机或结构的外表面、基体或夹芯的损伤在限制范围之内,可进行修理;不可修理损伤是指损伤的程度超过了限制,必须更换。

　　复合材料结构修理的类型主要取决于损伤模式和范围,常见的损伤模式有:基体裂纹、分层脱胶、纤维断裂、纤维拔出、夹芯压溃、夹芯裂纹、夹芯与面板脱粘等。飞机使用中,导致复合材料结构出现损伤的原因包括异物撞击、工具滑落冲击、重着陆、超过载机动飞行、突风载荷等。这些非正常载荷会造成层合结构面板或内部夹芯结构损伤。具体的修理方法有金属补片螺接补强、复合材料补片胶接、金属补片胶接、树脂注射法和叠层粘接法等几种。前4种修理方法因达不到原有结构的强度，仅用于非结构修理或损伤尺寸较小的修理。下面介绍蜂窝夹芯结构修理中常采用的叠层粘接修理法（图1-34）。叠层粘接修理用于损伤已深入到夹芯或贯穿整个结构的情况。

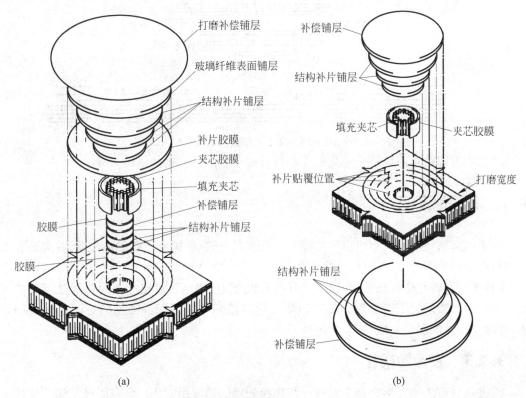

图 1-34　蜂窝芯挖补叠层粘接修理
(a) 非穿透损伤修理；(b) 穿透损伤修理

　　首先必须彻底清除损伤区域表面的油漆、保护层和其他外来物质。通常用蘸有丁酮的海绵或干净布涂抹待修理部位，并用干海绵或布擦掉，反复进行，直到表面完全光亮为止。

　　在清洗后的部位安装高速特形铣刀架、刀头和样板，按照待修件面板和蜂窝夹芯结构特点确定切除损伤的方式，如阶梯切割、楔形切割或组合（阶梯和楔形）切割。特形铣与样板配合使用可保证切除损伤部位所需的直径和深度。损伤切除后，对每一层切割面要进行打磨，最后应清除工作面上的尘土、油污和打磨残留物。

　　调制黏合剂或按维修区形状尺寸剪裁胶膜，并预制夹芯塞替换件、剪裁玻璃纤维布预浸片。

　　将替换芯塞均匀涂抹黏合剂，插入维修部位，并用塑料刮刀刮去溢出的黏合剂，固化30～60min。然后在清洗干净的工作面上，逐层粘接胶膜和玻璃纤维预浸片。完成补片贴覆后，在维修区域局部设置真空袋，真空加压后在室温下固化至少12h，或根据手册要求用电热毯加温固化。真空袋加压、电热毯加热固化的铺层结构如图1-35所示。

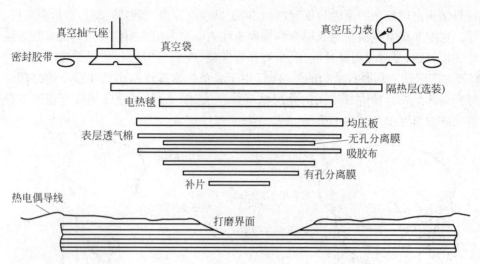

图 1-35　真空加压铺层结构

具体的叠层粘接修理整个工艺规程必须查阅飞机厂家提供的结构修理手册。

1.7　表面防护

几乎所有航空器材在制成出厂前都要进行表层处理,以提高其防腐蚀性能,并为外表油漆层提供合适的附着面。钢材、铝合金和镁合金的表面处理方法除了打磨、抛光等基础工序外,还要采用各种化学处理方法,以提高其防腐蚀能力。最后,在经过表面化学处理后的表面涂上保护性漆层。下面重点介绍表面阳极化和铬酸抑制剂两种常见的表面化学处理方法,并简介油漆涂层的一般知识。

1.7.1　表面阳极化

阳极化处理法是对铝合金表面进行防腐蚀处理的最常用方法。金属阳极化的原理是将铝合金构件置于电镀槽中作为阳极,电镀液中混合的铬酸或其他氧化剂使构件表面只生成

图 1-36　金属阳极化原理

氧化铝膜,如图 1-36 所示。铝经过氧化后本来就生成有具备防腐蚀特性的氧化铝膜,而阳极化法又增加了自然生成的氧化铝膜的厚度和密度。染色阳极化可以为工件上色,便于维修人员识别。由于这种氧化铝膜受损后很难完全恢复,所以在这种表面上施工(如腐蚀处理)时,必须尽量保护其完好性。

阳极化膜层除了具有优异的抗腐蚀特性外,还具有很好的油漆吸附性。因此,表面经阳极化处理后,应尽快喷涂底漆,避免膜层污染和损伤。由于阳极化膜的导电性较差,如果需要静电接地,则应将接地处的阳极化膜除掉。

1.7.2　铬酸抑制剂

对于那些原来经过化学处理过的表面,如果因腐蚀等原因而损伤,在外场条件下很难再

用相同的工艺加以修整恢复。因此,外场修理表面时常采用化学抑蚀剂,它们对铝件、镁件都具有良好的效果。这里重点介绍铬酸抑制剂。

铬酸抑制剂是在10％铬酸水溶液中,混合少量硫酸而成。它对铝件裸露的表面或受腐蚀表面的防腐蚀处理很有效,也可以用来处理镁合金的腐蚀。经过铬酸抑制剂处理后的表面一般能够恢复保护性氧化膜。在处理完成后,应立即进行常规喷漆工艺,或至少应当在进行铬酸处理的当天完成。需要特别注意的是,三氧化铬片是一种强氧化剂,且具有强酸性,必须与有机溶剂和其他易燃易爆物品远离存放。对于蘸浸过铬酸的抹布也应该清洗干净或做废弃处理。

1.7.3 喷漆

完整而良好的漆层构成了一道将金属表面与腐蚀媒介物隔绝的有效屏障,并形成符合要求的表面光洁度。就所起的主要作用而言,飞机油漆涂层可分为保护性涂层、外观性涂层和装饰性涂层3类。对于内部和不暴露在外面的部件涂漆是为了保护其不受损伤;对所有暴露在外面的部分或表面涂漆是为了起保护作用,并给出良好的外观;装饰性涂层包括装饰色条、航徽标志、识别标记、识别号码和字母等。

用于保护性涂层的油漆有硝基纤维漆、丙烯硝基纤维漆和环氧基3类。一种高能见度荧光物质常用来作为配料,与各种特殊材料组合调制成油漆。有时在金属机翼前缘喷涂防雨保护漆层。在发动机匣和鼓轮上采用不同类型的烤漆作为防护层。在对油漆涂层进行维修时,应查阅相关维修手册,确定正确的工艺规程。以下描述的是油漆涂层修理工作的一般性知识。

在对油漆涂层进行修复时,应使涂漆范围尽可能小。然而,当油漆表面损伤严重时,则应使用适当的清除剂清除整个表面的漆层,并彻底清理待涂表面,不得有润滑脂、油、水分或其他污染物。然后用适当的蚀洗底漆对清理后的表面进行化学处理,最后再重新涂油漆。

给飞机涂漆的方法有浸涂法、刷涂法和喷涂法几种。其中,浸涂法常用来涂底漆层;刷涂法则用来做小面积的修理或不适合喷涂的表面;喷涂法则广泛用于大面积涂漆。

喷涂油漆时,喷枪与待喷涂表面应保持15～25cm的距离,并与待喷涂表面垂直(图1-37)。喷枪的每次行程应是直线,并相互有重叠。喷枪移动速度应当掌握适当,使涂层保持潮湿、均匀而又不太厚。

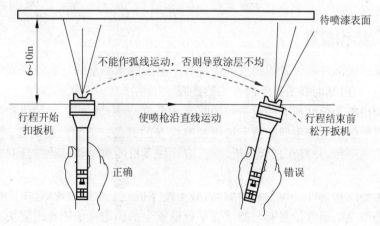

图1-37 喷漆的方法

1.7.4　表面清洁

飞机表面始终要受到泥泞、粉尘、油脂和盐类化合物的污染,导致机件磨损、腐蚀,降低飞机可靠性,危及飞行安全。所以对飞机的清洗是一项极其重要的经常性工作。这里仅讨论涉及飞机表面清洁的相关问题。清洗飞机前应将飞机的全压口和静压口盖住,清洗完成后移除静压口覆盖物,以防影响飞机空速和高度的显示。

飞机表面清洁的方法有湿洗法、干洗法和抛光法几种。应根据飞机表面污染状况以及清洁后想要达到的外观要求,确定采用哪种方法。

湿洗法是先将清洁剂喷洒或涂抹于待清洁表面,然后用高压水流冲刷干净。这时可选用碱性或乳化类清洁剂。湿洗法可以清除油液、油脂、积碳或尘土等污垢。

干洗法用来清除机体表面的灰土、局部的污垢等,而对油液、油脂和积碳等不起作用。将干洗药剂喷洒、涂抹或布蘸等方式施用,结束时用干净的抹布干抹擦拭。

抛光法一般在表面经过清洁后采用,可以使飞机表面恢复原有光泽。抛光材料品种多样,并按磨料粒度分级,应当遵守制造厂家的技术指南来选择使用。禁止使用汽车蜡对飞机进行抛光。

对于雷达罩等特殊表面,除非确有必要,不必进行清洁。而对飞机的塑料表面(如风挡等)进行清洁时,应先用清水冲洗一遍,然后用肥皂水以手柔和抚摩方式擦洗,再用清水冲洗一遍,最后用麂皮布或脱脂棉擦拭干净。清洗轮胎时应检查机轮状态、轮胎定位标记,检查是否有裂纹和凹痕,避免轮胎受到滑油、液压油、润滑油脂和其他溶剂的污染,这些污染物会导致轮胎橡胶老化鼓包。需要特别注意的是,在塑料类表面严禁用丙酮、苯、四氯化碳、油漆稀释剂、玻璃清洁喷剂、汽油、灭火剂和除冰液等有机溶剂作为清洁剂,否则可能导致塑料表面软化和龟裂。

1.8　飞机校装和对称性检查

对飞机主要结构部件进行校准和调节是为了保持飞机结构原有特性,从而保证飞机具有正常的飞行性能。不同机型的飞机应按其飞机制造厂家所规定的校装调节程序和方法执行。

1.8.1　结构校准

飞机主要结构部件的位置或角度都是相对于基准线来测量的。纵向基准线平行于飞机中心线(纵轴),横向基准线平行于两翼尖的连线。

用于结构校准和角度校装的设备包括气泡水平仪、专用量角器、经纬仪和铅垂或经纬仪和测杆等。应根据制造商手册的规定选用校准检查的设备。需要注意的是,校装和校准检查一般应在室内进行,并且在顶起飞机之前,应确保飞机的重量和负载符合制造商提供的手册上的规定。

在检查主要结构部件的位置和角度前,必须使飞机处于水平位置,这项工作称为飞机的水平调节。小型飞机通常设置有与基准线平行或重合的固定标记销或固定块。将气泡水平仪和直线规放置在飞机纵向和横向的标记钉或标记块上,通过轮胎放气或调整立式千斤顶位置高低,使水平仪的气泡处于中心位置,从而调整飞机的水平状态(图1-38)。

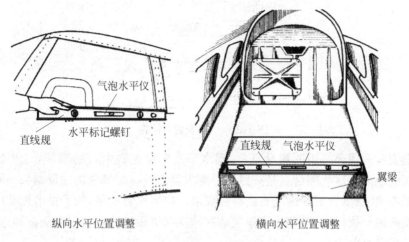

纵向水平位置调整　　　　　　横向水平位置调整

图1-38　飞机水平位置的检查与调整

飞机校准检查的项目通常包括机翼上反角、机翼安装角、发动机推力中心线校准、水平安定面安装角、水平安定面上反角、垂直尾翼的垂直度和对称性检查等。

1. 机翼的校准

机翼的校准包括检查上反角和安装角,上反角影响飞机的横向稳定性,安装角则影响飞机的起飞性能。特别是当飞机经受重着陆或不规则的飞行负荷之后,这两个参数是重点检查的内容。

上反角的检查通常采用飞机制造厂商提供的专用检查工具进行,或使用直线规和量角器,并将检查器具放置在机翼或水平安定面上表面飞机制造厂家规定的位置。检查上反角的方法如图1-39所示。应当注意的是,机翼或水平安定面的某部位一般是水平的,在少数情况下会具有上反角。

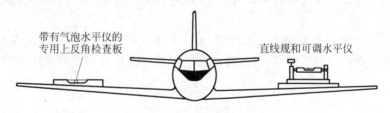

图1-39　机翼上反角检查

安装角的检查可使用安装角检查工具,检查方法如图1-40所示。检查机翼安装角至少应在机翼上两个不同展向位置进行,以避免机翼扭转的影响。把检查板放置在机翼上表面厂家规定的位置,检查板的前止挡应靠在机翼前缘,另一个支脚应处于手册规定的结构特定部位上。如果安装角正确,则检查板顶部的量角器读数为零,或在规定的误差范围之内。

2. 尾翼的校准

尾翼校准包括对水平安定面上反角和安装角的检查,以及对垂直安定面的垂直度检查等。

水平安定面上反角和安装角的校准检查方法与机翼相似。在完成水平安定面的校装之后,可以进行垂直安定面垂直度的检查。

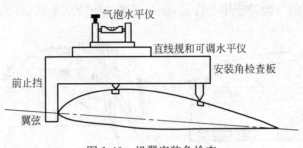

图 1-40　机翼安装角检查

从垂直安定面顶部两边的测量点起,到水平安定面左右两边的测量点止(图 1-41),测量两点之间的距离。这些测量点是按照手册要求确定的。如果两边测量结果相同或在允许的误差范围内,表示垂直安定面垂直度符合要求。应当注意的是,为了抵消发动机螺旋桨的扭矩等对航向的干扰作用,某些小型单发活塞式发动机飞机的垂直安定面在制造安装时,其前缘偏离了机身纵向中心线。

图 1-41　检查垂直尾翼的垂直度

1.8.2　对称性检查

飞机对称性检查是以飞机纵向对称中心线(面)为基准,测量从对称中心线上给定点到机体两边主要部件对称点的距离,如两边机翼翼尖给定点和水平尾翼两边翼尖给定点。如果测量结果两边相等或在允许的误差范围之内,则表明所测量的部件相对于机身对称中心线是对称的。

图 1-42 所示为对称性检查的基本原理,对于具体飞机的精确数据、误差范围和检查点,可在维护手册中查找。对于小型飞机,通常采用钢卷尺进行各点之间的距离测量。在测量

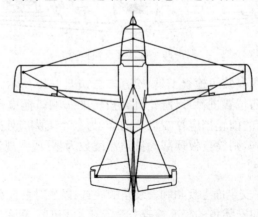

图 1-42　检查飞机对称性的方法示意

较大距离时,应注意控制卷尺的张力(如 2.5kg),以减小测量误差。

　　有些飞机可通过测量特征点投影之间的距离来进行对称性检查。先将特征点通过铅垂投影到地面上,找到飞机纵向对称中心线,然后测量特征点投影之间的距离。采用此方法进行对称性检查应在室内进行,地面要求较为平整,测量前先要将飞机调整为水平状态。飞机在承受重着陆、超速、强突风等非正常过载后,往往需要进行对称性检查,具体要求可参照各机型的维护手册。

第2章

飞机结构

第1章主要从结构强度、应力分析、基本构件、装配工艺、表面防护和结构检查几方面介绍了飞机结构的一般概念。本章则具体讨论机翼、机身的结构类型、特点及其相关部件的安装。通过本章的学习，可以较具体、深入地了解机体结构，为维修理论的学习和具体机型的维护实践铺垫基本知识。

2.1 机翼

飞机机翼的主要功用是当飞机在空气中快速运动时产生升力，同时提供横向安定性。机翼内部主承力结构的主要任务是承受并传递空气动力载荷，并将这些载荷最终传递到机身上去。同时还必须维持机翼的横截面形状，即机翼的翼型。若机翼结构发生变形导致翼型变化，则飞机的气动性能也会发生较大的变化，升力系数、阻力系数、最大升阻比、临界迎角等参数都可能会发生改变。机翼内部空间可用于装载燃油、收纳起落架、安装设备等。多数飞机的主起落架与机翼根部结构连接。为了实现起落架的收放，很多机翼下表面都有收纳主起落架部件的开口。

根据驾驶舱中飞行员所处的左右位置，对应地把固定翼飞机的机翼称为左翼和右翼。左、右机翼分别连接于机身两侧的中央翼接头处，或对接于机身内，从而形成一个穿过机身的整体受力结构。

某些早期活塞发动机飞机采用双层机翼（图2-1(a)），而现代飞机常采用一对机翼，称为"单翼"。机翼可以安装于机身的上部、中部和下部，分别称为上单翼、中单翼和下单翼。民用机为了便于利用座舱空间，通常采用上单翼或下单翼。某些小型上单翼飞机在机翼与机身结构之间装有外部撑杆，属于"半悬臂式"机翼（图2-1(b)）；部分上单翼和大多数下单翼飞机无外部撑杆，属于"悬臂式"机翼（图2-1(c)）。

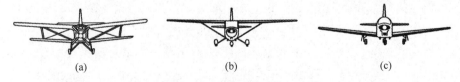

(a)   (b)   (c)

图 2-1　机翼的配置类型

(a) 双层机翼（早期飞机）；(b) 半悬臂式机翼（上单翼）；(c) 悬臂式机翼（下单翼）

根据飞行性能的要求,机翼制成了不同的形状和大小。通常,大展弦比机翼具有较高的升阻比,但其失速临界迎角较小,受气流变化影响大;小展弦比机翼失速临界迎角较大,但中低速性能不佳。活塞发动机飞机的飞行速度一般较低,故它们的机翼主要采用中等展弦比的平直翼,其平面形状在不同飞机上可以稍有差异。图 2-2 所示为典型的小型飞机机翼平面形状。

| 平直前缘和后缘 | 平直前缘,锥形后缘 | 锥形前缘,平直后缘 |

图 2-2 典型的平直机翼平面形状

虽然不同类型机翼的布局、平面形状、翼型等有所不同,但机翼结构的基本构成是相似的。在机翼的后缘都布置有控制飞机横滚的副翼和提高机翼升力系数的襟翼。机翼翼尖布置有航行灯和频闪灯,翼面上方安装了油箱加油口组件,机翼和机身连接处布置有整流罩,机翼前缘有时还安装有着陆灯、失速传感器等设备。图 2-3 所示为一典型机翼的总体布置图,同时给出了前、后梁与机身接头的细节。

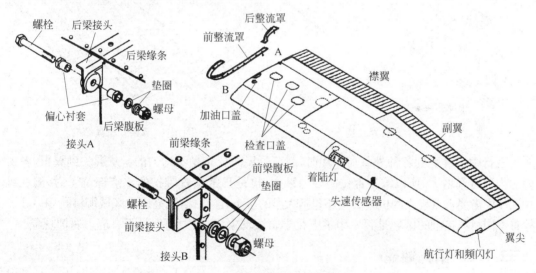

图 2-3 典型机翼总体布置图

2.1.1 机翼结构

现代飞机的机翼普遍使用铝合金和镁合金材料制成。机翼内部沿翼展方向有翼梁和桁条,沿翼弦方向有翼肋或隔板,其中翼梁是主要承力构件。蒙皮通过铆接固定在内部结构上,并承受机翼的部分载荷。在飞行中,作用在机翼上的空气动力载荷首先作用在蒙皮和桁条上,通过铆钉及连接角片传递给翼肋,再由翼肋传递到翼梁,并通过翼梁最终传递给机身。在机翼下表面适当位置设置有检查口、放油口和飞机顶升座。为了更好地排除积水,在机翼下表面还设有排泄口。

　　小型飞机机翼的结构常采用两种类型,即单梁式机翼和双梁式机翼。不同制造厂或不同机型,也可能采用这些基本结构的改进型式,如单梁单墙式结构、单梁双墙式结构等。翼梁通过连接接头与机身加强隔框或中央翼连接。

　　飞行中机翼要受到空气动力、结构质量力和部件集中质量力作用,产生弯曲、扭转和剪切变形。机翼结构相应地产生弯矩、扭矩和剪力与之抗衡。这些内力分别由机翼各结构件承受。单梁式机翼内部结构中只有一个主要的展向构件(图2-4),即机翼的大梁。机翼的绝大部分弯矩均由大梁承受并传递,大梁的腹板承担了几乎全部剪力,机翼的总剪力即为机翼提供给飞机的升力。翼肋用来传递载荷并维持机翼剖面形状。单梁式机翼通常在靠近前、后缘的位置增加辅助梁(又称假梁或纵墙),该辅助梁承受很小一部分弯矩或者完全不承受弯矩,但可承受部分剪力,并与翼梁、端肋和蒙皮构成整体油箱。辅助梁还可为飞行操纵面的支座、滑轨等提供安装支点。双梁式机翼的主要展向构件为前梁和后梁(图2-5),机翼的总体弯矩和总体剪力分别按照梁的弯曲刚度和剪切刚度分配到两根大梁上,载荷与刚度成正比,即刚度越大的梁分得的弯矩越大。前、后梁,蒙皮和翼肋构成的封闭盒状结构承受机翼的扭矩。同时,该封闭区域密封处理后也可作为整体油箱使用。

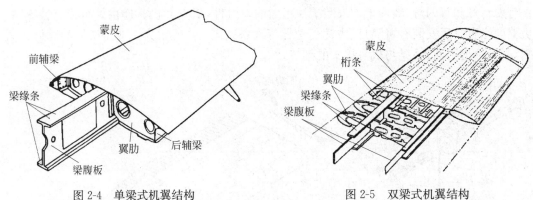

图 2-4　单梁式机翼结构　　　　　　　　　图 2-5　双梁式机翼结构

　　飞行中机翼受到各种外载荷作用时,载荷沿展向分布是不均匀的。从翼尖到翼根,各截面的内力逐渐增大,所以翼根部位的内力最大,也是日常检查维护的重点部位。另外,在维护工作中需要重点检查的机翼结构还包括大梁的接头、连接螺栓、高应力区域铆钉孔等。注意检查不同材料接触的区域是否发生了电化学腐蚀现象,高应力部件是否有应力腐蚀现象。

2.1.2　结构油箱

　　结构油箱是利用机翼内部结构(蒙皮、翼肋和翼梁腹板围成的)空间加以良好密封和防腐处理而形成的,它又被称为整体油箱,其重量小,并且最大限度地利用了机翼结构空间。图2-6所示为典型的小型飞机结构油箱。它位于机翼前缘内,利用梁腹板、端肋、前辅梁和蒙皮围成的空间构成油箱。该区域内所有的接缝、铆钉、螺母垫圈和检查口周围均用密封剂进行密封处理。密封剂只是分别施加于缝隙处,而不是涂满整个油箱内部。每个结构油箱上部设有加油口供重力加油;底部最低处则设有放油活门,用于放沉淀及取样检查。

　　随着新型密封材料的应用,越来越多的飞机制造商在设计飞机燃油箱时选择结构油箱,以代替重量大且空间利用率低的硬壳式油箱。结构油箱出现漏油现象时,不仅要确定外漏点,还要找到内漏点,并按照手册要求进行维修。

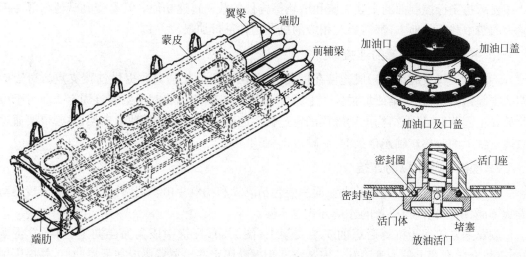

图 2-6　结构油箱的构成

2.1.3　翼尖

机翼的翼梢部分对机翼表面空气流动的影响较大,因此在飞机翼梢位置通常会安装翼尖。常见的翼尖一般采用玻璃纤维复合材料制造(玻璃钢),具有顺滑的流线外形,通过螺钉与机翼的翼梢连接。有的翼尖被设计成略向上翘起的形状,这样可以有效地抑制飞行中机翼的翼尖涡流对上翼面空气流动的影响,减小升力损失和机翼的诱导阻力,最大限度地弱化机翼后缘下洗气流的影响。翼尖外缘会安装航行灯、防撞灯,有时还会配置着陆辅助照明灯。因此翼尖对保持飞机的正常飞行性能,保障飞行安全具有较为重要的作用,典型翼尖结构如图 2-7 所示。

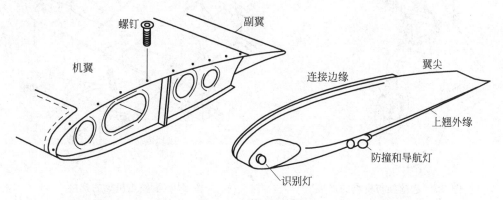

图 2-7　复合材料翼尖

拆装翼尖时要注意检查表面有无裂纹和凹痕,螺钉孔有无变形和拉脱,边缘是否有脱胶分层现象。安装前要连接好灯光导线,在所有螺钉都装到位后才能将螺钉紧固。

2.1.4　机翼与其他部件的连接

与机翼连接的部件通常包括副翼、襟翼、扰流板和多发飞机的发动机短舱等,下单翼飞机通常还包括主起落架。机翼为这些部件提供安装支点,使之能够可靠连接。机翼中的翼肋还要承担飞行控制面的安装支座和滑轨等构件的载荷传递功能。凡是受到其他零部件传递来的集中载荷的地方,都需要对相应的机翼构件进行加强。

1. 主起落架与机翼的连接

下单翼飞机主起落架一般连接在机翼根部,由翼梁或加强翼肋提供连接支点。对于构架式主起落架,机翼翼梁或加强翼肋上设置有固定接头,用以将起落架连接固定。而对于可收放式主起落架,机翼结构上用螺栓固定连接主起落架收放转轴的轴承支架,主起落架通过减震支柱上的收放转轴连接到前、后轴承上(图 2-8)。

2. 操纵面与机翼的连接

小型飞机机翼后缘连接的操纵面主要包括副翼和襟翼。由于这两种操纵面的偏转运动方式不同,所以它们与机翼的连接方式也不同。

副翼通常铰接于机翼后缘的安装支架上(图 2-9),飞行中该翼面会向上、向下发生偏转,飞机会向副翼上偏一侧滚转。安装支架用螺栓固定在机翼翼梁或加强翼肋上,并提供副翼铰接轴和副翼行程限动机构。副翼的后缘设有人工调整片(也称修正片),可以对飞机平飞时的滚转姿态进行平衡调节,防止飞机在副翼偏角为零时出现滚转或偏航现象。

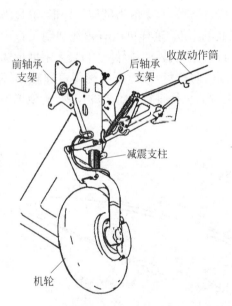

图 2-8　起落架与机翼的连接

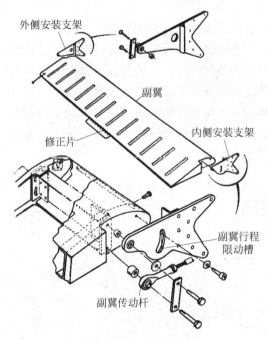

图 2-9　副翼与机翼的连接

襟翼与机翼的连接方式往往取决于襟翼的种类。如果是普通襟翼,其连接方式与副翼相似。而富勒襟翼由于在放下时伴随后退运动,简单的铰接不能满足这种运动要求,所以常采用悬挂铰接方式或滑轮滑轨系统。小型飞机的襟翼常采用悬挂铰接连接方式(图 2-10)。

3. 发动机短舱与机翼的连接

在多数活塞式双发飞机上,发动机通常安装在左、右机翼向前延伸出的短舱内(图 2-11)。短舱分为发动机舱和机翼舱两部分。机翼舱通过螺栓与机翼的翼梁和加强翼肋连接固

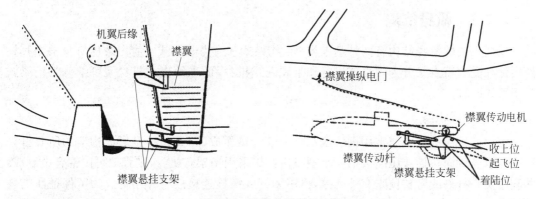

图 2-10　襟翼与机翼的连接

定；发动机舱与机翼舱再通过螺栓连接，形成短舱整体。图 2-12 所示是一个较典型的机翼发动机短舱。机翼舱不仅是发动机舱的整流部分，形成良好的流线形，而且在其内部还装有燃油、滑油、液压管路及其装置，以及供发动机工作的操纵机构和其他控制装置。

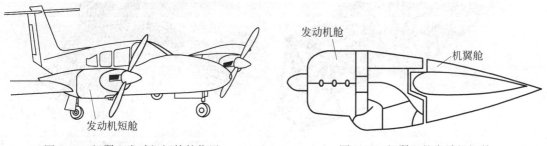

图 2-11　机翼上发动机短舱的位置　　　　图 2-12　机翼上的发动机短舱

机翼舱最前面的舱壁通常由不锈钢板制成，称为"防火墙"，可防止发动机失火时火焰进入机翼内而导致灾难性后果。同时，因为防火墙具有很高的强度，所以可为发动机连接提供可靠的连接接头，还为发动机舱内的装置提供安装面（图 2-13）。

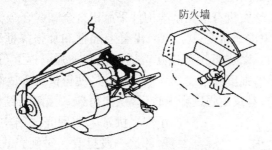

图 2-13　发动机舱与机翼舱的连接

2.2　机身

机身是飞机的主要结构，用来装载人员和货物，安装各种系统、设备和附件，并为机翼、尾翼、发动机和起落架提供安装支点。由于要承受很大的载荷，所以机身结构必须具有足够的强度，且重量应尽量轻。

2.2.1　机身结构

现代飞机的机身结构有两种基本类型：构架式和应力蒙皮式。应力蒙皮机身根据其构件设计和受力特点又分为硬壳式机身和半硬壳式机身，而半硬壳式机身又可细分为桁梁式和桁条式两种。

1. 构架式机身

构架式机身的骨架通常用钢管或铝合金管焊接而成(图 2-14)，且形成构架的所有杆件均主要承受轴向拉伸或压缩载荷。小型飞机如果采用构架式机身，则骨架可由铝合金制成，并利用实心杆件或管材预先交叉支撑，再用铆钉或螺栓连接成整体结构。为了保证所需气动外形，在骨架外部敷设不承受载荷的布质蒙皮。构架式机身目前已应用很少，只在一些轻型飞机上使用。

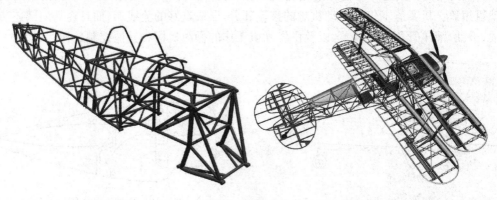

图 2-14　构架式机身

2. 应力蒙皮式机身

应力蒙皮式机身与构架式机身的最大区别在于，机身的蒙皮参与承受载荷，常采用金属蒙皮。如果机身载荷全部由蒙皮承受，则称为硬壳式机身；如果机身蒙皮仅部分承受载荷，则称为半硬壳式机身。这类机身结构基本构件采用铝合金和镁合金材料。

硬壳式机身(又称蒙皮式机身，图 2-15)由普通隔框和加强隔框维持机身截面形状，蒙皮则几乎承受全部应力。蒙皮直接铆接在普通隔框和加强隔框上，具有良好的气动外形。为了保证机身具有足够的强度和刚度，蒙皮必然较厚，使得机身重量偏大。但在应力水平较小的小型飞机机身后段，对蒙皮强度要求较低，从而可兼顾强度与结构重量两方面要求，所以小型飞机常采用硬壳式结构来构成座舱后部至机身尾部这一段机身。对硬壳式机身损伤的修理最重要的是恢复损伤区域原有的形状、刚度和强度，对金属蒙皮常用的维修方法是挖补或贴补。

半硬壳式机身遵循破损安全强度规范的设计思想，即结构中单个构件破坏时，整个结构不会发生灾难性破坏。半硬壳式机身由普通隔框、加强隔框、纵梁和桁条构成机身骨架，外部铆接金属蒙皮，构成光

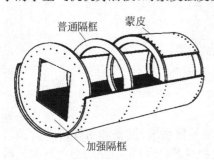

图 2-15　硬壳式机身

滑、洁净的外形,并可承受很大的载荷。根据机身结构中纵梁的强弱或有无,以及蒙皮、桁条参与承受应力的程度,半硬壳式机身又可分为桁梁式机身和桁条式机身。

桁梁式机身(图 2-16(a))中,纵梁较强,承受大部分由弯曲引起的拉、压应力;蒙皮较薄,桁条数量较少且较弱,它们构成的壁板承受少部分弯曲引起的拉、压应力。机身两侧和上、下蒙皮承受绝大部分剪切引起的剪应力;蒙皮围成的闭合框承受全部扭矩引起的剪应力。

桁条式机身(图 2-16(b))中,纵梁较弱,甚至无梁;蒙皮较厚,桁条数量较多且较强,它们构成的壁板承受大部分甚至全部弯矩。剪力同样由机身蒙皮承受,扭矩全部由蒙皮围成的闭合框承受。

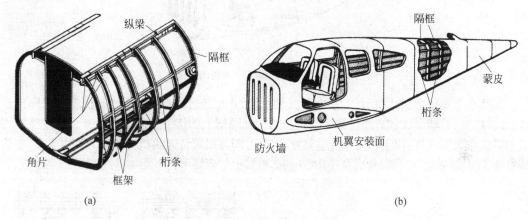

图 2-16　半硬壳式机身的结构
(a) 桁梁式机身;(b) 桁条式机身

桁梁式机身可以很方便地布置大开口,因此在机身上类似登机门、行李舱门等需要布置大开口的舱段通常都会采用桁梁式结构。在没有大开口的舱段往往采用桁条式结构。因此同一架飞机的机身可能存在不同类型的结构形式。

机身结构中隔框的作用主要是传递载荷和维持机身剖面形状。根据其位置和受力的不同,又分为普通隔框和加强隔框两类。普通隔框的功用是承受并传递局部气动力,并维持机身剖面形状;加强隔框则主要承受机翼、尾翼、起落架等部件传来的集中载荷,并将载荷传递给机身结构。

2.2.2　机身与其他部件的连接

飞机的机翼、尾翼必须与机身连接成为整体——机体。两侧机翼通常插接入机身后使用连接片采用螺栓连接方式对接在一起,随后与机身的加强隔框连接。尾翼大梁通常是采用螺栓与机身尾段加强框上的安装座连接。所有前三点式小型飞机的前起落架都安装在机身前下部,有的固定在机身防火墙前方发动机安装架下部的铰支座上,有的固定在机身加强框上;而后三点式起落架的尾轮则安装在机身后下部。对于单发飞机,发动机通常安装在机身的最前部,在发动机与驾驶舱之间布置有金属防火墙,发动机安装架的固定螺栓穿过防火墙与机身的纵梁连接,从而将发动机带动螺旋桨转动产生的拉力传递给机身。飞行中这些部件以集中载荷方式通过连接点将载荷传递给机身,全部由机身承受。因此,安装方式的合理性和连接的可靠性直接影响飞机结构的使用安全。

1. 机翼与机身的连接

　　小型飞机的机翼与机身连接方式取决于机翼结构设计的分段方式。如果机翼分为左翼、右翼和中央翼 3 段,则中央翼的翼梁与机身结构连接,而左、右翼的翼梁接头再与中央翼两端的接头用螺栓连接(图 2-17)。

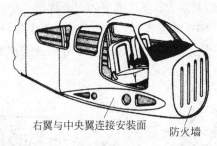

右翼与中央翼连接安装面　　防火墙

图 2-17　左、右机翼与中央翼的连接

　　某些小型飞机单梁式机翼的左、右翼翼梁对接,并在通过机身的翼梁段与机身加强隔框连接。同时,前、后辅梁(纵墙)通过接头与机身的加强隔框上的接头连接(图 2-18)。这些连接均采用螺栓作为紧固件,用于承受和传递剪力,该剪力即为机翼传递给机身的升力。由于左、右机翼直接或间接(通过中央翼)地完全连接在一起,机翼上的弯矩可自平衡,由对接的梁缘条承受。

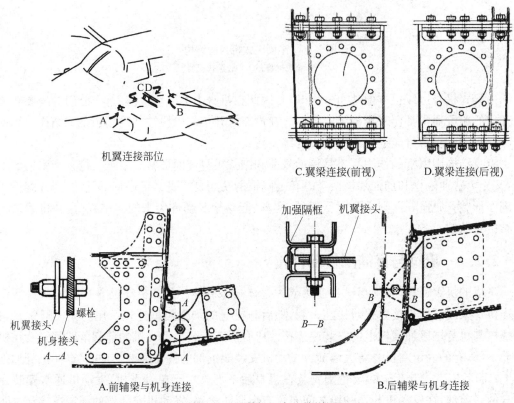

机翼连接部位

C.翼梁连接(前视)　　D.翼梁连接(后视)

加强隔框　　机翼接头

螺栓

机翼接头

机身接头

A—A

A.前辅梁与机身连接

B—B

B.后辅梁与机身连接

图 2-18　机翼与机身连接详图

2. 安定面与机身的连接

　　垂直安定面和水平安定面的结构与机翼非常相似,也是由梁、桁条和肋构成骨架,外部铆接蒙皮构成。安定面与机身的连接同样是它们的梁与机身隔框连接点通过螺栓连接固定。图 2-19 所示为某小型飞机垂直安定面与机身的连接情况,其前梁和后梁下部的接头分别与机身尾段两个加强隔框横梁上的接头用螺栓固定连接。

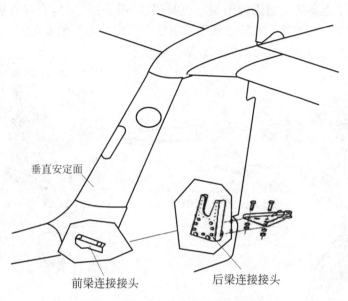

图 2-19　垂直安定面与机身的连接

　　许多小型飞机的水平安定面和升降舵为整体结构,即所谓"全动平尾"。因为全动平尾是可操纵的活动翼面,所以它与机身的连接必然是铰链。图 2-20 所示为某飞机的全动平尾与机身的连接情况,其主梁上的接头与固定在机身尾部隔框上的支架铰接。配重的作用是把平尾的重心前移到铰链轴线上,防止飞行中舵面在气流激励下发生颤振。

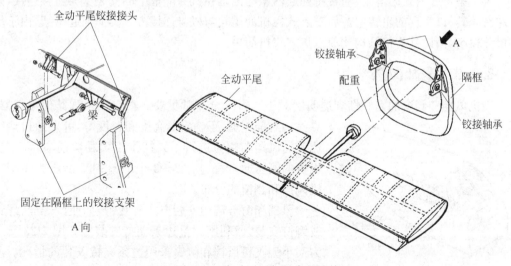

图 2-20　全动平尾与机身的连接

3. 前起落架与机身的连接

前三点式飞机的前起落架安装在机身前部下方。对于可收放式起落架,它与机身的连接为铰接,并可通过操纵实现前轮转弯。飞机离地后,方向舵脚蹬机构与前起落架转弯摇臂脱开。

多数飞机的前起落架直接与机身隔框连接(图 2-21(a))。起落架收放转轴与固定在机身隔框上的轴承支架铰接,而可折叠阻力撑杆则与固定在机身另一隔框上的支架铰接。

某些飞机的前起落架通过固定桁架与机身连接(图 2-21(b)),有时直接利用与发动机安装架一体的桁架结构连接。在经过加强的隔框上固定前起落架安装桁架,桁架前端有轴承支座。前起落架通过其支柱上的收放转轴与轴承连接。

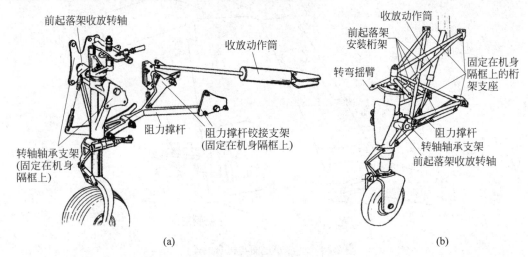

(a)　　　　　　　　　　　　　　　　(b)

图 2-21　前起落架与机身的连接

(a) 前起落架与机身连接;(b) 前起落架通过桁架与机身连接

由于起落架是频繁收放的部件,所以铰接处均采用轴承作为支撑连接件,并需要良好润滑。

对于个可收放式起落架,通常将前起落架与固定在机身隔框上的安装支架直接连接,并可左右偏转,以实现前轮转弯。后三点式飞机的尾轮与机身连接方式类似前起落架,由于尾轮尺寸较小,因此其连接结构比前三点式飞机简单。

2.2.3　窗和风挡

飞机风挡和侧窗的完好性和透明度对于飞行安全非常重要。在空中发现其他飞行器、寻找和对准跑道、正确判断高度和速度等,都要通过清晰透明的风挡和侧窗进行。风挡位于驾驶舱前方,而小型飞机的侧窗通常每边有 2~3 个。图 2-22 所示为小型飞机风挡和侧窗的分布。

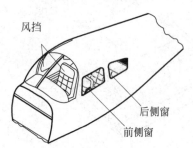

图 2-22　风挡和侧窗的分布

风挡和窗玻璃的安装方式有几种,如使用螺栓、螺钉或铆钉安装,或利用调整边条夹持安装等。图 2-23 所示为某小型飞机风挡和侧窗采用边条夹持安装的情况。风挡玻璃边缘包裹有乙烯塑料泡沫带,可起到防振作用,并为玻璃提供热膨胀间隙。在玻璃外表面与边框或安装边条之间的缝隙中充填密封剂,并垫设乙烯塑料密封带,保证了风挡的良好密封。侧窗的安装与风挡类似。

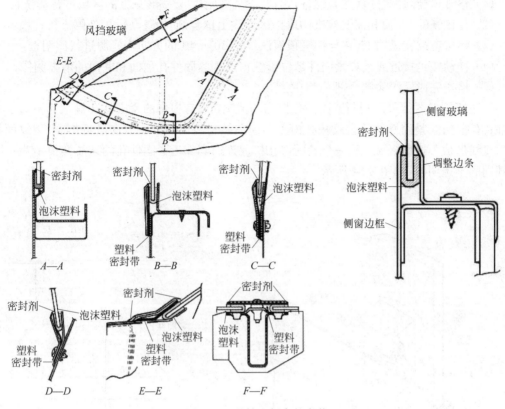

图 2-23　风挡和侧窗的安装

　　小型飞机属于非增压座舱,故其风挡和侧窗通常为单层透明塑料(有机玻璃)或聚酯材料。由于塑料的热膨胀系数约为金属的 3 倍,所以安装时必须在玻璃边缘与边框之间留出足够的热膨胀余量。另外应特别注意的是,在安装风挡和窗玻璃时不要使玻璃具有安装应力。例如,采用紧固件安装玻璃时,在玻璃上所钻孔除了与边框上的孔同心外,还必须比所使用的紧固件杆径大一些,否则当玻璃热膨胀时,螺栓或铆钉处的玻璃局部将会产生很大应力,足以导致玻璃出现裂纹。

　　清洗风挡和侧窗透明塑料外表面时,首先用充足的清水(严禁用挥发性液体或有机溶剂)冲洗掉灰尘和污垢,然后用软布、海绵或麂皮蘸中性肥皂水洗刷表面,并用手指皮肤触摸表面是否有残留物,最后用干净的软布、麂皮或脱脂棉擦干玻璃表面。清理透明塑料内表面时,应使用浸满清水的干净软布轻轻擦掉内表面的灰尘,再用浸湿的软布或海绵将表面擦干,并用清水频繁地漂洗布或海绵,使之保持干净。由于透明塑料表面硬度低,所以在对其进行清洗前应摘下戒指、手表等物品,以免划伤表面。对透明塑料进行搬运、安装等施工作业时,应戴上干净的手套。

　　检查风挡的紧固件安装孔是一项烦琐的工作,传统的检查方法是将风挡拆下进行检查,这种方法费时费力,效率较低。在风挡拆卸和安装的过程中,由于人为因素的影响还可能给风挡结构带来不必要的安全风险。现在出现了一种利用棱镜的折射现象对风挡紧固件孔进行检查的方法,如图 2-24 所示。具体机型的检查方案仍需查看维护手册,此处仅为知识性介绍。该方法的基本步骤如下:

(1) 移开风挡除冰管道(如有配备),对紧固件孔附近 6~8in 见方的区域进行清洗;

(2) 在棱镜的 70°面和需要检查的风挡区域涂上耦合剂,检查在风挡外侧进行;

(3) 将棱镜放在风挡上,在与棱镜顶面法线呈 30°~40°的方向用光源进行照明;

(4) 移动棱镜接近或远离紧固件部位以获得风挡紧固件孔顶面和底面的清晰图像;

(5) 检查完成后清除耦合剂,清洗风挡。

从棱镜折射图像可以判断紧固件孔损伤的情况:没有损伤的紧固件孔显示为不透明的圆柱;有损伤的紧固件孔其裂纹从孔内表面向风挡材料内部某一方向进行扩展,裂纹面将折射光线形成不透明区域;从一个紧固件孔扩展连通到邻近紧固件孔的裂纹会显示为一个不规则的不透明面,如图 2-24 所示。

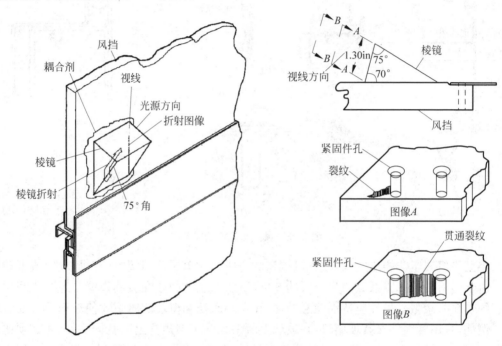

图 2-24　风挡紧固件孔棱镜检查

2.2.4　舱门

小型飞机的舱门包括登机门、应急出口、行李舱门等。它们在机身上的典型分布如图 2-25 所示。应急出口通常设置在侧窗处。舱门通常采用铝合金或玻璃纤维增强树脂复合材料制成,舱门上设置有观察窗。所有的舱门都设有锁定机构,以保证舱门关闭后能够可靠锁紧。

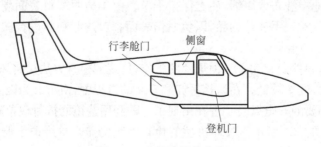

图 2-25　飞机舱门的分布

1. 登机门

飞机的登机门用于机组成员和乘客进出座舱,并可作为紧急情况下的应急撤离口。有的小型飞机在机身左侧或右侧设置一个登机门,有的飞机则在两侧都设置有登机门,供机组人员和乘客进出座舱。飞行高度较大的飞机还会在舱门旁边设置折叠式的登机梯,方便机组人员登机。这种登机门通常在其前端的两个铰接点与机身结构连接(图 2-26),向外向前打开,这种开门方式有利于预防机组和维护人员登机时被旋转的螺旋桨打伤。门锁装置与轿车门锁类似,用适当的力和速度关好登机门即可上锁。可用钥匙从舱门外部锁定或开锁,也可从座舱内通过扳动手柄开门。在门的上端设置有辅助锁定机构,门关好后,可通过顶部的锁定手柄将舱门锁死,以防飞行中登机门意外打开发生事故。

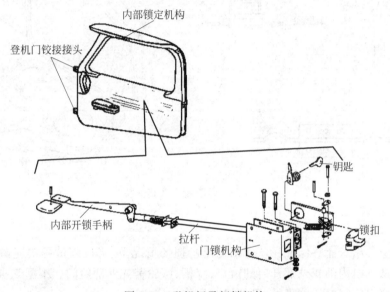

图 2-26 登机门及门锁机构

某些小型飞机采用蝶形登机门,即两个登机门铰接于驾驶舱顶部的机身结构上,向上推起打开,并有带液压或空气阻尼的弹性撑杆将其顶在打开位置(图 2-27)。用适当的力拉下蝶形门即可关闭。这种舱门的锁定机构相对简单,座舱外部和内部都有门锁手柄,上提手柄开锁,下压手柄则上锁。维护中应注意检查弹性撑杆的弹力是否有效,以及舱门锁是否可

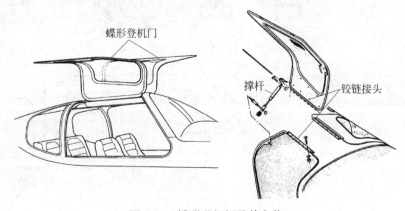

图 2-27 蝶形登机门及其安装

靠。维护舱门时可通过增加或减少调整垫片来实现客舱门的高度和门间隙的调整。舱门锁住后,如舱门底部与座舱横梁完全对齐,则说明舱门已经调整到正确位置。

行李舱门一般设置在与座舱内行李舱相对应的机身左侧或右侧,可用钥匙从外部打开和关闭,采用铝合金或复合材料制造。在飞机维护过程中,它也能为机身后部内腔提供入口,方便接近机尾的部件或设备进行检查维护。行李舱门的安装和锁定机构与登机门类似,如图 2-28 所示。

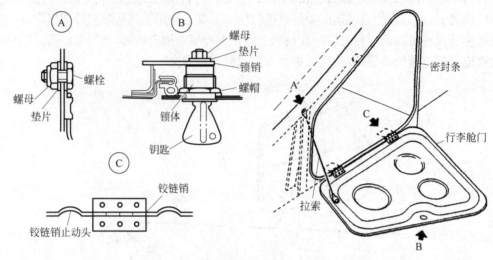

图 2-28　行李舱门及其安装

2. 应急出口

飞机的应急出口能够保证在任何结构撞击损伤情况下,飞机乘员可快速撤离飞机。应急出口是可从飞机内部或外部开启的窗户、壁板、座舱盖或外部舱门。小型飞机的应急出口通常设置在登机门对面的侧窗处,且整块侧窗作为应急出口。

图 2-29 所示为某飞机应急出口位置、安装方式及开启和锁定装置。应急出口平时由锁定装置锁闭,其开启手柄用保险丝保险,以防止意外开启。需要使用时,用力向前扳动手柄,拉断保险丝并开锁,向外推侧窗即可打开应急出口。

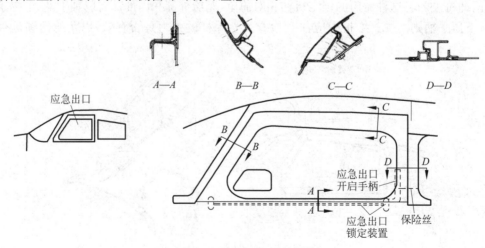

图 2-29　应急出口及其安装

有些小型飞机的应急出口采用较简单的设计。图2-30所示为某飞机利用两边的后侧窗作为应急出口。在紧急情况下用脚向外踢圆形标记处,即可将后侧窗玻璃向外开启或直接将其破坏,作为应急出口使用。

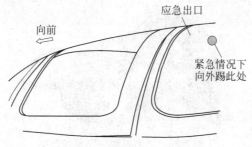

图2-30 后侧窗作为应急出口

2.2.5 发动机吊舱

单发飞机的发动机通常安装在机身最前端的吊舱内(图2-31)。该吊舱是机身头部流线外形的延伸部分。发动机吊舱由整流罩、防火墙、发动机安装架和其他一些结构件组成。

整流罩包在吊舱外面,一般由铝合金薄板、不锈钢薄板、镁合金薄板或玻璃纤维复合材料制成。有些飞机的整流罩是由蒙皮与骨架铆接而成,骨架则由纵梁、桁条、隔框、环框组成。

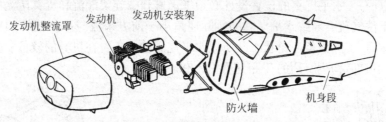

图2-31 单发飞机的发动机与机身连接方式

单发飞机机身最前端的横向构件是防火墙,由不锈钢制成,并作为固定发动机架的加强隔框壁板。防火墙把发动机舱与飞机其他部分隔开,可阻断发动机失火时火焰对座舱的直接威胁。当飞机系统的空气管路、电缆等管线穿过防火墙时,需要对入口做防火密封处理。

发动机安装架通过其固定支座用螺栓固定在防火墙上。发动机则通过螺栓组件、减震橡胶垫、减震器或浮动接头与发动机架连接。图2-32所示为几种较典型的用于单发活塞式发动机的安装架。发动机安装架通常制作成一个整体,以便快速安装或拆卸,其构件则采用

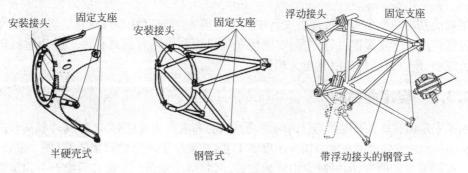

图2-32 发动机安装架的种类

铬锰钢管或铬镍锰钢管焊接而成,有时发动机安装架下部还集成了前起落架的安装支座。图 2-33 所示为典型的活塞发动机与发动机架安装关系图,其中发动机与钢管式发动机架的安装点位置设有减震垫。

图 2-33　活塞发动机安装状态

2.3　尾翼

现代飞机的尾翼通常为全金属结构,包括水平尾翼和垂直尾翼。垂直尾翼通常由垂直安定面和方向舵组成(图 2-34(a)、(c))。常规布局的水平尾翼由水平安定面和升降舵组成(图 2-34(b));而许多小型飞机的水平安定面与升降舵是一个整体结构,称为全动平尾(图 2-34(a)、(c))。水平尾翼的位置设计必须考虑避开螺旋桨滑流和机翼尾涡的双重影响,机翼尾涡的下洗气流会导致水平尾翼的实际迎角小于前方来流与平尾弦线的夹角,即当平尾安装角为零时,实际为负迎角状态。所以水平尾翼通常布置在机身的较低位置,或者安装在垂直尾翼的顶部,构成所谓的 T 形尾翼(图 2-34(c))。

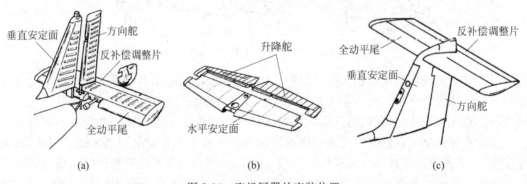

(a)　　　　　　　　　　(b)　　　　　　　　　　(c)

图 2-34　飞机尾翼的安装位置

尾翼的基本功能是为飞机提供飞行中的俯仰与方向安定性和操纵性。其中,俯仰安定性和操纵性由水平尾翼提供,而方向安定性和操纵性则由垂直尾翼提供。因为尾翼属于空气动力翼面,所以其结构与机翼极为相似。

2.3.1　安定面结构

水平安定面和垂直安定面都是由前梁、后梁、肋和蒙皮构成(图 2-35),其外载荷和应力分析与机翼类似。安定面蒙皮常采用冷压模锻工艺,在蒙皮上压出槽状加强筋(图 2-35(a)),以获得足够的强度和刚度,同时减少构件数量,以减轻结构重量。前梁和后梁上都固定有安装接头,用来与机身的加强隔框及隔框上的横梁通过螺栓连接固定。安定面的后梁可为升降舵、方向舵提供铰接安装支点。

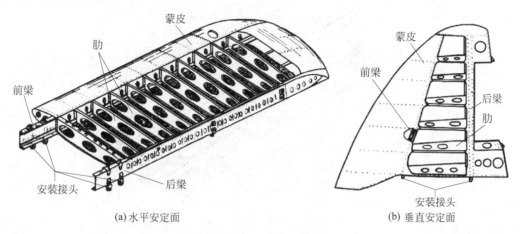

图 2-35 安定面的结构

2.3.2 全动平尾结构

飞机水平尾翼采用全动平尾的目的是改善俯仰操纵性。许多小型飞机,由于其飞行速度较低,尾翼面积较小,如果采用固定水平安定面与可操纵升降舵组合方式,则升降舵所能提供的俯仰操纵力矩不足以安全可靠地控制飞机的俯仰姿态。所以将整个水平尾翼做成整体,既可提供俯仰安定性,又可提高俯仰操纵效率。

全动平尾由主梁、后纵墙(或缘条)、肋、蒙皮等构件铆接而成(图 2-36)。由于全动平尾实质上是一块操纵舵面,要求平尾处于质量平衡状态,以防止产生尾翼颤振,所以通常在全动平尾中部前缘采用集中配重方式,使结构重心前移至铰接轴线处。在全动平尾的后缘铰接有配平调整片或反补偿调整片。

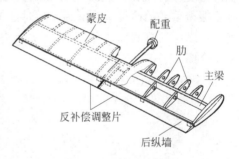

图 2-36 全动平尾结构

2.4 操纵面结构

飞机的主操纵面包括升降舵、方向舵和副翼,其功用是当它们偏转时产生附加空气动力,对飞机的纵轴、横轴和立轴形成气动力矩,改变或保持飞机的飞行姿态(轨迹)。

大多数小型飞机采用金属薄壁板作为飞行操纵面的蒙皮。这些金属薄壁板通常经过模压,形成波纹,达到冷作硬化的效果,以获得足够的刚度。出于结构强度和重量等因素的要求,操纵面的梁和肋也经过冲压或锻压处理,它们与薄壁蒙皮铆接成整体,形成硬壳式或半硬壳式轻质结构。操纵面前梁上固定有铰接接头,用于与机翼、安定面的接头连接。

图 2-37 是某型飞机升降舵的结构分解图。薄壁蒙皮与锻压成型的梁和肋铆接成轻质结构。其他操纵面的结构与此类同。需注意,该升降舵翼尖部位有一块前伸的结构,具有配重和气动补偿(角补偿)双重作用。

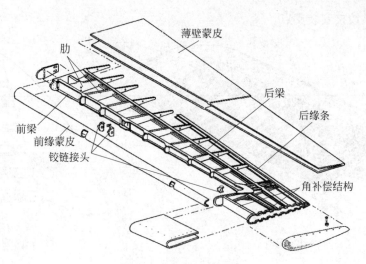

图 2-37　操纵面结构示例

　　操纵面设计制造和维护时要着重考虑颤振或抖振问题。以操纵面转轴(铰链中心线)为支点的质量力矩不平衡时,由于气流作用,加之当操纵系统的传动机构存在间隙,或操纵面铰链磨损严重时,会导致操纵面偏转振荡。如果此时的飞行速度达到或超过了相应的颤振临界速度,则操纵面的振幅将不断增大,最终导致操纵面甚至翼面结构发生灾难性破坏。避免颤振最重要的途径是使操纵面随时处于质量平衡状态,同时应定期检查操纵系统连接刚度和操纵面铰链磨损情况,及时排除此类故障。关于操纵面质量平衡的详细内容将在第 8 章中介绍。

第3章

飞机空调系统

飞机要在各种气象条件下飞行,飞机所处环境的大气参数会随着季节变化或飞行高度的变化而变化。过高或过低的气温会引起人的机体代谢加强,让人感觉不舒适,导致工作效率降低,易出现反应慢、出错率上升的现象,从而影响飞机乘员的乘坐品质,严重时还会影响飞行安全,因此必须对座舱温度进行调节,改善飞机乘员的工作和生活条件。飞机空调系统的主要功能是保持飞机座舱内部空气具有合适的温度、压力和新鲜度,满足人体生理的基本要求,同时保持各种设备工作在允许的温度环境内。飞机上安装的电子设备在工作时会散发大量的热量,不良的通风条件会导致电子设备温度过高,无法正常工作。通常,活塞式发动机飞机上采用风扇给电子设备强制通风,使其温度保持在正常范围内。

对座舱内空气温度采用什么方法进行调节取决于飞机种类。大多数活塞式发动机飞机由于飞行高度较低,气压对人体影响较小,因此采用非气密座舱。对于这类座舱,通常采用通风或调温(加温或制冷)的方法使座舱内空气的温度和新鲜度得到一定程度的调节,从而提高机组人员和乘客的舒适性。

3.1 座舱通风

高温天气飞行时,如果座舱内通风不畅,座舱内空气温度高、湿度大,使人感到闷热而不舒适,严重时会导致人休克。因此,对于非气密座舱采用通风降温的方法,使飞机乘员感到凉爽。最简单的座舱通风方式是在飞行中打开侧窗上的通风口通风。但多数小型飞机设计了专门的座舱通风系统,可将外界冲压空气引入座舱,并通向飞机乘员,加速舱内空气流动速度,带走热量和潮湿空气,最后从设于机身底部的座舱排气口或结构缝隙中排出机外。

图 3-1 给出了典型的座舱通风、加温系统原理。用于座舱通风的冲压空气从飞机头部左侧的标准 NACA 进气口引入,经过通气管道流至飞行员前方的可调通风口喷出,从而达到通风降温的效果。有些飞机的通风进气口设置在左、右机翼根部前缘,有的在机头两侧均设置了辅助通风口。在有些飞机上,冲压空气进气口安装有可调进气门,通过驾驶舱仪表板上的"座舱空气选择面板"上相应手柄对进气门开度进行调节,以调节通风进气量。另外,座舱内各通风口通常也可手动调节通风量和喷气方向。

对于有后排座椅的座舱,用于后排乘员通风的进气口一般位于垂直安定面前缘根部,或者机身后侧部。舱内通风口则位于正对后排座椅的天花板上。有些飞机在通风管道中设有鼓风机,当飞机在地面时可帮助改善通风效果。

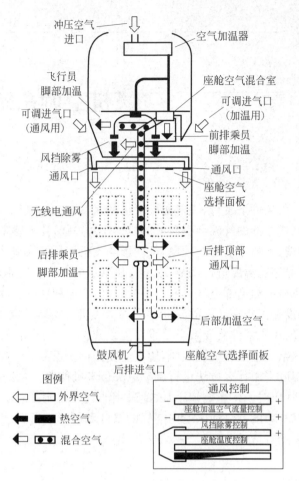

图 3-1　座舱通风和加温原理

3.2　座舱加温

在寒冷天气状态飞行时,需要对座舱加温,以消除因气温低造成的飞机乘员不适感,从而提高其工作效率。用于座舱加温的热空气来源于排气(废气)加温器、燃烧加温器或电加温器等。外界空气通过冲压空气进气口进入加温器,被加热的空气再与另一股未经加热的外界空气(图 3-1)混合进行调温,得到适用于座舱加温的具有一定温度的混合空气,通过供气管道进入座舱,从飞机乘员座位的脚部加温空气口流出,直接对脚部进行加温,并利用空气对流的特点,提高座舱内的空气温度。座舱温度和供气流量可通过"座舱空气选择面板"上相应手柄进行调节。另外,来自加温器的热空气有一路分支,供向风挡内侧底部,向上喷出以达到风挡除雾的目的,并可通过手柄控制风挡除雾热空气的通断和流量大小。

座舱加温的关键部件是空气加温器。下面重点介绍活塞式发动机飞机上常采用的废气加温器和燃烧加温器的工作原理、结构特点以及维护要求。

3.2.1 废气加温器

单发活塞式发动机飞机上通常采用废气加温器。废气加温器是将活塞式发动机的排气总管作为热源,对引入的外界冲压空气进行加温。这种设计的优点是利用了发动机排出废气的热量,不需要额外消耗能源,非常经济。需要注意的是,发动机废气和外界新鲜空气只进行热量交换,两路气体绝不能发生混合的情况,否则会导致飞机乘员中毒。维护中要特别注意检查废气加温器的气密性。

图 3-2 所示为某飞机的废气加温器在发动机上的安装状态。在排气总管外部装有套管,该套管既可作为空气加温装置,又可起到排气消声器的作用,故又称为排气消声器套管。在套管的前端设有冲压空气进口,后端连接热空气管。废气加温器工作原理见图 3-3。冲压空气流过套管内部与排气总管或消声器之间的空间时,被热辐射和热对流加热,然后通过热空气管进入空气混合室,最后供向座舱。

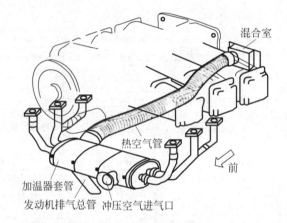

图 3-2 废气加温器的安装

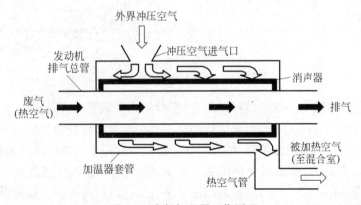

图 3-3 废气加温器工作原理

这种加温器存在的问题是:一旦发动机排气管发生泄漏,则存在一氧化碳等有害气体进入座舱的危险。因此,必须按照飞机制造商的要求,定期拆下加温器套管,对排气管和消声器管壁进行仔细检查。在管壁冷却状态下,某些泄漏问题不易查出,故需采取气压检查法。例如,将一台真空吸尘器的出口连接到排气总管上,然后在消声器表面涂抹肥皂液,观察是否有气泡产生,以确定排气管是否有泄漏存在。有些飞机的适航指令要求卸下消声器,将排气管浸没在水中,并通以压缩空气来检查泄漏状况。

3.2.2　燃烧加温器

燃烧加温器通常在小型双发活塞发动机飞机或直升机的座舱加温系统中使用。它的工作原理类似于燃气涡轮发动机的燃烧室部分(图3-4)。燃烧加温器包括两个同心套装的由不锈钢制成的钢筒,内部直径较小的钢筒为燃烧室,外部套装的直径较大的钢筒为加温套管。外界空气从位于飞机外部的燃烧用空气进气口直接进入燃烧室。从飞机燃油箱抽出的燃油经过流量调节和控制,具有一定压力,通过喷油嘴成雾状喷射到燃烧室的电嘴附近,并与空气充分混合。点火器电嘴能够产生连续火花,所以燃油在空气的助燃下可保持连续燃烧,对燃烧室筒壁加热。燃烧后的废气通过排气管排出机外,防止一氧化碳污染座舱空气。需要被加热的空气则通过另一个冲压空气进气口进入加温套管,在流过燃烧室外壁周围时被加热,再由热空气分配管道送至座舱。

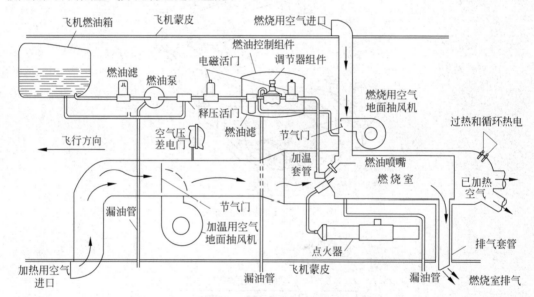

图 3-4　燃烧加温器工作原理

燃烧加温器根据座舱所需的热量来工作,实际上是间隔循环工作的。空气的温度由热循环电门设定或由飞行员人工设定来进行加热。当加温器出口处的"过热和循环热电门"感受到加热空气温度达到预设温度时,将发出信号使供油管路上的电磁活门关断燃油,燃烧室停止燃烧;当加温器出口温度低于预设温度时,燃油路被接通,燃烧室重新工作。如此周期性循环,以保持座舱温度。另外,电磁活门还受空气压差电门的控制。如果没有足够的待加温空气进入加温套管使燃烧室温度降低,则会导致燃烧室过热而烧坏,甚至引起失火。连接于加热用空气导管上的"空气压差电门"感受到这种情况时,将向电磁活门发出信号,关断燃油,燃烧室停止燃烧,以保证飞机安全。

在燃烧用空气进气管和加温用空气进气管中均安装有地面抽风机。当飞机处于地面静止状态时,地面抽风机可以向燃烧室和加温套管送入新鲜空气,从而保证地面条件下燃烧加温器能够正常工作。

尽管燃烧加温器工作非常可靠,但必须遵循飞机制造商的规定对其进行认真检查,同时还应遵照加温器制造商的规定进行定期翻修,并且要定期清洗或更换燃油滤,清洁点火电嘴并调整电嘴间隙。如果系统中出现漏油现象,则必须检查,排除故障。

图 3-5 所示为某双发飞机采用燃烧加温器的座舱加温和通风系统安装简图。外界空气经过燃烧加温器加热后被输送到供气总管。座舱内有供气控制手柄,用来控制是否向座舱输送热空气;还有风挡除雾手柄,用于控制热空气是否流向风挡内侧下部的除雾出气口。如果加温控制手柄置于座舱加温位,则热空气通过加温供气导管进入座舱内,并从飞行员脚部流出。如果座舱不需加温,则将手柄置于关闭位置。

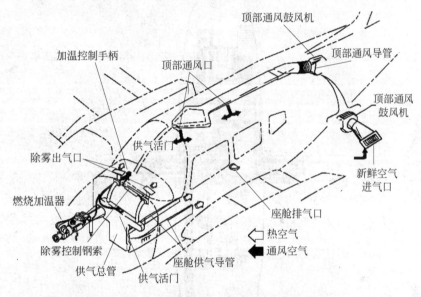

图 3-5 座舱加温与通风系统安装图

图 3-5 所示飞机还设有顶部通风系统。机身左后部左侧上方的冲压空气进气口将外界新鲜空气引入通风导管。前排和后排乘员可手动选择顶部通风。飞机处于地面时可接通鼓风机,改善通风效果。无论是座舱加温还是通风,座舱空气都可从机身底部的排气口排出机外。

3.3 座舱制冷

活塞式发动机飞机上安装的座舱制冷设备与我们日常生活中使用的空调设备类似,都是蒸发循环制冷系统,利用制冷剂的相变来降低空气温度。座舱制冷系统中的主要部附件有:发动机附件带动的压缩机、冷凝器、干燥器、蒸发器,液态和气态制冷剂管路等。

典型的蒸发循环制冷系统原理如图 3-6 所示,该系统在机翼根部和机身尾部共配置有 3 台蒸发器。从低压管路输送来的气态制冷剂通过压缩机做功将其变为高压的气态制冷剂,随后进入冷凝器。在外部冲压空气的冷却下,气态制冷剂在冷凝器中变为液态制冷剂,然后通过干燥器除水并经分配管路输送到位于翼根和机尾内部的蒸发器。蒸发器主要由一个热交换器和风扇组成。冲压空气从两侧机翼前缘进气口进入管路,并可由进气活门调节进气量。蒸发器中热交换器在冷却风扇的辅助下使冲压空气与液态制冷剂进行热交换,制冷剂从液态变为气态发生相变,吸收冲压空气中的热量,被冷却的空气经分配管路送往各座位处顶板上的出风口。气态制冷剂经总管流向压缩机,开始第2个工作循环。机身尾部的蒸发器冷却的是从客舱内部回流的空气,制冷后通过一个Y形管路送进客舱,相当于一个内循环冷却系统。由于3个蒸发器都配置了风扇,因此飞机在地面时也能保持良好的制冷效果。

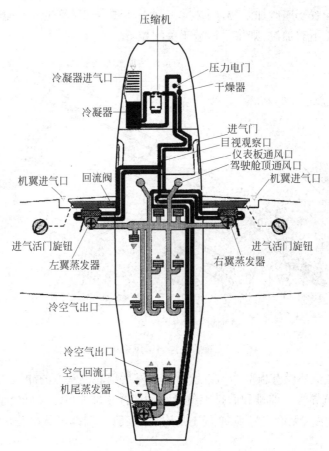

图 3-6　蒸发循环制冷系统原理图

　　系统中压力电门产生的压力信号主要用于控制压缩机与发动机驱动附件的离合器,当系统管路压力过高或过低时可将离合器脱开,压缩机停止工作,以防止负荷过大导致损坏。当系统中制冷剂大量泄漏时,压缩机也会停止工作。蒸发器中安装的膨胀阀的主要作用是控制进入蒸发器的制冷剂流量,使进入蒸发器的液态制冷剂全部汽化,防止液态制冷剂进入压缩机,提高系统的制冷效率。典型的冷凝器和干燥器如图3-7所示,典型的蒸发器如图3-8所示。

　　上述蒸发循环制冷系统是一个典型系统,有的飞机上安装的蒸发器只有1个或2个,系统相对来说更为简单。目前使用的制冷剂一般有R134A和R22两种,以前使用的氟利昂(Freon)由于对大气臭氧层有破坏作用,目前已基本停止使用。压缩机在工作时要消耗发动机功率,蒸发器风扇要消耗电能,因此要求飞机上所安装的活塞发动机具有足够大的功率,

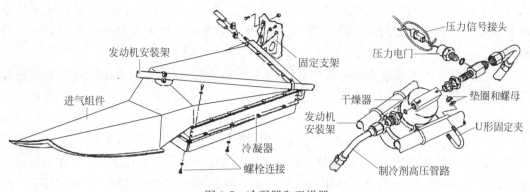

图 3-7　冷凝器和干燥器

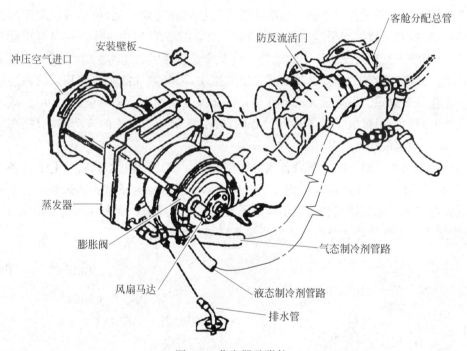

图 3-8　蒸发器及附件

不能因为空调的使用而影响飞机的性能和安全。通常只有在高级的活塞发动机飞机上才会安装制冷系统。

在对制冷系统进行维护时需要使用专用设备来收集制冷剂,尽量不要让制冷剂释放到大气环境中。在常温常压环境下,液态的制冷剂会膨胀并吸收热量,与制冷剂接触的物体会被冻结。在进行维护工作时,需穿上防护服装、戴上防护手套和护目镜来保护皮肤和眼睛。

3.4　电子设备通风

飞机上安装有通信、导航、显示仪表等大量的电子设备,一些大功率电子设备会使热载荷急剧增大。另外,机载电子器件不断向着集成化方向发展,封闭性增加,体积缩小,这导致了电子设备的热流密度急剧升高。它们在工作时会散发大量的热,不良的通风条件会导致电子设备温度过高,无法正常工作。因此必须在飞机上为电子设备安装通风冷却系统。

现代新型飞机的环控系统一般要保留25%的制冷能力储备,以满足机载电子设备加装或改型的冷却需求。同时应对冷却空气进行过滤,防止沙尘等杂物进入电子设备。直接流经电子设备元器件表面的空气必须是相对干燥的、不含水分的空气。冷却空气温度波动不应过大,以防止飞机进入低空后电子器件表面出现结冰现象。并且应尽量选择实心或空心冷却器进行辅助散热,避免冷却空气直接与电子器件表面接触。飞机在地面处于停止状态时,要保证电子设备能够正常通风冷却。当冷却设备发生故障时,应有备用应急冷却措施。

现代飞机的电子设备要求通风系统能够合理控制和分配气流,使其按照规定的路径流动,这样一来所有元器件都可以在稍低于额定工作温度的环境中工作。在对电子设备进行排列时,一般将不发热或发热量小的器件或设备放置在通风空气的上游,发热量大的器件放置在下游。导热性能差的器件必须暴露在空气流中,而导热性能好且面积大的器件则宜采用间接导热冷却方式。发热量大的器件与其他元件之间要采取隔热措施,并尽量减小元器件对气流的阻力。根据电子元器件和设备的情况,尽量增加气流的流动路径,提高冷却效率,同时应避免出现气流阻滞。

活塞式发动机飞机上的电子设备相对比较简单,一般采用电动风扇对电子设备进行强制通风,使其温度保持在正常范围内。图 3-9 所示为防火墙电子设备通风风扇,图 3-10 所示为驾驶舱仪表板通风风扇和飞机尾锥电子设备架通风风扇。活塞发动机飞机飞行高度较低,风扇工作时将外界环境空气抽入电子设备区域进行散热。

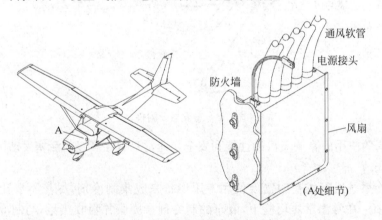

图 3-9　防火墙电子设备通风风扇

在飞机运行过程中,电子设备通风系统常见的故障主要是风扇损坏,需要对其进行更换。在拆卸风扇前应确认飞机主电门和电子设备通风系统电门(或对应跳开关)处于关闭位,拆开飞机蓄电池上的负极连线,随后脱开通风软管并拆下风扇。新风扇安装完成后要对其进行功能检查,确保其安装正确,系统功能正常。

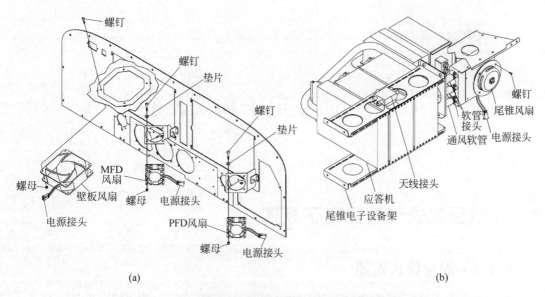

(a)   (b)

图 3-10　驾驶舱仪表板和尾锥电子设备通风风扇

(a) 仪表板通风风扇；(b) 尾锥电子设备通风风扇

第4章

航空电子和仪表系统

4.1 航空仪表和航空电子概述

4.1.1 航空仪表概述

航空仪表用于测量、计算和自动调节航空器的运动状态和动力装置的工作状态。

1. 航空仪表的发展

航空仪表的发展大体上经历了机械仪表、电气仪表、综合自动化仪表和电子显示仪表 4 个阶段。

初期的飞机,航空电子和仪表设备很少,飞行员基本上凭自己的耳、目和感觉飞行。后来,人们在飞机上安装了高度表、空速表、磁罗盘、方位仪和地平仪,这些航空仪表主要依靠机械装置转换和传递信息,故称为"机械仪表"阶段。

20 世纪 30 年代以后,随着电气、电子技术和计算技术等近代科学技术的发展,圆满地解决了非电量转换为电量和电气远距离传送两个主要问题,航空仪表进入了"电气仪表"阶段。20 世纪 50 年代以后,由于飞机性能迅速提高,各种系统、设备日益增多,所需的指示和监控仪表数量大量增加,有的飞机可多达上百种,不仅仪表板无法安排,也使飞行员的负担过重。于是,人们将功用相同或原理相近的仪表综合起来,将多种分散的信号自动综合起来,将自动驾驶仪和多种测量装置交联起来,使航空仪表进入了"综合自动化表"阶段。但仪表数量依然很多,仪表板显得很拥挤。

20 世纪 70 年代以后,航空仪表进入了"电子显示仪表"阶段。电子显示仪表利用彩色阴极射线管(CRT)或液晶显示器(LCD),采用多种颜色的图形、符号和文字向飞行员提供信息,具有很强的直观性和很大的信息量。电子显示器具有集中的状态显示、故障告警及维修指示,提高了自动化程度,减轻了飞行员和维护人员的工作负荷,并且进一步提高了航空仪表的综合化程度,整个仪表板以几个显示屏为中心,辅以少数机械仪表,简单明了。

2. 仪表板的基本布局

航空电子和仪表在仪表板上的分布,应便于飞行人员迅速而全面地观察仪表,一般具有 3 个特点:第一,重要仪表(如姿态仪表)装在便于观察的地方;第二,测量同一参数或性质相近参数的仪表排列在一起,以便互相比较;第三,所测参数性质不同,但有密切联系的仪表排列在一起。

在航空电子和仪表中,地平仪或姿态指引仪是飞行员重点观察的仪表,一般装在左、右仪表板的中央偏上位置,空速表和高度表分列两侧。上述 3 只表基本处于一条水平线上,综合观察它们的指示可以了解飞机的纵向运动情况。航道罗盘或水平状态指示器安装在地平仪下方。地平仪和航道罗盘构成一条垂直线,综合观察它们的指示可以了解飞机的横向运动状况。上述 4 个仪表构成了典型的 T 形布局,如图 4-1 所示。其他仪表则分布在它们周围。

图 4-1　仪表的基本 T 形布局

4.1.2　航空电子概述

Avionics(航空电子)一词是由 aviation(航空)和 electronics(电子)两词组合而成的,其含义是应用在航空领域的电子技术。航空电子技术几乎是和飞机技术同时诞生,并同步发展。早在 19 世纪 20 年代,刚刚诞生不久的无线电通信技术就被应用于飞机地空通信,19 世纪 40 年代,无线电台已经成为飞机上不可或缺的重要设备之一。第二次世界大战中,飞机作为重要的战略装备得到了广泛的应用,许多现代航空电子技术都是在那个时期诞生的,包括自动驾驶系统、雷达技术以及无线电导航技术。

早期的航空电子系统按功用可以分为无线电通信系统、无线电导航系统和航空监视系统。现在,航空电子已经成为除了飞机机身、发动机之外飞机最主要的组成部分,包括综合显示仪表、飞行管理计算机、无线电通信系统、无线电导航系统、航空监视系统、空中防撞系统和近地警告系统、气象雷达系统、发动机状态监控系统、客舱娱乐系统等,是现代飞机完成飞行任务的必备装置。

航空电子的发展在技术上经历了从模拟电子技术到数字电子技术的跨越,并朝着综合化和智能化的方向发展。

在模拟电子技术时代,主要使用模拟电子器件(如基本放大电路等)实现所需的功能。在数字电子技术时代,主要使用门电路(组合逻辑电路和时序逻辑电路等)实现所需要的功能。

在结构上,航空电子的发展经历了独立式、混合式和综合化几个阶段。在独立式航空电子阶段,每一个系统都是独立的,飞行员必须对每一个系统进行独立的操作。在混合式航空电子阶段,将一些功能相同或相近的系统的控制和显示组合在一起,简化了飞行员的操作。在这两个阶段,航线可更换组件(line replaceable unit,LRU)是系统安装结构上和功能上相对独立的单元,在航线维修中,故障定位可以达到 LRU 一级,通过更换 LRU 而排除故障。

随着计算机技术和电子技术的发展,航空电子设备逐渐实现了综合模块化结构体系,该结构最大的特点是整个航空电子系统有 1 个或 2 个集成航电组件,在该组件内集成了多个航空电子子系统的功能模块,各模块以及各模块和集成航电组件之间采用数据总线交换信息。在综合模块化结构体系下,外场可更换模块(line replaceable modul,LRM)是系统安装结构上和功能上相对独立的单元,故障定位可以达到 LRM 一级,通过更换 LRM 而排除故障。因此,在综合模块化结构体系下,外场可更换模块代替了外场可更换组件。

4.2　自动飞行系统

在现代运输飞机上,为了减轻驾驶员的劳动负荷,保证飞行安全,高质量地完成各种任务,一般都装有自动飞行系统(automatic flight system,AFS)。在小型飞机上配置的自动飞行系统,主要包含自动驾驶仪和飞行指引仪。

4.2.1　自动驾驶仪

自动驾驶仪(automatic pilot,AP)的基本功用是在飞行中代替飞行员自动地控制飞机舵面的偏转,使飞机稳定在某一状态或操纵飞机从一种状态进入另一种状态,前者称为稳定飞机,后者称为操纵飞机。其具体功用根据完善程度不同而不同,归纳起来,可实现如下功能:

(1) 按照给定的平飞姿态和航向保持飞机平直飞行;

(2) 按照给定的倾斜角或预选的航向操纵飞机转弯;

(3) 按照给定的俯仰角或升降率操纵飞机爬升或下降;

(4) 按照甚高频全向信标台(VOR)的无线电信号操纵飞机截获并跟踪 VOR 航道;按仪表着陆系统(ILS)的信号完成飞机着陆前的进近。

1. 自动驾驶仪的组成

飞行员通过推杆或拉杆,驱动升降舵偏转操纵飞机俯仰,通过向左或向右压盘,驱动副翼偏转使飞机滚转,通过向左或向右蹬方向舵,驱动方向舵偏转操纵飞机偏航。自动驾驶操纵飞机的原理类似,自动驾驶仪通过 3 套控制回路分别去驱动飞机的副翼、升降舵和方向舵,从而实现对飞机三轴的控制。每套自动控制回路称为自动驾驶仪的一个通道。控制升降舵的回路,称为升降舵通道或俯仰通道;控制副翼的回路,称为副翼通道或横滚通道;控制方向舵的回路,称为方向舵通道或航向通道。3 个通道既独立,又相互联系,相互响应,共同完成对飞机的控制。在有些飞机上,自动驾驶仪只有横滚通道和俯仰通道,对方向舵的控制则由横滚通道和偏航阻尼器共同完成。

自动驾驶仪的每个通道由测量装置、自动驾驶仪计算机、放大装置、执行机构、反馈装置和控制显示装置等组成,如图 4-2 所示。

1) 测量装置

测量装置用于测量飞机的运动参数,包括主测量装置和辅助测量装置。主测量装置用来测量飞机偏离初始位置的角位移信号,常用的测量装置有垂直陀螺和航向陀螺,它们分别测量飞机的姿态角信号和航向信号;辅助测量装置用来测量飞机的角速度和角加速度信

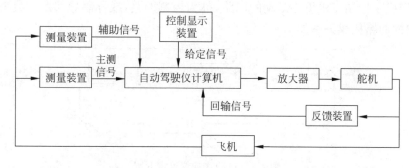

图 4-2 自动驾驶仪一个通道的组成框图

号，常用的辅助测量装置是速率陀螺，用于测量飞机的角速度信号。

2）自动驾驶仪计算机

自动驾驶仪计算机的功用是把各种敏感元件的输出信号处理为符合控制规律要求的信号。

3）放大器

放大器的功用是接收信号处理元件送来的微小信号，经放大后，将信号送至舵机。

4）舵机

舵机是自动驾驶仪的执行机构，其功用是根据放大元件的输出信号带动舵面偏转。

5）反馈装置

反馈装置的功用是将舵面偏转的信号反馈回计算机之前，与输入信号形成误差信号，使偏面偏转与误差信号成一定的函数关系，改善舵机的性能，增强系统的抗干扰能力。

6）控制显示装置

控制显示装置用于接通/断开自动驾驶仪、选择自动驾驶仪的工作方式以及方式通告显示。

2. 自动驾驶仪的回路

自动驾驶仪回路一般包括舵回路、稳定回路、控制（制导）回路和同步回路。

1）舵回路

舵回路一般包括舵机、反馈元件和放大器。典型舵回路的框图如图 4-3（虚线框内）所示。

舵回路（伺服系统）是自动驾驶指令的执行机构，它按照计算装置的指令控制舵机输出以驱动舵面偏转，反馈装置将舵机的输出位移或速度反馈到放大器中，以改善系统的动态品质并提高系统精度。

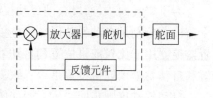

图 4-3 自动驾驶仪舵回路

2）稳定回路

如果测量部件测量的是飞机的飞行姿态信息，则姿态测量部件和舵回路就构成了自动驾驶仪；自动驾驶仪和被控对象（飞机）又构成了稳定回路，主要起稳定和控制飞机姿态的作用。典型稳定回路的方框图如图 4-4（虚线框内）所示。

3）控制回路

稳定回路加上测量飞机重心位置信号的元件，以及表征飞机空间位置几何关系的运动学环节,就组成了控制飞机重心运动的回路,称为控制回路,或称制导回路。典型的自动飞行控制系统的回路构成关系如图4-5所示。

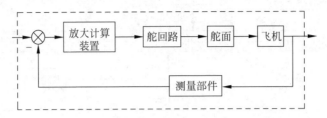

图 4-4　自动驾驶仪稳定回路

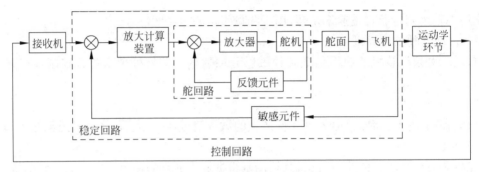

图 4-5　自动驾驶仪控制回路

4) 同步回路

在自动驾驶仪衔接之前,飞机本身处于平直飞行状态,必须让自动驾驶仪的反馈信号与测量信号的总和回零,才能避免 AP 接通时形成冲击或动作,这称为自动驾驶仪的同步功能。完成同步动作的回路称为同步回路。

同步回路在自动驾驶仪衔接时,保证系统输出为零,即自动驾驶仪的工作状态与当时的飞行姿态同步。

同步回路必须保证 A/P 舵机位置与 A/P 指令一致,以及操纵面位置与 A/P 舵机位置一致,以确保 A/P 舵机位置、操纵面位置和自动驾驶仪计算机指令三者一致,即三者同步。

为了实现同步,通过自动驾驶仪中对应的两个监控器来监控自动驾驶仪的性能。这两个监控器分别是自动驾驶仪舵机位置监控器和舵面位置监控器。其中,自动驾驶仪舵机位置监控器用于比较舵机位置和自动驾驶仪指令是否一致,舵面位置监控器用于比较舵面位置和自动驾驶仪舵机位置是否一致。

自动驾驶仪同步回路示意图如图4-6所示。

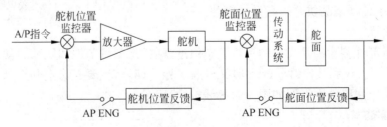

图 4-6　自动驾驶仪同步回路

自动驾驶仪在同步功能完成后,才能够将自动驾驶仪衔接上,实现自动飞行。

3. 自动驾驶仪的工作原理

自动驾驶仪的基本作用是稳定飞机和操纵飞机。稳定飞机是指当飞机受到干扰而偏离初始状态时,自动驾驶仪力图将飞机修正回原来状态的过程。操纵飞机是指自动驾驶仪根据指令将飞机从一种状态改变到另一种状态的过程。由于自动驾驶仪3个通道的工作原理类似,只是测量信号以及所控制的舵机和舵面不同,因此,本书仅以俯仰通道为例来说明自动驾驶仪的工作原理。

1) 自动驾驶仪稳定飞机的原理

自动驾驶仪稳定飞机姿态是指如果飞机受到干扰偏离原始姿态,在干扰消失后,自动驾驶仪将飞机修正到原始姿态。在自动驾驶仪稳定飞机姿态的过程中,飞行员只需要将自动驾驶仪接通,而不需要输入其他的任何指令。

自动驾驶仪稳定飞机的工作过程如图 4-7 所示。

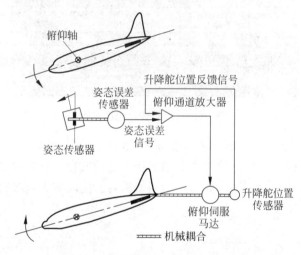

图 4-7   自动驾驶仪稳定飞机的原理

假设飞机原始状态为:飞机平飞,姿态传感器测量的姿态信号为零,升降舵中立,反馈信号为零。

假设飞机受到了瞬间的垂直气流的扰动后开始下俯。姿态传感器将感受到飞机俯仰姿态的改变,并产生正比于姿态变化量的电信号——测量信号,并送到计算机。当飞机下俯时测量信号为负。

计算机计算出使飞机修正回原始姿态的舵面偏转角的指令信号(为负),送到舵机。

舵机驱动舵面上偏(负方向)。舵面偏转的同时,产生舵面位置反馈信号。由于舵回路采用的是负反馈,所以,舵面位置反馈信号为正。当舵面位置反馈信号等于测量信号时,舵面将上偏至最大。

舵面上偏,产生抬头力矩。飞机在抬头力矩的作用下开始往平飞状态修正,导致测量信号减小,其绝对值小于舵面位置反馈信号的绝对值,这将导致输入计算机的信号变为正,计算机将计算一个使舵面从最大偏转位置向中立位置回收的信号。

舵面回收过程中,舵面位置反馈信号将减小,但是,舵面仍然处于上偏的状态,仍然对飞机产生抬头力矩,飞机将继续改平。如果舵回路的时间常数选择合适,在舵面回到中立位置时,飞机刚好改平。

2)自动驾驶仪操纵飞机的原理

自动驾驶仪操纵飞机是指当飞行员输入指令时,自动驾驶仪将飞机从初始姿态角改变到给定姿态角,并将飞机稳定在给定姿态角的过程。给定姿态信号一般通过自动驾驶仪控制板上的开关和电门输入。能够直接给出姿态给定信号的自动驾驶仪的控制板很简单,如图 4-8 所示。其中,俯仰角姿态给定电门用于向自动驾驶仪下达俯仰姿态角给定信号,横滚姿态角给定信号电门用于向自动驾驶仪下达横滚姿态角给定信号。

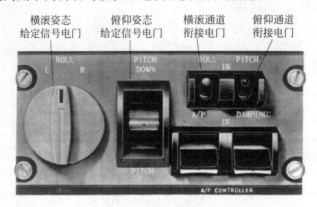

图 4-8　自动驾驶仪的控制板

假设飞机原始状态为:飞机平飞时,舵面中立,测量信号为零,反馈信号也为零。此时飞行员通过自动驾驶仪控制板上俯仰姿态给定信号电门向自动驾驶仪输入一个操纵飞机上仰的给定信号。计算机接收到这一姿态给定信号后,经计算、放大,输送至舵机,舵机带动舵面向上偏转,如图 4-9 所示。

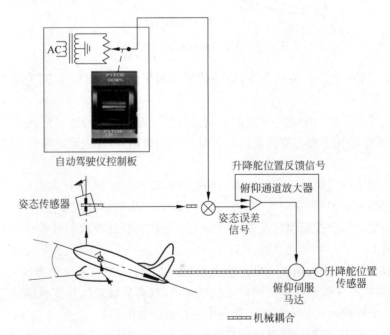

图 4-9　自动驾驶仪操纵飞机的原理

舵面偏转产生反馈信号,当反馈信号等于姿态给定信号时,舵面停止偏转。

舵面上偏,产生抬头力矩,飞机在抬头力矩的作用下开始抬头上仰,这时测量装置(地垂陀螺)测出飞机的上仰信号,输出上仰信号至计算机。该信号与俯仰姿态给定信号方向相反,经计算机计算后送至舵机,使舵机带动舵面反向偏转(回收)一些,但总舵面仍处于向上偏转状态。

舵面的回收,使反馈信号减少。但舵面依然处于上偏状态,飞机在舵面的作用下继续上仰,测量信号继续增大,当测量信号与俯仰姿态给定信号相等时,升降舵中立,反馈信号为零。此时,自动驾驶仪操纵飞机达到所需姿态。

3) 自动驾驶仪稳定或操纵飞机轨迹的原理

在目前的大多数飞机上,自动驾驶仪除了可稳定和操纵飞机的姿态外,还可以稳定和操纵飞机的轨迹。具有轨迹稳定和控制功能的自动驾驶仪的控制板如图 4-10 所示。

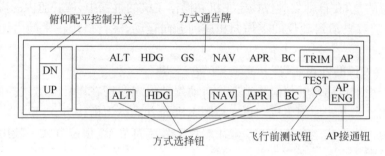

图 4-10　具有轨迹控制功能的自动驾驶仪控制板

在这类自动驾驶仪控制板上,通过方式控制电门可以向自动驾驶仪下达稳定飞机轨迹或操纵飞机轨迹的指令。按下某一按钮,自动驾驶仪即可在相应的工作方式下工作。

ALT 为高度保持方式,自动驾驶仪将飞机高度保持在目前的高度上。

HDG 为航向方式,自动驾驶仪将飞机航向改变到并保持在预选的目标航向上。

NAV 为导航方式,自动驾驶仪截获并跟踪 VOR 航道。

APR 为进近方式,自动驾驶仪截获并跟踪 LOC 航向道和 GS 下滑道。

BC 为反航道方式,自动驾驶仪从正常着陆方向的反方向截获并跟踪 LOC 航向道,无GS 下滑道截获和跟踪功能。

当按压相应的方式电门时,在自动驾驶仪的控制回路输入了目标轨迹信号,自动驾驶仪的控制回路将根据飞机实际轨迹和目标轨迹之差计算所需的姿态信号。这一所需的姿态信号被输送到自动驾驶仪稳定回路,与自动驾驶仪稳定回路中的姿态给定信号作用相同。稳定回路将根据这一信号和飞机目前实际姿态之差,稳定飞机姿态或操纵飞机姿态,并通过对姿态的稳定或操纵来进一步实现对飞机轨迹的稳定和操纵。

测试钮用于自动驾驶仪的飞行前测试,俯仰配平控制开关可操纵飞机俯仰,提供辅助的俯仰操纵功能。

4. 自动驾驶仪的操作

1) 自动驾驶仪的接通

飞机起飞以后,当到达自动驾驶仪的接通高度并满足其他接通条件后,按下自动驾驶仪的接通电门即可接通自动驾驶仪。自动驾驶仪的控制面板如图 4-8 和图 4-10 所示。

在图 4-8 中,使用图右上角的横滚通道衔接电门和俯仰通道衔接电门可以分别衔接自动驾驶仪的横滚通道和俯仰通道。在图 4-10 中,使用 AP ENG(自动驾驶仪衔接)电门可以同时衔接自动驾驶仪的所有通道。

2) 自动驾驶仪的方式选择

对于图 4-10 所示的自动驾驶仪的控制面板,飞行员可以根据需要选择自动驾驶仪的工作方式,或者转换自动驾驶仪的工作方式。

飞行员可以选择特定的方式,并设定目标值,自动驾驶仪将按照选择的方式操作飞机达到预期的飞行轨迹。如果只是接通了自动驾驶仪,而没有进一步选择俯仰或横滚方式,此时自动驾驶仪将把飞机保持在接通瞬间飞机的俯仰姿态和横滚姿态上。在某些飞机上,如果接通自动驾驶仪瞬间飞机的横滚姿态较小(如小于 6°),自动驾驶仪会先将飞机改平,然后再保持在机翼水平的横滚姿态上。

需要注意的是,在自动驾驶仪稳定飞机和操作飞机的过程中,驾驶舱内的操纵机构将增加载荷力,并随着自动驾驶仪的工作向相应的方向运动,飞行员用正常的力无法驱动操纵机构。

3) 自动驾驶仪的方式通告

方式通告用于自动驾驶仪向机组通告自动驾驶仪现在正在以什么方式控制飞机,以及下一步准备用什么方式控制飞机。正在控制飞机的方式称为衔接方式,下一步准备控制飞机的方式称为预位方式。衔接方式一般用绿色大号字符显示,预位方式一般用白色或琥珀色小号字符显示。

飞行过程中,飞行员应以飞行方式通告牌的显示来判断自动驾驶仪的工作方式,而不是以方式控制板上按下的电门来判断自动驾驶仪的工作方式。在图 4-10 所示的控制板中方式通告牌和方式控制板合装在一起,在有些飞机上,方式通告牌则与方式控制板分开安装。

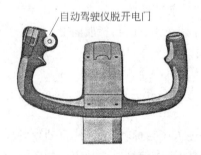

图 4-11　驾驶盘上的自动驾驶仪的脱开电门

4) 自动驾驶仪的断开

飞行过程中,飞行员可以人工脱开自动驾驶仪,最常用的方法是通过按压驾驶盘上的自动驾驶仪脱开电门。驾驶盘上的自动驾驶仪脱开电门如图 4-11 所示。也可以通过再次按压已接通的 AP ENG 电门来人工脱开 AP。

自动驾驶仪操作期间,如果人工向操纵机构施加足够的力,将强行脱开自动驾驶仪。

此外,在飞行过程中,如果为自动驾驶仪提供动力的电源系统或液压系统出现故障时,自动驾驶仪会自动脱开。

无论是人工脱开,还是自动脱开,在脱开自动驾驶仪时,都会有脱开警告信号,以引起飞行员注意。常用的警告信号有目视警告信号和音响警告信号两种。图 4-10 中所示的 AP 字符就是目视警告信号,该字符一般为红色,且闪亮。同时,自动驾驶仪脱开警告喇叭也会响起。

5. 自动驾驶仪的维护

本节介绍的关于自动驾驶仪的维护知识不是针对某一个特定型号的自动驾驶仪,给出的是对所有类型的自动驾驶仪都适用的通用信息。自动驾驶仪的维护包括目视检查,更换部件,清洁,润滑,以及对系统的运行进行检查。维护前应查阅生产商的维护手册,以便找到所有的维护程序。

当自动驾驶仪断开时,飞行操纵系统的运行应该是平滑的,自动驾驶仪伺服系统不应该影响到飞机的操纵系统。

运行检查对于保证每一个电路的正常工作都是很重要的。在新安装自动驾驶仪,或更换了自动驾驶仪的部件,或怀疑自动驾驶仪有故障时,都需要进行自动驾驶仪的运行检查。

在飞机主电门开关接通后,陀螺开始加速,放大器开始预热。在陀螺加速和放大器预热后才能够接通自动驾驶仪。某些系统还具有保护措施,以防止过早接通自动驾驶仪。将操纵杆保持在正常的飞行位置时,应使用自动驾驶仪控制板上的电门接通自动驾驶仪。

当自动驾驶仪接通以后,开始实施适用于特定飞机的自动驾驶仪的运行检查。通常情况下,检查按如下方法进行:

(1) 将转弯旋钮转向左侧,左方向舵脚蹬应该向前移动,驾驶盘应该向左转动,并稍微往后运动。

(2) 将转弯旋钮转向右侧,右方向舵脚蹬应该向前移动,驾驶盘应该向右转动,并稍微往后运动。将转弯旋钮回到之前位置,飞行操纵机构应该回到平飞位置。

(3) 向前转动自动俯仰配平旋钮,驾驶杆应该向前移动。

(4) 向后转动自动俯仰配平旋钮,驾驶杆应该向后移动。

如果飞机上安装有俯仰配平系统,在驾驶杆向前运动时,该系统将增加附加的低头配平,并在驾驶杆向后运动时,增加附加的抬头配平。许多俯仰配平系统有自动和人工两种方式,上面所说的现象只会发生在自动方式。

检查是否在任何操纵位置都可以人工超控自动驾驶仪。

当运行检查结束后,将所有操作机构移回到中央位置。

断开自动驾驶仪,通过移动驾驶杆和方向舵脚蹬,检查操作面是否能够自由地转动。然后,再接通自动驾驶仪,检查应急断开释放电路。每次作动驾驶盘上的脱开按钮时,自动驾驶仪都应该断开。

4.2.2　飞行指引仪

为了便于飞行员操纵飞机,及时正确地纠正飞行姿态,现代飞机上都装备有飞行指引仪。飞行指引仪的功用是向飞行员提供向哪一个方向操纵飞机的指令,飞行员根据飞行指引仪提供的指令操纵飞机,使飞机能够准确地切入或保持在希望的航迹上。而当飞行指引系统与自动驾驶仪系统同时使用时,还可以利用飞行指引系统监控自动驾驶仪系统工作正常与否。飞行指引系统是飞机在夜间或复杂气象条件下飞行的重要设备。

1. 飞行指引仪的组成

飞行指引仪主要由飞行指引计算机、飞行指引方式选择板、方式通告牌、姿态指引指示器和输入装置等组成,如图 4-12 所示。

1) 飞行指引仪的方式控制板和方式通告牌

飞行指引仪的方式选择板和方式通告牌一般都与自动驾驶仪合用,参见图 4-10,当飞行指引仪接通后,选择合适的方式,飞行指引仪将为飞行员提供相应的资态指引。

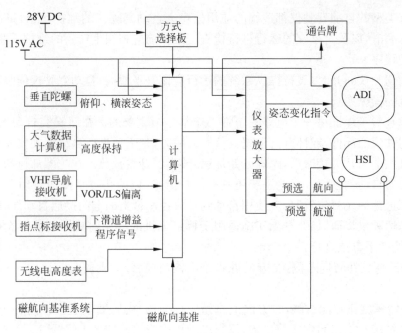

图 4-12　飞行指引组成框图

2）飞行指引计算机

飞行指引计算机(flight director computer,FDC)是飞行姿态指引仪的核心部件。它为姿态指引仪提供飞机的俯仰和横侧指令、故障旗收放指令和飞行指引通告牌指示。在某些飞机上,飞行指引计算机是单独的;而在某些飞机上,飞行指引计算机是与自动驾驶仪的计算机合在一起的。

3）姿态指引指示器

姿态指引指示器是飞机姿态指示与飞机指引的综合指示器。为了便于驾驶员观察飞机上其他设备的指示,指示器内也综合有其他信息显示,如无线电高度表的指示、仪表着陆系统的指示等。目前使用的飞行姿态指引指示器有两种,一种是机电式姿态指引指示器(ADI),另一种是电子姿态指引指示器(EADI)。飞机的姿态来自垂直陀螺或航向姿态系统,飞行姿态指引杆受飞行指引计算机的输出信号驱动。

飞机指引杆可分为十字指引杆和八字指引杆两种。

十字指引杆利用纵向指引杆和横向指引杆来分别进行俯仰指引和横滚指引,如图 4-13所示。若纵向指引杆在飞机符号上面,驾驶员应操纵飞机抬头,反之应操纵飞机低头,使纵向指引杆与飞机符号对齐,以达到预定的俯仰角。若横向指引杆在飞机符号左边,驾驶员应操纵飞机向左压坡度,反之应向右压坡度,使横向指引杆与飞机符号对齐,以达到预定坡度。

八字指引杆,又称 V 形指引杆。通过八字指引杆与飞机符号的上下相对关系可以进行俯仰指引,通过八字指引杆与飞机符号的左右相对关系可以进行横滚指引,如图 4-14 所示。若八字指引杆在飞机符号之上,驾驶员应操纵飞机抬头,反之则应操纵飞机低头,以达到预定的俯仰角。若八字指引杆相对飞机符号右倾斜,应向右压坡度,反之应向左压坡度,以达到预定的倾斜角。

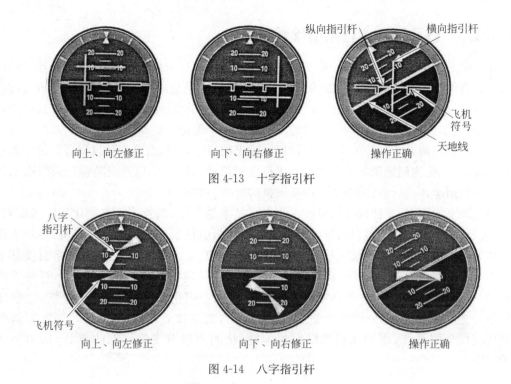

图 4-13　十字指引杆

图 4-14　八字指引杆

2. 飞行姿态指引系统的工作原理

飞行姿态指引系统的核心是飞行指引计算机,其工作原理是将飞机的实际飞行轨迹与预选路线进行比较,算出应飞姿态角。然后,再与实际的姿态角进行比较,将其差值输送给指令杆伺服系统,使指令杆偏离地平仪上的小飞机符号,指示出俯仰和横滚指引指令的大小和方向。在飞行指引计算机中,用来计算横滚指引指令的部分称为横滚通道;用来计算俯仰指引指令的部分称为俯仰通道。飞行指引系统工作原理图如图 4-15 所示。图中,M 为伺服马达(motor);G 为测速电机(generator);CT 为指令跟踪(command track)反馈元件。两个通道的输入信号分别来自横向和纵向导航设备、人工控制指令和垂直陀螺系统。

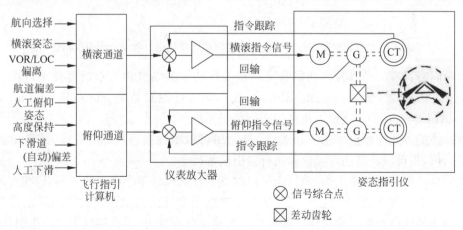

图 4-15　飞行指引系统工作原理图

4.2.3 自动驾驶飞行指引仪系统

在早期的飞机上,自动驾驶仪系统和飞行指引仪系统是相互独立的,具有各自独立的计算机。各自的计算机完成各自指令的计算和输出控制。但是,通过对自动驾驶仪和飞行指引仪原理的分析,不难发现,自动驾驶仪计算机和飞行指引仪计算机在计算同一方式的指令时,所使用的信号源和方法相同。二者的不同之处在于无论自动驾驶仪在什么方式下工作,总有一套伺服机构处于某种工作状态,计算机输出的指令,经过自动驾驶仪伺服系统来驱动操纵面,以使飞机达到期望的姿态值。而飞行指引仪所做的工作只是控制姿态指引指示器上指令杆的运动,向飞行员提供如何控制飞机的操纵面的指令。

基于以上的原因,并随着计算机技术和电子技术的发展,以及飞机自动化程度的提高,目前,大多数大中型飞机上,自动驾驶仪系统和飞行指引仪系统共用一个计算机,该计算机一般称为飞行控制计算机(flight control computer,FCC)。自动驾驶仪和飞行指引仪基本上是在相同的模式下工作,对于自动驾驶仪转换活门的输出和飞行指引仪指令杆的输出来说,很多电路是共用的,输送到它们的计算指令也是相同的。在计算机的下游,这些输出信号分为两部分,一部分输送到姿态指引指示器,去驱动姿态指令杆,另一部分则送到自动驾驶仪伺服系统,驱动飞机操纵面的偏转,从而实现对飞机姿态的控制,如图 4-16所示。

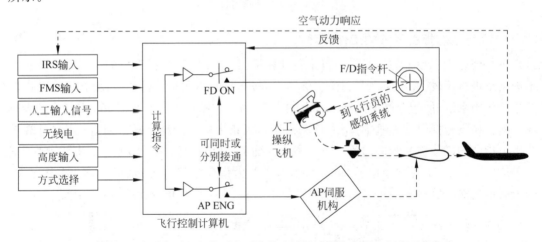

图 4-16   自动驾驶飞行指引仪系统的自动驾驶仪指令和飞行指引仪指令

这种同时具有自动驾驶仪功能和飞行指引仪功能的系统称为自动驾驶飞行指引系统(auto-pilot flight director system,AFDS),或自动飞行控制系统(auto-pilot flight control system,AFCS)。在个别飞机上也称为飞行指引系统。

该系统的方式控制板如图 4-10 所示,使用时可以单独接通自动驾驶仪,或者单独接通飞行指引仪,也可以将自动驾驶仪和飞行指引仪都接通。

如果自动驾驶仪正常工作,飞行指引仪的指令杆就应处于中心位置。所以,在自动驾驶仪和飞行指引仪都接通的情况下,飞行员通过观察指令杆的移动及驾驶杆的运动方向可以监控自动驾驶仪是否在正常工作。如果自动驾驶仪没有接通,而只接通了飞行指引仪,飞行员就可以跟随指令杆的指令人工操纵飞机。飞行控制计算机指令的计算,以及自动驾驶仪、飞行指引仪信号的分离情况,以及自动驾驶仪和飞行指引仪的联合使用和分开使用的情况如图 4-16 所示。

4.3 飞机通信系统

4.3.1 无线电波频段的划分

电波的传播规律与其频率密切相关,目前国际上广泛采用的电波频段和波段划分及各波段的应用情况如图 4-17 所示,由于各个波段的电波都有各自不同的传播特点,因此各个波段都有各自不同的应用范围。

4.3.2 无线电收发原理

一个完整的无线通信系统应包括发射装置、接收装置和传输信道,如图 4-18 所示。发射装置包括信号源、发射机和发射天线。其中,麦克风为信号源,其作用是将发送者提供的声音信息转换为电信号。发射机将该电信号变换为足够强度的高频电振荡信号。发射天线则将高频电振荡信号变换为电磁波,向传输信道进行辐射。

接收是发射的逆过程,接收装置由接收天线、接收机和终端组成。接收天线将由空间传播到其上的电磁波变换为高频电振荡信号,接收机将高频振荡信号还原为包含传送信息的电信号。耳机或扬声器等终端装置则将电信号还原为所传送的信息。

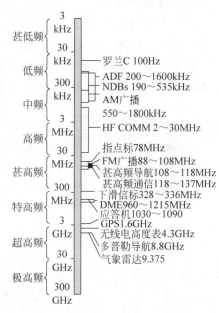

图 4-17 波段划分及各波段的应用情况

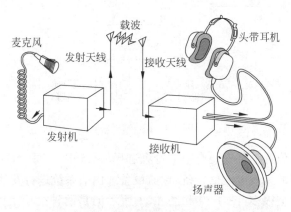

图 4-18 无线通信系统组成框图

根据载波的波长或频率的不同,电磁波在自由空间采用的传输方式有所不同,在不同传输媒质中的损耗也不一样。

4.3.3　典型民航飞机通信系统

民航客机的机载通信设备大体上分为两类：一类负责机外通信联络，主要包括高频通信系统(HF COMM)、甚高频通信系统(VHF COMM)、选择呼叫系统(SEL CAL)、应急定位发射机(ELT)等，这些通信系统主要用于飞机与地面之间、飞机与飞机之间的通信联络；另一类用于机内通信，主要包括音频选择系统(ASS)、座舱话音记录系统(CVR)、内话系统(INT Phone)等，通过这些系统可实现机组人员与机内人员及地面人员的通信联络，保证了飞行安全。

1. 音频选择系统

飞机上一般有2套或3套独立工作的音频选择系统(ASS)，通过该系统可以选定甚高频通信系统、高频通信系统、内话系统等进行发射和接听。同时它还可以对机载导航设备的语音/识别码进行监控。音频选择系统的典型配置如图4-19所示。该系统包括2~3个音频选择板、放大器、按下发话按钮、扬声器和耳机/话筒及相应的插孔等。

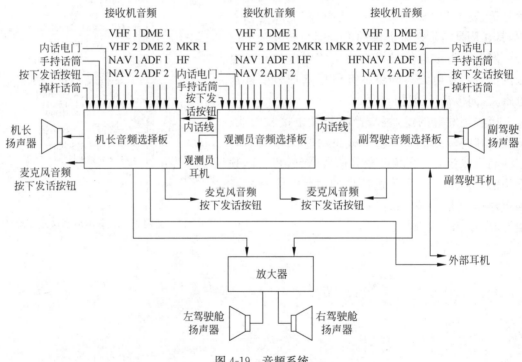

图 4-19　音频系统

每个机组的工作位置上都安装有一个音频选择板(ASP)。每个音频选择板都可以使机组成员能够选择所需的无线电通信设备、导航设备或内话系统进行发话、收听和监控。

音频选择板的类型很多，图4-20和图4-21所示的是两种机型上的音频选择板。可以看出，尽管两个音频选择板不一样，但都具有最基本的发射机选择器、接收机电门、接收机音量调节电门以及滤波器电门等。

发射机选择器用于选择飞行员或乘员所说的话从哪一个通信系统发送出去。当选择某个发射机选择器时，表示对应位置上的乘员准备用该系统发话。每次只能选中一个发射机选择器。如果没有安装某套系统,则该系统对应的发射机选择器无效。

接收机选择电门有耳机和扬声器两种,分别选择使用耳机或扬声器来接听对应系统的接收机信号。可以同时选中多个接收机。当某发射机选择器被选中时,该系统的接收机被配套选中,以便于说话的人自我监听。选择导航设备的接收机时,主要用于监听地面导航台的音频信号或莫尔斯代码。

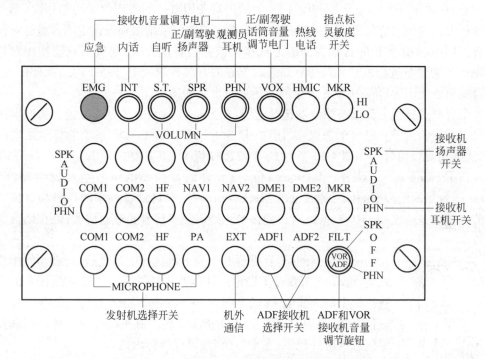

图 4-20 音频选择板 1(开关和音量调节电门分开)

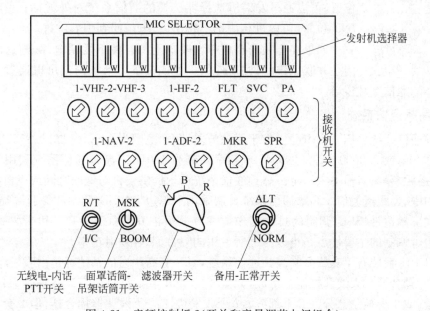

图 4-21 音频控制板 2(开关和音量调节电门组合)

在图 4-20 所示的音频选择板上,有专门的发射机音量调节电门,转动电门,可以调节对应发射机的音量大小。在该音频选择板上,接收机选择开关和音量调节电门是分开的,而在图 4-21 所示的音频选择板上,接收机选择开关和接收机音量调节电门已经合为一个整体,按压电门,接通该接收机,转动电门,调节接收机的音量大小,并且所有接收机的扬声器只采用一个扬声器电门进行控制,减少了扬声器控制电门的数量。

此外,在图 4-20 的应急电门和图 4-21 上的正常备用电门的备用位置功能相同,都是在该控制板失效时使对应位置上的乘员只能使用规定的通信系统用预先设定的音量进行发话和接听。例如,如果机长的音频控制板上选择了应急或备用方式,则机长只能使用 VHF1 按预先设定的音量进行发话和接听;如果副驾驶的音频控制板上选择了应急或备用方式,则副驾驶只能使用 VHF2 按预先设定的音量进行发话和接听。

两个音频选择板上都设有滤波器选择电门,在图 4-20 所示的音频选择板上滤波器选择电门只有关闭和调节音量两个功能,关闭时,只能听到 VOR 和 ADF 系统的莫尔斯电码信号,不能听到音频信号。在图 4-21 所示的音频选择板上,滤波器选择电门有 V(voice)、B(both)和 R(range)3 个位置。V(voice)位,只允许话音频率的信号通过滤波器,阻止 1020Hz 的台识别码频率的信号通过滤波器;B(both)位,允许话音频率的信号和台识别码频率的信号通过滤波器;R(range)位,只允许台识别码频率信号通过滤波器,阻止话音频率的信号。

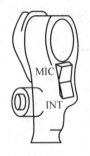

图 4-22　驾驶盘上的 PTT 电门

值得注意的是,在选择某个发射机选择电门之后,还必须使用按压发话(push to talk,PTT)电门才能够对外说话。在图 4-21 所示的音频选择板上的无线电-内话电门就是一种按下发话电门。该电门是一个三位开关,可短时停放在 R/T 和 I/C 位。在 R/T 位时,可以用选择的通信系统对外说话,在 I/C 位时,可以进行内话。

在驾驶盘上也有按下发话电门,如图 4-22 所示。当电门选择 MIC 位置,可以通过发射机选择器选择的通信系统对外说话;当电门选择 INT 位置,可以进行内话。松手后,电门回到中立位置。

如果在音频选择板和驾驶盘上都有按下发话电门,则这两处的电门是并联工作的,按下任何一处的按下发话电门都可以通过发射机选择器选择的通信系统说话。

2. 高频通信系统

高频通信系统(HF COMM)工作于短波波段,频率范围为 2.000~29.999MHz,频率间隔为 1000Hz,或 2.0000~29.9999MHz,频率间隔为 100Hz。高频通信系统利用天波传播信号,传播距离较远,但不太稳定。高频通信系统用于提供飞机与地面之间或飞机与其他飞机之间的中、远距离通信。高频通信系统普遍采用了单边带(SSB)调制和普通调幅(AM)的工作方式。单边带(SSB)调制的具体工作方式有上边带方式(USB)和下边带方式(LSB)。采用单边带调制的主要优点是可以压缩所占用的频带,节省发射功率。

飞机上一般装有 1 套或 2 套高频通信系统,每一套高频通信系统都是由收发组件、天线调谐组件(耦合器)、天线和控制盒组成,如图 4-23 所示。如果有 2 套高频通信系统,则有 2 个控制盒(或 1 个控制盒分为 2 个部分),2 个收发机,2 个天线调谐耦合器,但 2 套系统会共用 1 个天线。

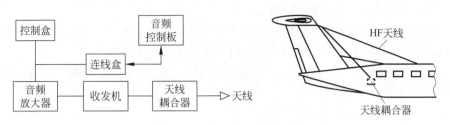

图 4-23　高频通信系统的组成

1) HF 通信控制板

高频通信系统的控制板位于驾驶舱内,用来选择高频通信系统的工作频率、工作方式及调节接收机的灵敏度。图 4-24(a)所示是一种具有两套高频通信系统的控制盒。其中左边部分控制第 1 套 HF 通信系统,右边部分控制第 2 套 HF 通信系统。控制盒上各开关和电门的功用如下:

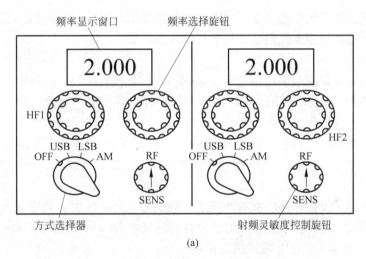

(a)

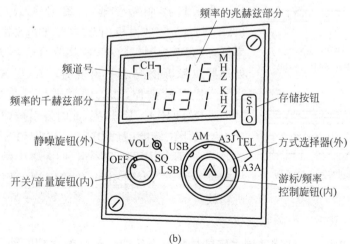

(b)

图 4-24　高频通信系统控制盒

(a) 两套高频通信系统的组合控制盒;(b) 具有编程功能的高频通信系统的控制盒

（1）频率显示窗口，用来显示选择的频率。

（2）频率选择钮，用来选择频率。每个 HF 通信系统的控制盒上有 2 个频率选择钮，分为内、外旋钮，分别控制 1MHz、100kHz、10kHz 和 1kHz 的频率数字。

（3）方式选择器，用来选择系统的工作方式，它有 OFF、USB、LSB 和 AM 共 4 个位置。

OFF——关断收/发机电源；

USB——系统采用上边带调制；

LSB——系统采用下边带调制；

AM——系统采用调幅方式。

（4）射频灵敏度控制钮，用来调节接收机的灵敏度，以期获得最佳的接收效果。顺时针转动该旋钮将增强接收机灵敏度，以接收微弱或远距离信号，但同时也将增加干扰信号；逆时针转动将降低灵敏度，以减弱噪声或天波干扰，但如果灵敏度降低得太多，会影响接收效果。

2）天线调谐耦合器

天线调谐耦合器安装在垂直安定面的前下部两侧，每侧各一个。天线调谐耦合器能在所选择的频率上自动地使天线阻抗与发射机阻抗相匹配。

3）天线

低速飞机的高频系统应采用张线天线，这类天线多安装在飞机尾部或垂直安定面的前缘，有的飞机则使用探针式天线。两套 HF 通信系统共用一根收发天线。

在频率改变后或工作方式改变后的首次发话，必须短时按压发射电门调谐天线耦合。天线的调谐时间需要几秒钟到一分钟，在此过程中，通过喇叭或耳机能听到音响信号。由于两套系统共用一根天线，任意一部 HF 发射机工作时，两套 HF 接收机均不能工作。

4）高频收发机

高频收发机用于发射和接收载有音频的射频信号。由于收发组功率较大，需要采取特殊的通风散热措施。收发机前面板上有故障灯和测试电门、一个话筒插孔和一个耳机插孔。图 4-25 所示为一种典型的 HF 收发机前面板。

图 4-25 高频收发机前面板

当来自控制板的输入信号失效时，"CONTROL FAIL"灯亮；当收发机内有故障，如电源故障、发射输出功率低，或频率控制板故障，或频率合成器失锁以及机内微处理器故障等情况之一出现时，"LRU STATUS"灯亮；当收发机已被键控，如天线调谐耦合器中存在故障，则"KEY INTERLOCK"灯亮，此时发射被抑制。

当按下试验电门（SQL／LAMPTEST）时，静噪抑制失效，此时耳机内可听到噪声，同时 3 个故障灯亮，可检查故障灯的好坏。发射期间，机内风扇工作，用来冷却发射机功放。

5）具有编程功能的高频收发机

目前，许多飞机上的高频通信系统都具有编程功能。具有编程功能的高频通信系统的控制盒如图 4-24(b)所示。该通信系统除编程方法和频率调整方法外，其余使用方法与图 4-24(a)所示的控制盒的使用方法相同。

　　具有编程功能的高频通信系统能够事先编程并存储多个频道的频率,需要时只需要调出频道号,对应的频率就自动出现。这类高频通信系统的频率选择方法有直接调谐式和频道调用式两种,但在频道调用之前,需要先对频道及其对应的频率进行编程并储存。这里先介绍编程的方法。

　　(1) 编程的方法

　　① 重复按压游标/频率控制旋钮,直到游标移动到频道号码数字下面,频道数字闪烁,再转动该旋钮,使频道数字变为准备编程的频道号。

　　② 按下游标/频率控制旋钮,使游标移动到频率的第1位数字,再转动该旋钮,选择所需的数字。用同样的方法选择频率的其他几位数字。

　　③ 选择好频道号和对应的频率值后,按压存储按钮(STO),则所显示的频率将作为接收频率记入存储器中。

　　④ 游标将自动移动到频率数字的第1位,并在显示窗口的右边出现 TX 字符,表示准备选择并储存发射频率。

　　⑤ 如果需要把高频通信系统编程为单工方式(发射频率与接收频率相同),则只需要简单地再按一下存储按钮(STO)即可。如果需要把该频道编程为半双工方式(发射频率和接收频率不同),则需要重复第②步和第③步。在第2次按压存储按钮(STO)之后,游标和TX字符都消失,表示该频道的编程结束。用同样的方法可以对其他频道进行编程。

　　(2) 频道调用的方法

　　在对频道编程之后,按压游标/频率按钮,使游标出现在频道数字下方(频道数字闪烁),再转动该旋钮,使频道数字改变成需要的频道号,该频道对应的接收频率显示在窗口右边。按压按下发话按钮,进行天线调谐后,就可以使用该频道对应的频率进行发射和接收了。

　　(3) 直接调整使用频率的方法

　　在直接调谐频率方式中,操作人员可以选择 2.0000~29.9999MHz 范围内的 280 000 个频率(频率间隔为 100Hz),其操作方式如下:

　　① 反复按压"游标/频率"按钮,直到游标移动到频道数字处,转动"游标/频率"旋钮,使频道数字改变为 0。

　　② 再按下游标/频率控制旋钮,使游标移动到希望改变的频率数字上(频道数字从 0 变为空白),转动该旋钮,选择所需的数字。用同样的方法选择频率的其他几位数字。

　　③ 按压按下发话按钮,进行天线调谐后,就可以使用该频道对应的频率进行发射和接收了。

3. 甚高频通信系统

　　甚高频通信(VHF COMM)系统的工作频率为 118.00~136.975MHz,工作于超短波波段,主要以空间波方式传播信号,只能进行视线范围内的通信,通信距离近。因此,甚高频通信系统可提供飞机与地面台站之间、或飞机与其他飞机之间的近距离通话联络。通信距离与飞机的飞行高度直接相关。若飞行高度增加,通信距离可以增加。

　　甚高频通信系统一般由收发机、控制盒和天线组成,如图 4-26 所示。天线接收的射频信号经收发机处理后,输出音频信号,通过遥控电子组件分别输送到驾驶舱和选择呼叫系统。发射时,来自驾驶舱的音频信号经收发机处理为射频信号经天线对外辐射。甚高频通信系统的天线为刀形天线,通常安装于机身上部和下部。

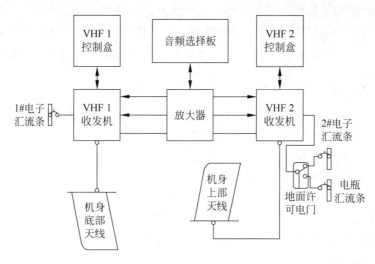

图 4-26　甚高频通信系统组成

两个完全相同的甚高频通信控制盒位于驾驶舱内,图 4-27 所示是一种典型的甚高频通信控制盒。频率指示器用来指示由相应频率选择器选择的频率。

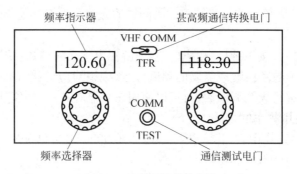

图 4-27　甚高频通信控制盒

甚高频通信转换电门用来选择收发机的使用频率。当电门扳向左边时,选择左边窗口中的频率为使用频率,右边窗口中的频率被一横线盖住,表示该频率为备用频率,如图 4-27 所示。如果将该电门扳向右边,则选择右边窗口中的频率为使用频率。

通信测试电门可对相应通信系统进行可靠性检验。按下该电门能够去掉接收机的自动噪声抑制功能,允许接收背景噪声以验证接收机的工作,同时可使接收机的接收范围增加。

频率选择器用来控制甚高频收发机的频率,左边的旋钮调节左窗口中的频率,右边的旋钮调节右窗口中的频率。旋转频率选择器的外圈可改变相应频率的左三位数,旋转内圈可改变右两位数。图 4-27 中显示该甚高频通信系统使用的频率为 120.60MHz,备用频率为118.30MHz。

4. 选择呼叫系统

选择呼叫(SEL CAL)是指地面塔台通过高频或甚高频通信系统对指定飞机或一组飞机进行联系,避免机组连续监听,防止疲劳。当地面电台想要和某架飞机进行通信联络时,它将通过事先约定好的高频或甚高频频率发送该飞机的识别编码。机载的选择呼叫解码器将启动一双谐音提醒机组注意,并使选择呼叫控制盒上相应的选择呼叫灯亮。

图 4-28 所示为某种机型的选择呼叫控制盒。该选择呼叫控制盒上有 2 个指示灯：SELCAL 1 和 SELCAL 2，其中 SELCAL1 灯亮表示地面通过 VHF 1 或 HF 1 呼叫飞机；SELCAL2 灯亮表示地面通过 VHF 2 或 HF 2 呼叫飞机。按压复位按钮将使 SELCAL 灯灭，并使解码器复位，以等待下一次呼叫。

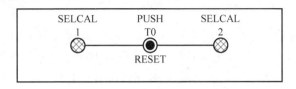

图 4-28　选择呼叫控制盒

5. 座舱话音记录器

座舱话音记录器(CVR)用于记录和保存飞行中驾驶舱内的音频信号和声音，供飞行事故调查取证用。早期的座舱话音记录器是磁带式记录器，可记录不少于 30min 的内容。现在，大多数飞机上采用固态话音记录器，可记录不少于 2h 的内容。话音记录系统主要由话音记录器和控制盒组成，如图 4-29 所示。

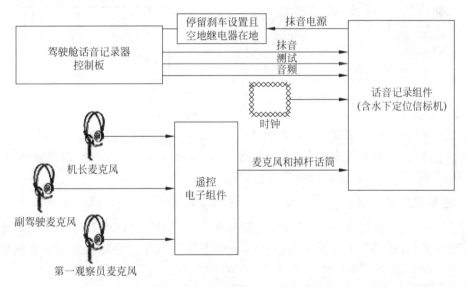

图 4-29　座舱话音记录器系统组成

记录器一般安装在垂直安定面内，为橘红色，上面有反光条，便于寻找。前面板装有一个水下定位信标，当组件浸在水中，水下定位信标就开始工作，发射 27.5kHz 的超声波脉冲信号，其电池可持续工作 30 天，电池的有效期标注在水下定位信标上面。话音记录器共有 4 个录音通道，其中来自正、副驾驶，随机工程师和音频选择板的内话音频信号加至记录器的 1、2、3 通道；驾驶舱内的谈话信号由控制盒上的麦克风拾取，经放大后送到记录器的第 4 通道。

话音记录器控制板如图 4-30 所示，控制组件主要有区域话筒、耳机插孔、监控指示器、测试按钮(绿色)和抹音按钮(红色)，用于对话音记录器系统组件进行遥控监测。任何时候只要接通飞机上的 115V 交流电源，区域话筒就会对驾驶舱内的语音进行录音。监控指示器的指针偏转,表明 CVR 上所有 4 个通道正在录音或抹音。在测试过程中,其指针将上升至绿区。

按下测试按钮并保持至少 5s,可观察到监控指示器指针上升至绿区并产生几次摆动,同时耳机中可听到相应的音频信号。如果在距区域话筒 6in 处以正常音量讲话,将在 0.5s 后听到保真的声音。

在飞行过程中,座舱话音记录器会进行自动抹音,只保存最近 30min 或最近 2h 的录音。而人工抹音必须是飞机停在地面且停留刹车刹住时才能进行,接通 115V 交流电源,按住抹音按钮一定时间(如某型飞机上为至少 9s)后,所有录音将被同时抹掉,同时,监控指示器指针瞬间偏转。

6. 内话系统

飞行内话系统(INT)主要用来提供驾驶舱机组成员间的专用通话。飞行内话系统的控制板如图 4-31 所示。

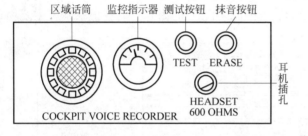

图 4-30 话音记录器控制板

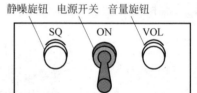

图 4-31 飞行内话系统控制板

电源开关"ON"位用于接通内话系统的电源;静噪旋钮用于调节背景噪声,使用方法是顺时针转动该旋钮,直到能听到背景噪声,然后再逆时针转动该旋钮,直到背景噪声消失。"VOL"用于调节进行内话通信时的音量。

7. 应急定位发射机

应急定位发射机(ELT)用于在国际遇险频率 121.5MHz、243MHz 和 406MHz 上发射全向信标信号,帮助寻找失事的飞机。其中,406MHz 是卫星应急示位地对空方向的专用频率。

应急定位发射机由发射机、天线和控制板组成,如图 4-32 所示。

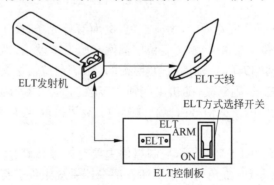

图 4-32 应急定位发射机系统组成

应急定位发射机组件和天线一般安装在垂直尾翼之前,控制板安装在驾驶舱内。控制板主要用于选择应急定位发射机的工作方式,在飞行过程中,处于预位(ARM)方式。当飞机撞到地上或水中受到较大的冲击,或飞机的垂直加速度超过一定值,延时一定时间后,应急定位发射机将自动接通。

在检查应急定位发射机时,将方式电门置于"ON"位,通过将一台通信接收机调到121.5MHz 或 243MHz 或 406MHz 警告频率上,则可以接收到 ELT 发出的信号。正常飞行中,飞机的通信系统不选用这些频率。

应急定位发射机的电源是一个自备的干电池,它必须能够连续供电48h。电源的更换日期必须标在发射机外部,必须根据该标定日期对电池进行更换。

4.4 导航系统

导航系统的作用是提供飞机的位置信息,以引导飞机按规定的路线且在规定的时间内到达目的地。通用飞机上的导航系统主要包括自动定向仪系统(ADF)、甚高频全向信标系统(VOR)、仪表着陆系统(ILS)、测距系统(DME)、无线电高度表(LRRA)、二次雷达应答机(ATC XPDR)等,依靠这些系统提供的信号,能够确定飞机的距离和方位,并确定飞机预计到达地面站的时间。

在新型的通用飞机上,一般还安装有空中交通警戒与防撞系统、自动相关监视系统(ADS-B)等。

4.4.1 导航中常用的参数

1. 航向

飞机的航向是指飞机纵轴与经线在水平面上的夹角。航向都是以经线北端为起点顺时针方向计算的。由于所取经线不同,航向可分为真航向、磁航向和罗航向。真经线与飞机纵轴在水平面上的夹角,称为真航向;磁经线与飞机纵轴在水平面上的夹角,称为磁航向;罗经线与飞机纵轴在水平面上的夹角,称为罗航向;罗经线与磁经线之间的夹角,称为罗差。磁航向＝罗航向＋(±罗差),真航向＝磁航向＋(±磁差)。图 4-33 给出了各种航向的定义及相互之间的关系。

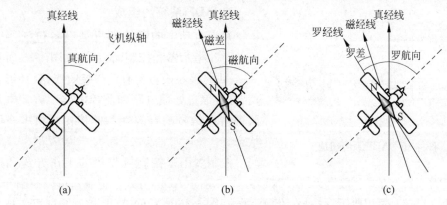

图 4-33 各种航向的定义及相互间的关系

(a) 真航向;(b) 磁航向;(c) 罗航向

2. 相对方位角

飞机纵轴方向顺时针测量到飞机到地面台连线之间的夹角,称为相对方位角。

3. VOR方位角

VOR方位角是指从飞机所在位置的磁北方向顺时针测量到的飞机与VOR台连线之间的夹角,也称电台磁方位,它是以飞机为基准来观察VOR台在地理上的方位。

4. 飞机磁方位角

飞机磁方位角是指从VOR台所在位置的磁北方向顺时针测量到VOR台与飞机连线之间的夹角,它是以VOR台为基准来观察飞机相对VOR台的磁方位。

图4-34给出了各种方位角的定义及相互之间的关系。

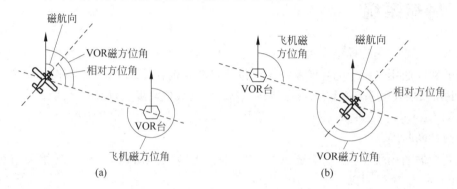

图4-34   各导航参数的定义及相互之间的关系

VOR方位角=飞机磁航向+相对方位角,飞机方位角=VOR方位角±180°,加或减由飞机和VOR台的相对位置决定。在图4-34(a)所示的相对位置下,飞机方位角=VOR方位角+180°;在图4-34(b)所示的相对位置下,飞机方位角=VOR方位角-180°。

4.4.2   自动定向仪

自动定向仪(ADF)也称无线电罗盘,用于测定相对方位角,接收气象信息和其他民用广播节目。ADF的工作频率范围为190~1750kHz,频率间隔0.5kHz。

1. ADF系统的组成

每套自动定向系统的机载设备包括一个接收机、天线、指示器和控制面板等,如图4-35所示。

ADF接收机包含有信号接收线路、环形天线线路、方位信息处理电路和监控电路。监控电路用来监视接收信号的有效性和监控接收机本身的工作状态。

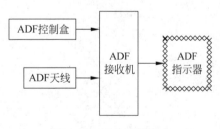

图4-35   ADF系统组成

控制盒用来控制接收机的工作方式和选择导航台的频率,工作方式一般有天线(ANT)方式和定向(ADF)方式。控制盒可以控制音量。如果按下BFO按钮,可以收听等幅报(BFO)信号。图4-36所示的ADF控制盒还可以选择和显示飞行时间、备用频率等参数。

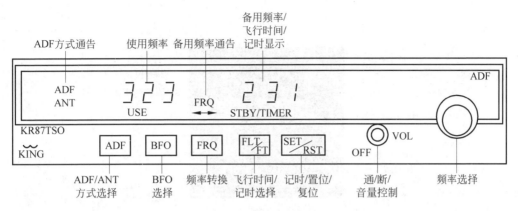

图 4-36　ADF 控制盒

　　方位指示器有多种类型,其中一种是刻度盘不能转动的相对方位指示器。在这种指示器上,0°固定在仪表的顶部,指针总是指示 ADF 相对方位角,如图 4-37 所示。使用这种指示器向台飞行时,飞行员只需要操纵飞机转弯,使指针指到 0°即可。

　　另一种指示器是刻度盘能够转动的 ADF 指示器。在这种指示器中,刻度盘上有一个 HDG 旋钮,飞行员可以通过转动该旋钮而转动刻度盘,使指示器顶部指示飞机的磁航向,指针在刻度盘上对应的值就是 NDB 台的磁方位角,指针相对于顶部的角度就是相对方位角,如图 4-38 所示,显示器的顶部显示的是飞机磁航向 45°,指针在刻度盘上的对应值为 NDB 台的磁方位角 180°,指针和显示器顶部之间的夹角就是 NDB 台的相对方位角 135°。

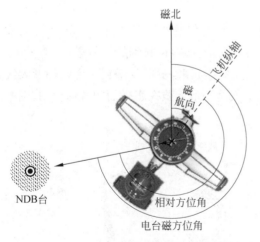

图 4-37　刻度盘不能转动的 ADF 指示器　　图 4-38　刻度盘可以转动的相对方位指示器

　　现在普遍使用的是无线电磁指示器(RMI),如图 4-39 所示。该指示器将罗盘(磁航向)、VOR 方位和 ADF 方位组合在一起。两个指针分别指示 VOR1/ADF1 和 VOR2/ADF2 接收机输出的方位信息;两个 VOR/ADF 转换开关分别用来转换方位指针的信号源。

　　无线电磁指示器能够指示 4 个角度:固定标线(相当于机头方向)对应的罗牌刻度指示飞机的磁航向,罗牌由磁航向信号驱动;针尖对应罗牌上的刻度指示为电台磁方位,它等于磁航向与相对方位之和,而针尾对应的罗牌刻度为飞机磁方位。针尖相对于刻度盘正上方的夹角为相对方位角。

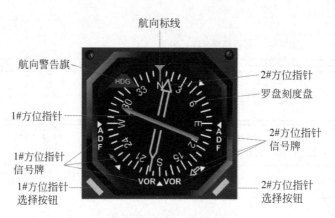

图 4-39　无线电磁指示器

自动定向机工作时需要两种天线:一种是无方向性的,称为垂直天线或辨向天线,用来调谐接收机和辨向,提供单值定向;另一种是有方向性的,称为环形天线,用来提供方位信息。这两种天线都在 190～1750kHz 频率范围内工作。垂直天线是一根单独安装在机身外部的鞭状天线,也有同环形天线装在一起的组合型天线。

2. ADF 的定向原理

自动定向仪利用环形天线的方向性确定地面电台方位,环形天线是一个方向性天线,其接收信号的强弱,取决于天线与地面发射台的相对方位。

1）环形天线定向的双值性

如果让环形天线绕 NDB 台转动,可得到环形天线在不同位置的信号。当环形天线与来波平行时,接收到的信号最大;当环形天线与来波垂直时,接收到的信号最小,最灵敏,如图 4-40 所示。如果将天线在不同位置的信号的向量连起来,就可以得到一个以环形天线为中心的"8"字图形,如图 4-41(a)所示。这个图形就是环形天线在水平面的方向性图,图中用"＋"、"－"号表示相位相反的合成电势。

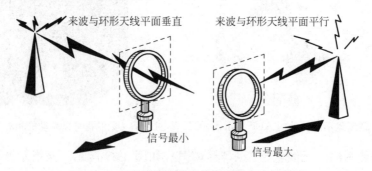

图 4-40　环形天线的最小信号和最大信号位置

分析"8"形方向性图可以看出,利用环形天线接收信号的最小值确定电台方位更为准确。自动定向机就是利用搜索接收信号的最小值进行工作的。但是,接收信号的最小值有 2 个,所以,自动定向机在测定方位时必须解决其最小值的双值性问题,以转化为具有实用价值的单值定向。

2）环形天线和垂直天线结合实现单值定向的原理

现代飞机多数自动定向机都采用环形天线同垂直天线相结合的自动定向系统,以取得单值定向。垂直天线是无方向性天线,方向图是一个以天线所在位置为圆心的圆。环形天线和垂直天线结合,将得到心形方向图,如图 4-41(b)所示。

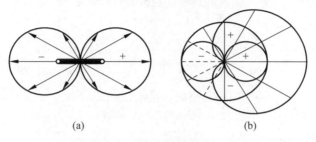

(a)　　　　　　　　　　　(b)

图 4-41　ADF 天线的方向性图
(a) 环形天线的方向性图;(b) 组合天线的心形方向性图

3）ADF 系统的种类

ADF 系统有两种类型,分别为旋转环形天线移相式自动定向系统和旋转测角器非移相式自动定向系统。在 ADF 系统中可以直接通过转动环形天线的方法来获得接收信号的最小值,称为旋转环形天线移相式自动定向系统。如果将两个正交的环形天线固定安装在飞机上,使其中一个环形天线平面与飞机纵轴垂直,称为正弦(或纵向)环形天线,另一个环形天线平面与飞机横轴垂直,称为余弦(或横向)环形天线,把这种天线与测角器连接起来就可以取代环形天线的旋转。这种 ADF 系统称为旋转测角器非移相式自动定向系统。

3. ADF 的定向误差

无线电波在传播过程中,由于受到大气条件、地表面性质、地理环境和人为干扰等因素的影响,这就使得自动定向仪会产生一定的误差,概括起来有静电干扰、夜间效应、山区效应、海岸效应和象限误差等几种。

4.4.3　甚高频全向信标系统

1. 甚高频全向信标系统的功用

甚高频全向信标系统,简称 VOR(伏尔),是一种近程无线电导航系统。

VOR 系统在航空导航中的基本功能有两个方面:利用两个 VOR 台进行 θ-θ 定位,如图 4-42(a)所示;或利用安装在一起的 VOR/(DME)台进行 ρ-θ 定位,如图 4-42(b)所示。VOR 台能够辐射无限多的方位线,或称径向线(radial),每条径向线表示一个磁方位角(磁北为零度基准),如图 4-43 所示。驾驶员通过机上全向方位选择器选择一条要飞的方位线,称为预选航道;飞机沿着预选航道可以飞向(to)或飞离(from) VOR 台,并通过航道偏离指示器指出飞机偏离预选航道的方向(左边或右边)和角度,以引导飞机沿预选航道飞往目的地。

2. VOR 工作频率

VOR 和 LOC 工作在同一甚高频频段的不同频率上。VOR/LOC 工作频率范围为

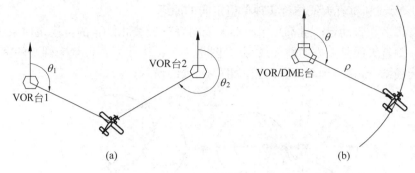

图 4-42　VOR 在导航定位中的应用

(a) θ-θ 定位；(b) ρ-θ 定位

108.00～117.95MHz，间隔 50kHz，共有 200 个波道，其中 108.00～111.95MHz 间的频率，VOR/LOC 共用，有 40 个波道分配给 ILS 系统的 LOC，具体分配如下：

108.10～111.95 MHz 之间的波道，凡小数点后第 1 位为奇数，间隔 50kHz 的，用于 LOC，并配对下滑信标波道；凡小数点后第 1 位为偶数，间隔 50kHz 的，则用于 VOR。112.00～117.95MHz，间隔 50kHz 的所有频率用于 VOR。

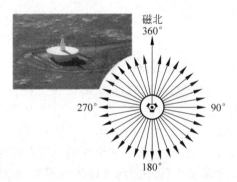

图 4-43　VOR 台的径向线

VOR 系统是靠空间波来接收和发射信号的，所以其工作范围主要受视距限制。

3. VOR 地面台的发射信号和机载接收机的原理

VOR 台发射被两种低频信号调制的射频信号。其中一种低频信号是 9960Hz 副载波产生的调频部分，再经 30Hz 调幅形成，其相位与方位角无关，称为基准相位信号，通常称为 30Hz FM。另一种是由天线旋转产生的调幅部分，其相位（最大值出现的时刻）随方位角而变，这就是可变相位 30Hz，通常称之为 30Hz AM。飞机磁方位取决于基准相位信号和可变相位信号之间的相位差。机载设备接收 VOR 台的发射信号，并测量出这两个信号的相位差，就可得到飞机磁方位角，再加上 180° 就是 VOR 方位。图 4-44 所示是测量方位角的原理。

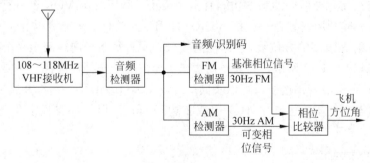

图 4-44　VOR 系统测量飞机方位角的原理

一旦测定了飞机的磁方位角后,该信号再与预选的 VOR 径向线(预选的 VOR 航道)进行比较,就能测定飞机偏离 VOR 航道的方向和角度,驱动 VOR 航道偏离指示。VOR 航道偏离信息一般显示在水平状态指示器 HSI 上。

向/背台指示电路工作的基本原理仍然是测量预选航道(经移相后基准 30Hz)和飞机方位角(可变 30Hz 信号)的相位差。当两个 30Hz 相位差的绝对值小于 90°时,输出的直流电压为负,指背台;当相位差的绝对值大于 90°时,输出的直流电压为正,指向台。

飞机在不同位置时航道偏离指示和向背台的指示如图 4-45 所示。

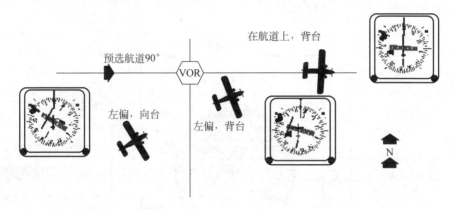

图 4-45 飞机在不同位置时航道偏离指示和向背台指示

4. VOR 的机载设备

VOR 机载设备包括控制盒、天线、甚高频接收机和指示仪表,如图 4-46 所示。

VOR 接收机用于接收和处理 VOR 台发射的方位信息,并提供输出信号。

在现代飞机上,控制盒是 VOR、ILS、DME 共用的。其主要功能是选择和显示接收信号频率以及测试功能等。

在大多数飞机上,天线安装在垂直安定面上或机身的上部,避免机身对电波的阻挡,以提高接收信号的稳定性,如图 4-47 所示。

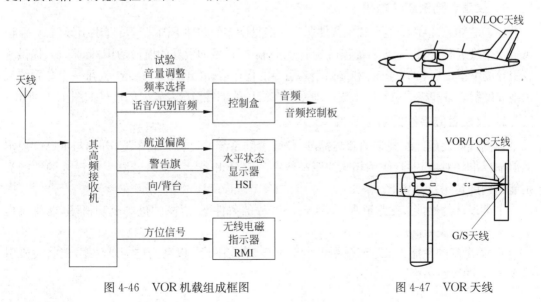

图 4-46 VOR 机载组成框图　　　　图 4-47 VOR 天线

指示器是将接收机提供的导航信息显示给飞行员。常用的指示器有无线电磁指示器(RMI)和水平状态指示器(HSI)。

RMI 指示器参考 ADF 部分的内容。

HSI 指示器如图 4-48 所示,它是一个组合仪表,指示飞机在水平面内的状态。在 VOR 方式,航道偏离杆由飞机相对于预选航道的偏离信号驱动,指示飞机偏离预选航道的角度,每点 5°,向背台指示器由向/背台信号驱动,在向台区飞行时,三角形指向机头方向,在背台区飞行时,三角指向机尾方向;预选航道指针随预选航道选择器旋钮转动,指示预选航道的角度。警告旗在输入信号无效时出现。

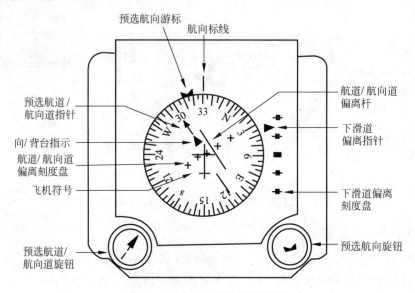

图 4-48　水平状态指示器 HSI

4.4.4　仪表着陆系统

1. 仪表着陆系统的功用

仪表着陆系统(ILS)能在气象条件恶劣和能见度差的条件下向飞行员提供引导信息,保证飞机安全进近和着陆。ILS 系统包括 3 个分系统:提供横向引导的航向信标(localize)、提供垂直引导的下滑信标(glideslope)和提供距离引导的指点信标(marker beacon)。每一个分系统又由地面发射设备和机载设备所组成。地面台在机场的配置情况及发射的信号如图 4-49 所示。

2. 仪表着陆系统的着陆标准

根据国际民航组织规定的着陆标准,仪表着陆系统的设施分成 3 类,分别与 ICAO 规定的着陆标准相对应,并且使用相同的罗马数字和字母来表示。仪表着陆系统设施的性能类别能达到的运用目标如下。

Ⅰ类设施的性能:在跑道视距不小于 800m 的条件下,以高的进场成功概率,能将飞机引导至 60m 的决断高度。

Ⅱ类设施的性能:在跑道视距不小于 400m 的条件下,以高的进场成功率,能将飞机引导至 30m 的决断高度。

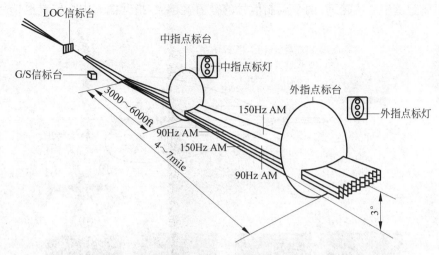

图 4-49　仪表着陆系统地面台在机场的配置情况及发射的信号

Ⅲ A 类设施的性能：没有决断高度限制,在跑道视距不小于 200m 的条件下,着陆的最后阶段凭外界目视参考,引导飞机至跑道表面,因此又称为"看着着陆"(see to land)。

Ⅲ B 类设施的性能：没有决断高度限制和不依赖外界目视参考,并在跑道视距 50m 的条件下,凭外界目视参考滑行,因此又称为"看着滑行"(see taxi)。

Ⅲ C 类设施的性能：无决断高度限制,不依靠外界目视参考,能沿着跑道表面着陆和滑行。

目前许多机场的仪表着陆系统能够满足 Ⅰ 类着陆标准,Ⅱ、Ⅲ 类着陆要求有更复杂的辅助设备相配合。例如,除上述的机场地面设施外,ILS 还必须在地面设置相应的灯光系统。该系统要求有接地地带灯、跑道中线灯、跑道边灯、顺序闪光灯、进近灯等。

3. ILS 的主要技术参数

航向信标工作频率是 108.10～111.95MHz 中小数点后第 1 位为奇数的频率,频率间隔为 50kHz,共有 40 个波道。下滑信标工作频率为 329.15～335MHz 的 UHF 波段,频率间隔 150kHz,共有 40 个波道。指点信标工作频率为 75MHz(固定)。

航向信标和下滑信标的工作频率是配对工作的,控制盒上只选择和显示航向信标频率,下滑信标频率自动配对调谐。

4. ILS 的基本原理

1) 航向信标系统的基本原理

航向信标天线产生的辐射场,沿着陆方向看,在通过跑道中心延长线的垂直平面内,会产生两个朝着着陆方向、有一边相重叠的相同形状的定向波束,形成航向面或称航向道,用来提供飞机偏离跑道中心线的横向引导信号。左波束用 90Hz 正弦波调幅,右波束用 150Hz 正弦波调幅。机载接收机收到航向信标信号后,对 90Hz 调幅信号和 150Hz 调幅信号的幅度进行比较,用两个信号的"差信号"驱动航道偏离杆,用两个信号的"和信号"驱动警告旗。

如图 4-50 所示,当飞机对准航向道时(C 飞机),90Hz 和 150Hz 信号幅度相等,偏离指示器指向中间零位;如果飞机偏左(B 飞机),90Hz 信号的幅度大于 150Hz 信号的幅度,航道偏离指示器的指针向右偏;如果飞机偏右(A 飞机),90Hz 信号的幅度小于 150Hz 信号的幅度,航道偏离指示器的指针向左偏。偏离杆左偏或右偏一个点表示飞机偏离跑道中心线1°。距离跑道中心线越远,两个调制信号的差值就越大,指针偏离中心位置也越远。

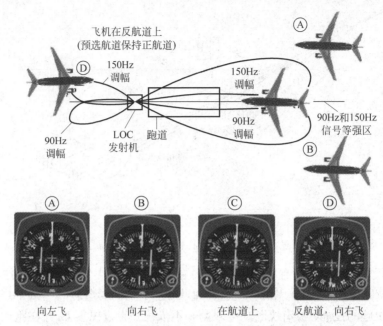

图 4-50　航向信标及航道偏离指示原理

2）下滑信标系统的基本原理

下滑信标和航向信标工作原理基本类似,下滑信标台天线产生的辐射场形成下滑面。沿着陆方向看,在与跑道夹角为 $2°\sim4°$ 的某一斜面上,产生两个朝着着陆方向、有一边相重叠的相同形状的定向波束,形成下滑面或称下滑道,用来提供飞机偏离下滑道的垂直引导信号。上波束用 90Hz 调幅,下波束用 150Hz 调幅。

机载接收机收到下滑信标信号后,对 90Hz 调幅信号和 150Hz 调幅信号的幅度进行比较,用两个信号的"差信号"驱动偏离指示器,用两个信号的"和信号"驱动警告旗。下滑信标及下滑偏离指示原理如图 4-51 所示。

下滑偏离指示如图 4-51 所示。当飞机在下滑道上时(C 飞机),90Hz 和 150Hz 信号幅度相等,偏离指示器指中间零位;如果飞机在下滑道的上方(A 飞机),90Hz 信号的幅度大于 150Hz 信号的幅度,偏离指示器的指针向下偏;如果飞机在下滑道的下方(B 飞机),90Hz 信号的幅度小于 150Hz 信号的幅度,偏离指示器的指针向上偏。偏离杆上偏或下偏一个点表示飞机偏离下滑道中心线 $0.35°$。离下滑道中心线越远,两个调制信号的差值就越大,指针偏离中心位置也越远。

航向信标和下滑信标相交,形成具有一定宽度和厚度的漏斗形空间区域,这就是进近的轨迹。

3）指点信标系统的工作原理

指点信标系统可按其用途分为航路指点信标和航道指点信标。航道指点信标包括外指点信标、中指点信标和内指点信标。3 个指点信标台的具体位置,根据机场的地理条件,在允许的距离范围内设置,所以,航道指点标可以提供距离引导信号。在一些机场还装有反航道指点信标,用于飞机从反航道进场,在某些机场没有安装内指点标。指点信标系统及其工作情况如图 4-52 所示。

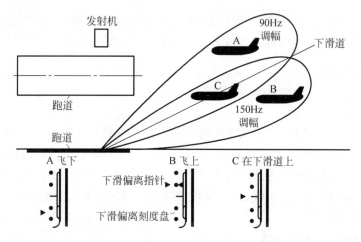

图 4-51　下滑信标及下滑偏离指示原理

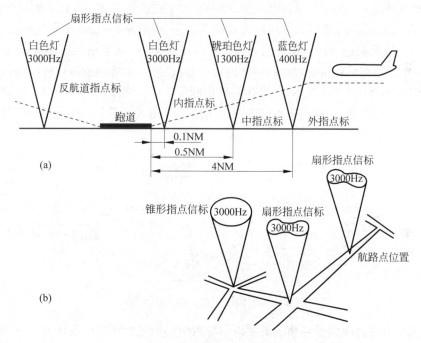

图 4-52　指点标系统及其工作情况

（a）航道指点标；（b）航路指点标

指点信标系统在 ILS 中的作用是：外指点信标指示下滑道截获点，中指点信标用来测定Ⅰ类着陆标准的决断高度点，内指点信标用来测定Ⅱ类着陆标准的决断高度点。

当飞机飞越外指点标台上空时，蓝色的外指点标灯闪亮，同时伴有 400Hz 的音频信号；当飞机飞越中指点标台上空时，琥珀色的中指点标灯闪亮，同时伴有 1300Hz 的音频信号；当飞机飞越内指点标台或航路指点标台上空时，白色的指点标灯闪亮，同时伴有 3000Hz 的音频信号。

航路指点信标安装在航路上，向飞行员报告飞机正在通过航路上某些特定点的地理位置。航路指点信标的灯光和语音信号与内指点标相同。

4）仪表着陆系统的机载组成

航向信标的机载设备包括天线、控制盒、接收机和航道偏离指示器。下滑信标的机载设备包括下滑信标接收天线、下滑信标接收机和下滑道偏离指示器。指点信标的机载设备包括指点信标接收天线、指点信标接收机和指点信标灯及相应的控制开关。

4.4.5　测距机

1. 测距机的功用

机载测距机(DME)用于测量飞机到地面测距台之间的视线距离,称为飞机与地面测距台之间的斜距 R。地面测距台通常是和 VOR 信标台同台安装的,利用测距机所提供的距离信息,结合 VOR 系统提供的方位信息,可实现 ρ-θ 定位。同样,利用所测量的飞机到 2 个或 3 个测距台的距离,可按 ρ-ρ 或 ρ-ρ-ρ 定位法确定飞机的位置,进而计算地速、预计到达时间和其他导航参数。

2. 测距机系统的工作原理

测距机系统是通过询问-应答方式测量距离的。如图 4-53 所示,机载测距机的发射机发射的射频脉冲对信号,通过无方向性天线辐射出去,形成测距机的"询问"信号。地面测距信标台的接收机收到这一询问信号后,经过 $50\mu s$ 的延迟,由其发射机产生相应的"应答"脉冲对信号;机载测距机在接收地面射频脉冲对应答信号后,即可由距离计算电路根据询问脉冲对与应答冲之间的时间延迟 Δt,计算出飞机到测距信标台之间的视线距离。机载测距机称为询问机,地面测距信标台称为应答机,简称为信标台。通常所说的测距机是指机载询问机。

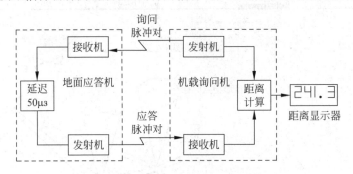

图 4-53　测距机系统的工作原理

测距机发出的询问信号与相应的测距信标台应答信号所经历的是往返距离 $2R$,因此距离计算公式为

$$R = \frac{1}{2}c(\Delta t - 50)$$

式中,c 为光速,$c = 3 \times 10^8 \mathrm{m/s}$;$\Delta t$ 为接收到的应答信号与询问信号之间的时间差。

3. 机载测距机系统的组成

机载测距机系统由测距机(询问器)、天线、显示器和控制盒等组成,如图 4-54 所示。测距机控制盒是与甚高频导航控制盒共用的。飞机上通常装备两套相同的测距机。

测距机(询问器)包含所有的发射、接收和距离计算电路,用以产生 1025～1150MHz 的射频脉冲询问信号,接收并处理地面应答信号,完成距离计算,最终产生距离信息,输往距离显示器。

测距机的工作波道是与甚高频导航系统配对选择的。因此,选择了甚高频导航频率后,就同时确定了 DME 的工作频率。机载测距机的询问发射频率为 1025～1150MHz,波道间

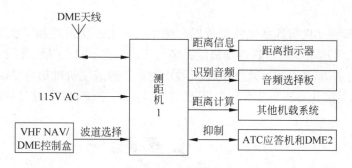

图 4-54　机载测距机系统组成

隔为 1MHz,共有 126 个测距波道。应答频率比询问频率高或低 63MHz,即应答频率范围为 962～1213MHz,波道间隔为 1MHz,共有 252 个测距波道。

测距机采用的是 L 波段的短刀形宽波束天线,天线型号与 ATC 应答机的天线型号是相同的,可以互换。由于测距机是交替询问(发射)和接收的,所以发射电路和接收电路可以共用一部天线工作。两部测距机的天线一般安装在机身的前下部,略向后倾斜。

由于 DME 和 ATC 应答机在同一频段工作,为了防止干扰,在 DME 询问期间需对 ATC 应答机进行抑制。同时,多套 DME 之间也需要进行相互抑制。

4.4.6　空中交通管制应答机

为了保障飞机在繁忙空域中飞行和进近着陆过程中的安全,正确实施空中交通指挥,必须设法了解和掌握一定空域中飞机的位置、高度及其运动趋势。空中交通管制应答机(ATC transponder)是航管二次雷达系统的机载设备。

应答机有 A/C 模式应答机和 S 模式应答机两种。A/C 模式应答机的功用是与地面二次雷达相配合,向地面管制中心报告飞机的识别代码和气压高度。S 模式应答机除了具有 A/C 模式应答机的功能外,还具有选择地址和实现空中数据交换的功能。

1. 航管二次雷达系统

空中交通管制雷达信标系统也称为航管二次雷达系统,由一次雷达和二次雷达两部分组成。

1) 一次监视雷达系统

地面一次监视雷达(PSR)包括工作于 L 波段和 S 波段的区域雷达、终端管制区域雷达和进近监视雷达,其工作方式是依靠目标对雷达天线所辐射的射频脉冲能量的反射而探测目标的。天线以一定速率在 360°范围内旋转扫掠,把雷达发射信号形成方向性很强的波束辐射出去,同时接收由飞机机体反射回来的回波能量,以获取飞机的距离、方位信息,监视终端空域中飞机的活动情况。

2) 二次监视雷达系统

二次监视雷达(SSR)工作于 L 波段,工作方式与一次雷达不同,它是由地面二次雷达(即询问器)与机载应答机配合,采用询问-应答方式工作。地面二次雷达发射机产生的询问脉冲信号由其天线辐射;机载应答机在接收到有效询问信号后产生相应的应答发射信号;地面二次雷达接收机接收到这一应答信号后,进行一系列处理获得所需的飞机识别码和气压高度等信号。

图 4-55 为航管二次雷达系统的组成图。图中表示了一次雷达和二次雷达的协同工作情况。航管二次雷达系统可以获得飞机的距离与方位信息、飞机识别、飞机的气压高度以及一些紧急告警信息,如飞机发生紧急故障、无线电通信失效或飞机被劫持等,并在终端显示屏上显示出来。航管二次雷达系统有空中交通管制雷达信标系统和离散选址指标系统两种。

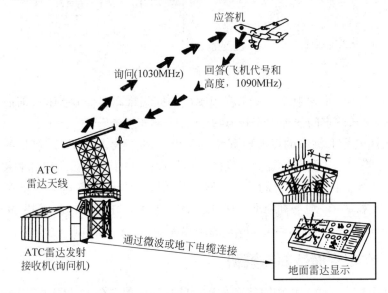

图 4-55　二次雷达系统组成图

2. A/C 模式应答机

A/C 模式应答机的功用是与地面二次雷达相配合,向地面管制中心报告飞机的识别代码和气压高度。每一时刻 A/C 模式应答机回答的内容由地面二次雷达信标系统询问它的问题对应。

1) 地面二次雷达信标系统的询问模式

机载应答机所回答的信息内容,取决于地面二次雷达的询问信号。询问信号由 P1、P2 和 P3 脉冲组成。询问模式由 P1 和 P3 脉冲之间的时间间隔决定。如果 P1 和 P3 脉冲的间隔时间为 $8\mu s$,为 A 模式,询问空中飞机的代码;如果 P1 和 P3 脉冲的间隔时间为 $17\mu s$,为 B 模式,询问民航飞机的代码(中国境内不用);如果 P1 和 P3 脉冲的间隔时间为 $21\mu s$,为 C 模式,询问飞机高度;如果 P1 和 P3 脉冲的间隔时间为 $25\mu s$,为 D 模式,尚未分配。

近代民用航空的航管雷达,一般只用 A 模式和 C 模式轮流询问,所以称机载设备为 A/C 模式应答机。对于 A 模式询问,应答机所产生的是识别代码应答信号;对于 C 模式(高度)询问,则回答飞机的实时气压高度编码信号。

在 P1 脉冲之后 $2\mu s$ 还有 1 个 P2 脉冲。P2 为旁瓣抑制脉冲,用来抑制应答机对旁波瓣信号的回答,其幅度小于 P1 脉冲主瓣的幅度,大于 P1 脉冲旁瓣的幅度。应答机将接收到的 P1 脉冲强度和 P2 脉冲强度进行比较,如果 P1 脉冲强度高于 P2 脉冲强度,应答机对询问进行回答;如果 P1 脉冲强度弱于 P2 脉冲强度,说明飞机处于 P1 脉冲的旁瓣范围内,应答机被抑制,不会进行回答。

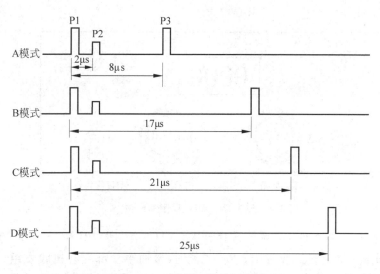

图 4-56 ATCRBS 的询问模式

2）机载 ATC A/C 模式应答机

（1）机载应答机系统的组成

民用飞机通常装备有两套相同的应答机，以保证对询问信号的可靠应答。图 4-57 所示为机载 ATC 应答机系统的组成框图，系统由控制盒、应答机（收发机）及天线 3 个部分组成。两套应答机共用一个控制盒，由控制盒上的系统选择电门决定由哪一套应答机产生应答信号。

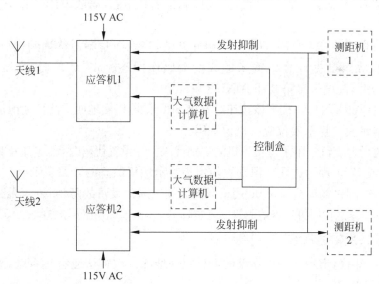

图 4-57 应答机系统组成框图

应答机用来接收地面雷达站的询问信号，并向地面雷达站发射代表飞机代号和高度的应答脉冲信号；天线用于发射应答信号和接收询问信号，ATC 和 DME 工作于同一波段，因此，天线可以互相使用；控制盒用于系统控制、选择飞机代号和报告飞行高度。

（2）控制盒介绍

图 4-58 所示为典型的 A/C 模式应答机控制盒。

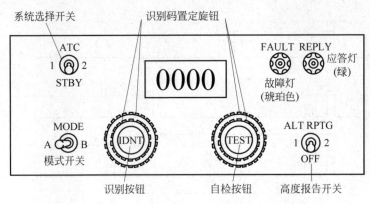

图 4-58　ATC 控制盒面板

① 系统选择开关(ATC)　系统选择开关(ATC)有"1"、"2"和"STBY" 3 个位置。放"1"位时,接通第 1 部应答机收发组;放"2"位时,接通第 2 部应答机收发组;"STBY"(预备)位为应答机加热准备位,开关置于此位时,两部应答机均不发射应答信号,飞机滑行时,应答机一般放在此位。

② 模式选择开关(MODE)　模式选择开关有"A"、"B"两个位置。每个 ATC 台工作于"A"或"B"类,由航行资料写明。我国现有的 ATC 系统,使用"A"模式。

③ 故障灯(FAULT)　该灯亮,表示应答机系统有故障。

④ 应答灯(REPLY)　该灯亮,表示应答机正在应答或测试。

⑤ 测试按钮(TEST)　按下该按钮,则接通自测试电路,若收发组工作正常,产生回答信号使应答灯亮。

⑥ 高度报告开关(ALT RPTG)　接通此开关,当地面管制雷达询问机以 C 模式询问时,应答机,即以大气数据计算机输来的高度编码作回答。放"1"位时,高度来自第 1 部 ADC;放"2"位时,高度来自第 2 部 ADC。

⑦ 识别按钮(IDENT)　按下该按钮时发出 SPI 脉冲,以便地面更清楚地识别本机代号。

⑧ 代码显示窗　显示 4 位应答机识别码。

⑨ 识别码设置旋钮　用于设置飞机的识别代码。在设置代码时,不应随意将应答机置定为 7500、7600 或 7700,因为这几个识别被指定为表示危机信息的紧急识别码。其中,7500 用于飞机受到非法干扰(如劫持);7600 用于双向无线电通信设备故障(当机组无法与地面通信时,通过选择这一紧急代码可报告地面管制人员);7700 用于飞机处于紧急状态;0000 为通用码。

3. S 模式二次雷达系统

20 世纪 90 年代,出现了一种新型的可设定地址的二次雷达应答机系统,该系统称为 S 模式二次雷达系统。

S 模式系统的重要特征是每架飞机都有一个唯一的地址码。在 ATCRBS 系统中,应答机编码由管制分配,由机组输入应答机中。而在 S 模式系统中,每架飞机有一个唯一的永久地址码。S 模式系统拥有 1600 多万个不同的地址码,可以给全世界每一架飞机指派一个唯一的地址码。因此,管制不需要和指派了应答机编码的飞机事先做任何联系就可以识别该飞机。另外,地面设备和 S 模式应答机之间能够进行双向数据传输,以辅助空中交通管制。

ATCRBS 应答机(即 A/C 模式应答机)对所有有效询问都进行回答,而 S 模式应答机仅在应答机被询问时才进行回答,这样就减少了空中交通管制系统中的同步干扰,使监视区可以容纳更多的飞机。

S模式应答机和ATCRBS应答机具有一些共同之处。首先,工作频率相同,二者都在1030MHz进行询问,在1090MHz进行应答。其次,发射机的发射功率和接收机的灵敏度相同,因此,确保了它们的服务范围相同。

ATCRBS系统与新型的S模式系统兼容并存。也就是说,S模式应答机必须能回答ATCRBS的询问和S模式的询问。S模式地面站也必须能够对ATCRBS应答机和S模式应答机进行询问、接收和处理它们的应答。

S模式系统的一个重大优势是减少了繁忙空域遇到的干扰问题。它有选择性地对应答机进行询问,只有被询问的应答机才回答。S模式系统除了选择询问外,还有几个全呼叫询问,主要用于和S模式应答机建立初始联系。

S模式应答机是空中交通警戒与防撞系统(TCAS2)的重要组成部件。无论什么飞机,只要安装有TCAS2,一定安装有S模式应答机。S模式应答机可以接收地面询问器的询问,也可以接收空中装备有TCAS2的其他飞机的询问。

1) S模式二次雷达系统的询问信号

S模式询问有全呼叫询问和选择性呼叫询问两种类型。全呼叫询问是指所有的应答机都要对该询问进行应答。

全呼叫询问可以进一步划分为ATCRBS/S模式全呼叫询问和仅ATCRBS全呼叫询问。

全呼叫询问示意图如图4-59所示。询问包含有P1脉冲、P3脉冲和旁瓣抑制脉冲P2。这些脉冲之间的关系与ATCRBS的A模式或C模式询问之间的关系相同。但是,它增加了一个P4脉冲,该脉冲用来表明这些询问是S模式的全呼叫询问。

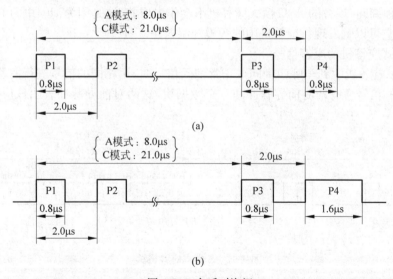

图4-59 全呼叫询问

(a) 仅ATCRBS全呼叫询问;(b) ATCRBS/S模式全呼叫询问

A/C模式应答机针对P1、P2和P3脉冲进行应答,P4脉冲的存在不影响ATCRBS应答机的工作。

S模式应答机接收P4脉冲并决定是否应答。如果P4脉冲宽度为$1.6\mu s$,为长脉冲,S

模式应答机则用S模式应答信号进行应答;如果P4脉冲宽度为$0.8\mu s$,为短脉冲,S模式应答机认出该询问为仅ATCRBS全呼叫询问,不进行应答。

S模式询问信号格式如图4-60所示。选择性S模式询问由两个$0.8\mu s$的前导脉冲P1、P2和一个数据块构成。前导脉冲P1、P2间隔$2\mu s$,宽度$0.8\mu s$;数据块由56位或112位差分相移键控信号组成,每位宽度为$0.25\mu s$。数据字组的前端是两个相位相反的同步信号;字组末端也有一个$0.5\mu s$的信号,以保证字组的最后一位可以不受干扰地完全解调。

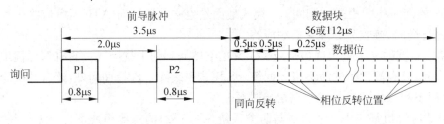

图4-60　S模式询问信号格式

为了实现旁瓣抑制功能,S模式询问信号可以发射一个P5脉冲。P5的宽度也是$0.8\mu s$,它覆盖着数据块始端的两个同步信号之间的相位翻转时刻。如果S模式应答机所接收到的P5幅度超过了数据块的幅度,应答机就不会对差分相移键控信号进行解码,从而实现对旁瓣询问信号的抑制。

数据块中含有应答机的地址(飞机代码)、控制字、奇偶校验及其他有关信息。由于信息可以多达112位,因此除了用于飞机代码、高度询问外,还可以进行其他内容的广泛信息交换。

询问数据块中有24位作为飞机地址码,因此其飞机地址码可达2^{24}(即16 777 216)之多,是现行ATCRBS识别代码的4096倍。

对于这种询问,现行的A/C模式应答机不会作出应答,这是因为询问中的P2脉冲幅度与P1相同,它可以触发现行应答机中的旁瓣抑制电路。

2) S模式应答机的应答信号

当S模式应答机收到全呼叫询问或正常询问信号时,用相同的信号进行回答,如图4-61所示。该应答信号含有两对前导脉冲和一个数据块,这两对前导脉冲表明该应答信号为S模式应答。

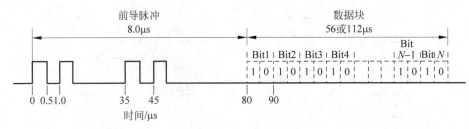

图4-61　S模式应答格式

从图中可以看出,两对脉冲相距$3.5\mu s$,每对脉冲的两个脉冲之间相隔$1.0\mu s$,前导脉冲的宽度均为$0.5\mu s$。应答数据块也是由56位或112位数据组成。数据字组的始端距第1个前导脉冲$8.0\mu s$。

应答的内容根据询问要求而定。应答数据字组包括控制字、飞机地址码、高度码,以及其他需要交换的机载设备信息。

3）S模式系统的工作

为了适应 A/C 模式和 S 模式应答机的询问，S 模式系统地面询问机首先会对其所管辖范围内的所有飞机进行"全呼叫"询问。若 A/C 模式应答机收到该"全呼叫"询问，它只对"全呼叫"询问中的 P1 和 P3 进行解码，而忽略 P4。译码成功后，则以 A 模式或 C 模式做回答。如果 S 模式应答机收到"全呼叫"询问，则由 P4 脉冲"确认"是 S 模式询问而成功译码后，以含有本飞机 24 位飞机地址码的 S 模式信号进行回答。

地面询问机从天线接收到回答信号后，使用单脉冲处理技术来确定飞机的方位，并对回答信号进行处理。若收到的是 A/C 模式应答机的回答信号，询问机对该信号进行处理和译码后，在显示屏上便可显示出该飞机的代码高度和位置；若询问机收到的是 S 模式应答机对"全呼叫"询问所作出的 S 模式全呼叫回答信号，该 S 模式全呼叫回答信号就是飞机的地址。询问机把天线扫掠所得的 S 模式应答机飞机的位置和地址分别存入存储器内，并核实确是本询问站所负责管辖的飞机，则把这些飞机的位置和地址分别编入到各个飞机点名的字段内，并把这些信息传送到邻近空域管制台。S 模式系统工作示意图如图 4-62 所示。

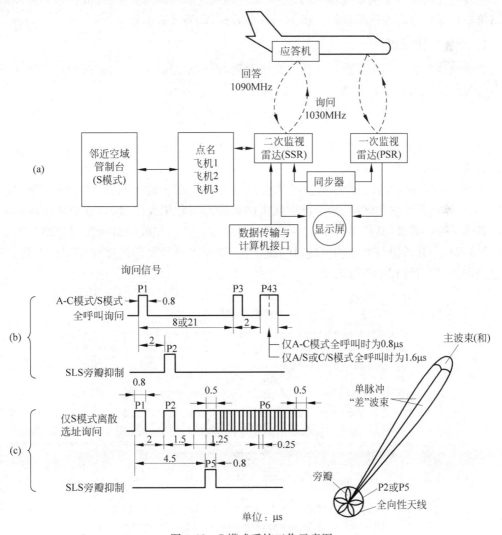

图 4-62　S模式系统工作示意图

当地面询问机确定了S模式应答机飞机的位置和地址后,就切断"全呼叫"询问,而以带有飞机地址字段的S模式询问格式对飞机做点名式询问。被点名的飞机,以S模式应答格式进行回答。回答飞机代码或回答飞机高度,由所接收到的询问格式确定。

S模式应答机收到地面询问机的询问,若一直都未检测到P4脉冲,则S模式应答机开始对A/C模式地面询问机做A/C模式回答。当S模式应答机检测到P4脉冲时,就结束对A/C模式地面询问机的回答。

4.4.7 低高度无线电高度表

1. 无线电高度表的功用

无线电高度表用来测量飞机相对地面的真实高度或垂直高度。若无线电高度表的测高范围为0~2500ft,则属于低高度无线电高度表,简称LRRA(low range radio altimeter),主要用于飞机进近着陆和起飞阶段。另外,它还提供所选决断高度的声响和灯光警告信号。

无线电高度信号加到高度指示器,提供飞机相对地面的高度显示。同时,该系统还通过输出接口将无线电高度信号供给飞机上的其他系统,作为计算参数。

2. 简要工作原理

无线电高度表是利用无线电波从飞机到地面,再从地面返回飞机,通过测量电波往返所经历的时间间隔来测量高度的。

$$H = \frac{c}{2}\Delta t$$

式中,H 为飞机离地高度;c 为电波传播速度,$c = 3 \times 10^8 \text{m/s}$;$\Delta t$ 为电波从飞机到地面,再从地面返回飞机所经历的时间。

如图4-63所示,发射机产生载波频率为(4300 ± 50)MHz的恒幅、调频连续三角波射频信号,由天线向下发射到地面,地面反射回来的回波由接收机天线接收,并送往接收机。由于射频信号为调频波,其频率在4250~4350MHz之间变化,接收时刻的发射频率不同于回波信号的频率,其差值与电波的往返时间成正比,即与飞机的飞行高度成正比。因此,只要测出频率差,即可计算出飞行高度。

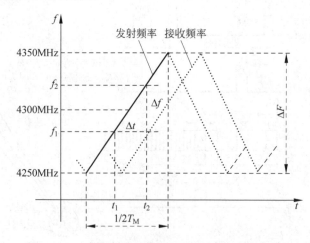

图4-63 三角调制波的普通FMCW高度表测高原理

在图 4-63 中，假定在 t_1 时刻，频率为 f_1 的发射波发向地面，经地面反射，在 t_2 时刻返回至飞机。在 t_2 时刻，发射频率不再是 f_1，假定是 f_2。飞机距离地面越远（即待测高度越大），则 Δt 越大，待测高度与 Δt 成正比。

差频 $\Delta f = f_2 - f_1$ 是在 Δt 时间内发射波频率的变化量，从图 4-63 可以看出，Δf 与 Δt 成正比。因此，可用差频的大小来测量高度。

3. 系统组成

无线电高度表通常由收发机、指示器和收发天线组成，如图 4-64 所示。

1）收发机

收发机通过发射和接收从地面返回的信号，并给予计算和处理，来测量飞机离地面的实际高度。发射机产生并输出中心频率为 4300MHz 的调频等幅信号；接收机接收反射回来的信号，并与发射频率比较，产生对应于实际飞行高度的差频信号。经处理，输出模拟的和数字的高度信号。

2）天线

高度表的天线有两个，一个用于发射信号，一个用于接收信号，它们装于机身正下方，都是宽波束定向天线。

3）高度指示器

在小型飞机上，高度信号由专门的无线电高度指示器指示，如图 4-65 所示。无线电高度指示器指示 20～2500ft 的模拟高度。

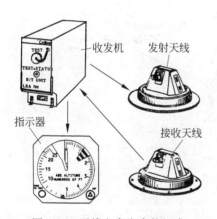

图 4-64　无线电高度表的组成

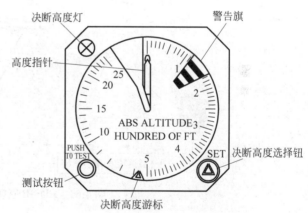

图 4-65　无线电高度指示器

高度刻度——指示器的刻度在 0～500ft 内呈线性，在 500～2500ft 内呈对数。

高度指针——高度指针指示测量高度，高度超出测量范围时，遮挡板遮蔽高度指针。

警告旗——警告旗出现，表明指示的高度无效。

决断高度游标及旋钮——决断高度（DH）游标（三角标志）由决断高度控制旋钮控制、转动旋钮，将游标设置在某一预定的基准高度上，就调定了决断高度。

决断高度警告灯——飞机的无线电高度等于决断高度时，该灯亮。

自检按钮——自检开关用于引发整个系统、指示器和收发机的试验。

4.5　广播式自动相关监视系统

4.5.1　广播式自动相关监视的定义和原理

广播式自动相关监视是从英文 automatic dependent surveillance-broadcast 翻译而来，简称 ADS-B。其中的 A 表明 ADS-B 是"自动"的，全天候运行，其任务是自动完成的；D 表明它要"依赖"，因为它要求一个精确的全球卫星导航系统定位信号发生作用；B 表明飞机是通过对外广播的形式发送信息的，无需应答，信号对所有飞机和地面管制开放，所有通信空域内的单位均能接收到其信号；S(surveillance)表示该系统的作用是监视。

装备了 ADS-B 的飞机使用一个全球导航卫星系统(GNSS)，如 GPS，来确定自己的位置，并且定期广播其四维位置(纬度、经度、海拔高度和时间)、速度、意图信息、飞机代码及其他额外的相关数据，这称为 ADS-B OUT。如果机载的 ADS-B 能够处理来自其他飞机上的 ADS-B 广播的信息，并进行处理，就可以在相应的显示器上显示周围安装有 ADS-B 飞机的位置，以便监视周围飞机，这称为 ADS-B IN。目前，中国民航的机载 ADS-B 基本都只具有 OUT 功能，而不具备 IN 的功能。ADS-B 的原理如图 4-66 所示。

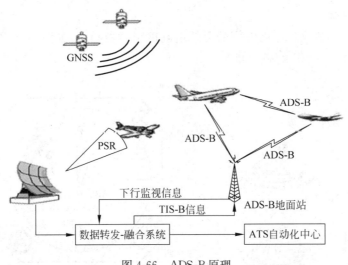

图 4-66　ADS-B 原理

ADS-B 的地面处理系统处理管制区域内安装有 ADS-B 的飞机上广播的相关信息，以便在相应显示器上显示飞机的位置、飞机代码、高度、航向和速度，以便空管人员监控飞机，如图 4-67 所示。

ADS-B 是利用数据链广播其信息的，各国对 ADS-B 数据链的选择各持己见，但主流意见基本倾向于以下 3 种：①甚高频数据链模式 4(VDLMode4)——欧洲较流行，不足是现在 VHF(甚高频)频段资源紧张；②万能电台数据链(UAT)——美国较流行，多用于通用航空飞机，不足是和 DME(测距机)地面设备的互相干扰严重；③1090MHz S 模式扩展电文数据链(1090ES)——国际民航组织推荐，采用选择性询问、双向数据通信，不足是已出现频谱过度使用的危机。目前，在中国通用航空领域使用的是万能电台数据链(UAT)。

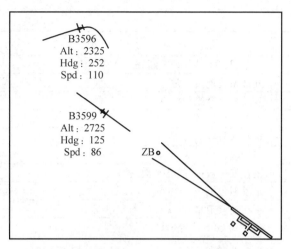

图 4-67　ADS-B 地面监视器显示的 ADS-B 飞机信息

4.5.2　ADS-B 的机载组成

目前,在中国通用航空领域使用的是万能电台数据链(UAT),其工作频率为 978.00 MHz。飞机上一般只安装一套 ADS-B 系统。每套系统由一个收发机、GPS(ADS-B)天线、UAT 上天线和 UAT 下天线组成。该系统自带 GPS 定位功能,并与飞机上的大气数据系统交联,如图 4-68 所示。

GPS(ADS-B)天线用于接收 GPS 信号。

UAT 上行天线和 UAT 下行天线的功用都是接收/发射射频信号。

收发机用于接收 GPS 信号,并能接收/发射 978 MHz 的信号。此外,在接收机前面板上有该系统工作情况的信号灯,如图 4-69 所示。各灯亮和灭的含义如表 4-1 所示。

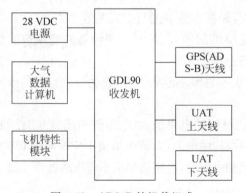

图 4-68　ADS-B 的机载组成

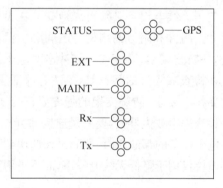

图 4-69　ADS-B 接收机前面板上的信号灯

表 4-1　ADS-B 接收机前面板上的各信号灯亮或灭的含义

指示灯名	状态	定　　义
STATUS	亮	ADS-B 系统故障(目前系统未选用 GARMIN 公司配套的显示器,GDL90 收发机输出了显示信号,但不能收到标准显示器的反馈信号,所以通电时此信号灯会一直亮,不能反映系统的真实状态)
	灭	ADS-B 系统正常

续表

指示灯名	状态	定　义
EXT	亮	一个或多个外部系统断开或连接故障
	灭	外部系统连接正常
MAINT	亮	收发机需要维护检查
	灭	不需维护检查
Rx	亮	正在接收数据
	灭	未接收数据
Tx	亮	正在发射数据(闪亮 1 次/秒)
	灭	未发射数据
GPS	闪亮	正在搜索卫星
	稳定燃亮	已收到 GPS 位置信息
	灭	系统故障

4.6　通信/导航设备的维修

大多数航空电子通信/导航设备都只能由生产厂家修理,或由经过 FAA 认证,获得了实施特定工作执照的维修站修理。在中国,也可以由经过 CAAC 认证的附件修理机构进行修理。但是,飞机维修技术人员必须掌握通信/导航系统的拆除、安装、检验和维修的技术,能对这些电子设备和系统进行故障排除。

在进行航空电子设备拆除、安装、检验和维修时,特别需要检查这些复杂的电子设备和系统的减震块的状态、接地电阻的大小,以及静电放电刷的状态,并遵守静电敏感部件的操作规范。

电子无线电设备必须可靠地安装在飞机上,装配螺栓要通过锁定装置紧固,以防震动引起松动。组件和附近的结构件之间必须保留足够的间隙,以防对电子设备的线路造成机械损伤,并防止震动、摩擦或着陆冲击对电子设备造成损坏。

在检查减震块的状态时,要注意保证震动吸收材料不能有损坏,震动吸收材料的硬度和弹性要符合要求,防震支架的强度要符合要求。

检查静电放大器时,要测量连接部分到飞机结构的电阻值,该电阻值不超过 0.1Ω;在检查各电子设备的邦迪块时,要测量邦迪块到飞机结构的电阻值,该电阻值不应该超过 0.003Ω;当邦迪块仅用于降低无线电噪声,而不是用于承载电流时,电阻值的值不应该超过 0.01Ω。

4.7　全静压系统

4.7.1　全静压系统的功用和组成

全静压系统用来收集气流的全压和静压,并将全压和静压输送到有关的仪表和设备。全静压系统由全压管、静压孔、转换开关和全、静压导管等组成。有些飞机将全压管和静压孔安装在一起,称为全/静压管。全/静压管和全压管一般安装在飞机前部,与飞机纵轴平行;静压孔通常设置在机身两侧紊流较小处,如图4-70所示。有的静压孔(备用)选在非密封的设备舱内。

全/静压管又叫空速管或皮托管,用来收集气流的全压和静压。其内部结构如图4-71所示。全/静压管包括全压、静压和加温部分。全压部分用来收集气流的全压,位于管子的头部,正对气流方向。空气流至全压口时,完全受阻,流速为零,从而得到气流的全压。全压经全压室、全压接头和全压导管进入仪表。全压室下部有很小的排水孔,全压室中凝结的水,可由排水孔排泄掉。

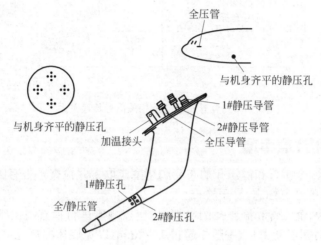

图4-70 全、静压管及其在飞机上的安装情况

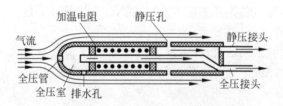

图4-71 全/静压管内部结构

静压部分用来收集气流的静压,位于全/静压管周围没有紊流的地方。静压经静压室、静压接头和静压导管进入仪表。全/静压管为一流线型的管子,表面十分光滑,其目的是减弱对气流的扰动,以便准确地收集静压。

加温部分用来给全/静压管加温。加温电阻通电时,能使全/静压管内部保持一定温度,防止气流中的水汽因气温降低而在管子中结冰,从而影响全/静压管和有关仪表的正常工作。

全静压系统一般有备用静压源选择装置,用来转换正常和备用全压及静压,以提高系统工作的可靠性。

4.7.2 全静压系统及相关信号传递关系

图4-72所示为某型飞机的全静压系统。它由一个全压管和两个静压孔以及备用静压孔组成。

正常情况下,全压管向左仪表板上和右仪表板上的空速表提供全压信号,而静压采取并联供压的形式,即来自左右侧的静压并联后,同时向左/右仪表板上的所有大气数据仪表提供静压,以减小飞机姿态改变时可能出现的误差。

如果使用了备用静压源选择装置,左/右仪表板上的静压均来自备用静压孔。

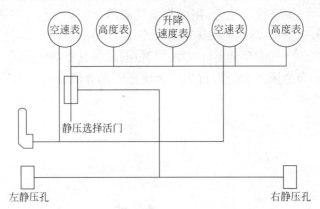

图 4-72　全静压系统及相关信号传递关系

4.7.3　使用注意事项

(1) 全/静压管、全压管和静压孔的布套和堵塞应取下并检查是否有脏物堵塞。这些布套和堵塞都有醒目的红色标志,易于检查。

(2) 全/静压管、全压管和静压孔的电加温,应按规定进行检查。由于地面没有相对气流散热,通电检查时间不能太长,一般不超过 1～2min,以免烧坏加热元件。空中飞行时,小型飞机在可能结冰的条件下(如有雾、雨、雪等)飞行时,应接通电加温。

(3) 正常情况下,静压转换开关应放在"正常"位;当静压系统出现故障时,可将静压转换开关转换至"备用"位。

(4) 当"正常"全、静压失效时,一般应首先检查电加温是否正常。若电加温不正常,应设法恢复正常;若电加温"正常",全静压仍不能有效工作,则应将全压或静压转换开关转换到"备用"位。

4.7.4　全静压系统的泄漏和堵塞

1. 全压管堵塞

如果全压管堵塞,而管上的排水孔未堵塞:由于外界空气不能进入全压系统,系统内已有的空气又会从排水孔流出,管内余压将逐渐降至环境(外界)空气压力。由于空速表感受到的全压和静压之差为零,表上的读数会逐渐降至零。

如果全压管和排水孔都堵塞:由于外界空气不能进入全压系统,系统中已有的空气又流不出来,从而造成实际空速改变时,管内空气压力无变化,空速表上的指示也无明显变化。若静压孔在此情况下未堵塞,空速仍会随高度变化。当飞行高度超过全压管和排水孔堵塞时的高度时,由于静压低,全压与静压之差增大,空速表指示空速增加。当飞行高度低于堵塞出现时的高度时,就会出现与上述相反的指示。

2. 静压孔堵塞

静压系统堵塞会影响高度表的指示,由于此时系统中的气压没有变化,指示出的高度也就不会出现相应的变化。

如果静压系统出现完全堵塞,升降速度表上的指示就会为零。

静压孔堵塞时,空速表会继续工作,但指示不准确。当飞行高度高于静压孔堵塞时的高度时,由于孔内静压高于所处高度上的正常静压,空速表的指示会小于实际速度;当飞行高度低于静压孔堵塞时的高度时,由于孔内静压低于所处高度上的正常静压,空速表的指示会大于实际速度。

3. 全静压系统的泄漏和密封性校验

根据 FAR 91.141 部的规定,全静压系统必须每隔一段时间进行一次校验。其中最常涉及的是密封性校验。检验时要求有专门的测试设备,由专业的修理厂和有资格的工程师来完成。如果飞机上有两套与机身齐平的静压孔,用黑色胶带封住其中的一个静压孔,标上较大的"X"符号,以提醒维修人员保证完成测试后将胶带拆掉。不要使用透明的胶带或遮蔽胶带,以免在测试工作完成后维修人员将胶带忘在孔上。将测试装置与另一个静压孔连接上。对静压系统抽真空,直到高度表指示 1000ft,封住系统,保持 1min。

1min 之后,高度表指示值的减小量不能超过 100ft。如果超过这个数值,就必须查明泄漏的具体部位。为了查明泄漏的具体部位,可以进行系统地隔离和分段测试管路。从与仪表连接的管路开始测试,最后回到静压孔。如果使用的是组合在一起的全静压探头,一定要保证将探头上所有的排水孔都密封上了。

试验完毕,必须将胶带拆除。

4.8　大气数据仪表

测量飞机高度、速度的仪表又称大气数据仪表,包括高度表、指示空速表、真空速表和升降速度表等。这些仪表对于驾驶飞机和领航计算都具有重要作用。

目前,在中、小型飞机和通用飞机上大多使用分立式高度表、指示空速表和升降速度表,以及组合型空速表。

4.8.1　国际标准大气

在大气中飞行的飞机,其空气动力特性和发动机特性会受到大气物理属性的影响。因此,为了便于设计、计算、整理和比较飞行测试数据,人为地规定了大气物理属性随高度变化的规律,即国际标准大气。

目前较为通用的是国际民用航空组织(ICAO)制定的国际标准大气,它是以北半球中纬度地区大气物理属性的平均值为依据建立的。具体规定如下:

(1) 在推导描述大气物理特性的关系时,将空气视为理想气体并满足理想气体,其状态方程为

$$p = \rho R T$$

式中,p 为气体的压强(Pa);ρ 为空气密度(kg/m³);R 为空气气体常数($R = 8.314\,472$ J·mol⁻¹·K⁻¹);T 为气体的温度(K)。

(2) 以平均海平面为零高度,海平面大气的标准状态是:大气气压为 760mmHg 或 1013mba 或 29.92inHg,气温为 15℃,密度为 0.125kg/m³。

在国际标准大气条件下,高度和大气压力、大气温度之间的关系如图 4-73 所示。

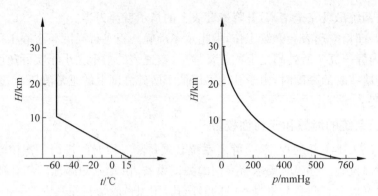

图 4-73　国际标准大气条件下高度和大气温度以及高度和大气压力之间的关系

4.8.2　气流的动压和静压

飞机飞行时,空气相对于飞机运动,在正对气流运动方向的飞机表面上,气流完全受阻滞,速度降低到零。这时,气流的动能全部转化为压力能和内能,使空气的温度升高、压力增大。在气流受到全阻滞,速度降低到零点处的压力,称为全压或总压。全压包括两部分:一部分是由动能转变成的压力,称为动压;另一部分是气体未受扰动时本身实际具有的压力,称为静压,也就是大气压力。因此,全压为动压和静压之和。

4.8.3　气压式高度表

气压式高度表(aneroid altimeter)是通过感受大气压力,指示飞机飞行高度的仪表。

1. 飞行高度的种类及测量方法

飞机的飞行高度是指从飞机到某一个指定基准面之间的垂直距离。根据所选基准面,飞行高度可以分为相对高度、真实高度、绝对高度、标准气压高度、场压高度和海压高度,如图 4-74 所示。

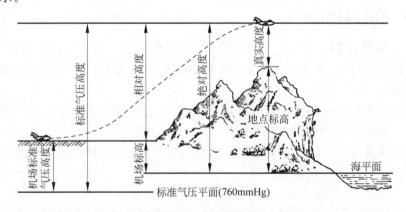

图 4-74　高度的种类

（1）相对高度是指飞机到某一机场场面的垂直距离。

（2）真实高度是指飞机到其正下方最高点水平面(如地面、水面、山顶等)的垂直距离。

（3）绝对高度是指飞机到平均海平面的垂直距离。我国的平均海平面为青岛附近的黄海海面,它是我国地理标高的"原点"。

相对高度、真实高度、绝对高度都是以地表面上某一水平面作为基准面的高度,具有稳定的几何形态,有的文献中称之为几何高度。

(4) 标准气压高度(HQNE)是指飞机到标准气压平面(气压为 760mmHg 或 1013.25mbar 或 29.92inHg)的垂直距离。在过渡高度(18000ft)以上,将气压式高度表的气压基准设置为 760mmHg 或 1013.25mbar 或 29.92inHg 时,气压式高度表指示的就是标准气压高度。在过渡高度以上,采用标准气压高度,可以统一高度基准,避免两机相撞的危险。此时的高度用高度层(flight level,FL)表示,高度层是以 100ft 为单位表示的高度,如 FL300 表示高度层 300,高度则为 30 000ft。

(5) 场压高度(HQFE)是以起飞或着陆机场的场面气压(QFE)为基准面的气压高度,简称场压高。在标准大气条件下,场压高等于相对高。

(6) 海压高度(HQNH)即修正海平面气压高度,简称海压高。它是以修正海平面气压(QNH)为基准面的气压高度。修正海平面气压是根据当时机场的场面气压和标高,按照标准大气条件推算出来的海平面气压值(由气象台提供)。在标准大气条件下,海压高等于绝对高。

标准气压高度、场压高度和海压高度都和大气压力有关,可以通过测量大气压力间接测量,有的文献上又把它们称为气压高度。

气压式高度表以修正的海平面气压平面为基准面时,高度表指示绝对高度;以某一机场的场面气压平面为基准面时,指示相对高度;以标准气压平面作为基准面时,指示标准气压高度。真实高度则相应将绝对高度换算成相应的几何高度,与该处的标高相减得到,地形标高均表示在有关的地图上。

气压高度表的基准面应根据飞行需要进行调整。在起飞着陆时使用相对高度,航线飞行时使用标准气压高度,航测、空投及越障时常需要知道真实高度。

如果海平面的大气压力正好等于 1013.25mbar(或 29.92inHg),此时,标准气压高度等于绝对高度。

相对高度、绝对高度、标准气压高度、场压高度和海压高度可以用气压式高度表测量;真实高度可使用无线电高度表测量。

2. 气压式高度表的功用、原理和结构

气压式高度表用于测量气压高度。它是根据标准大气条件下高度与静压的对应关系,利用真空膜盒测静压,从而表示飞行高度,其原理和结构如图 4-75 所示。它主要由真空膜盒、指示部分以及连杆齿轮等传送机构组成。

真空膜盒是仪表的敏感元件。膜盒内抽成真空,膜盒安装在密闭的表壳内,表壳内通以静压(大气压力),静压作用在膜盒外。当静压变化时,膜盒产生变形,膜盒的变形量经传送机构使指针转动,从而指示出相应的高度。例如,飞机高度增加,大气压力减小,膜盒膨胀,带动指针顺时针转动,直到膜盒弹力与静压相等,指针停转,指示出较高高度。反之,则指示出较低高度。

因此,只要刻度盘按标准气压高度公式刻度,就可以通过测量静压,指示出高度。气压式高度表的表面上主要有高度指针、气压窗口和气压调整旋钮。高度是采用数字读数和指针组合来进行表示的,如图 4-75 所示。数字读数代表高度的万位和千位,指针指示代表百

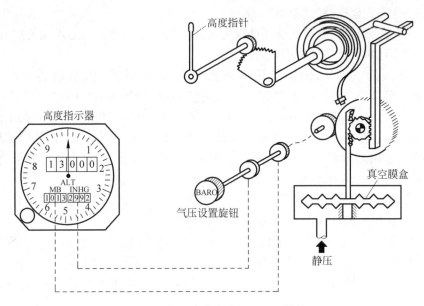

图 4-75　气压式高度表的原理和结构

英尺,图中所示的高度为 13 000ft。气压窗口显示基准面的气压值,图中显示为 29.92inHg 和 1013.25mbar。

　　气压调整机构的作用是用来选择高度基准面,测量不同种类的气压高度;同时,还能用来修正气压方法误差。转动调整旋钮,可使气压显示窗显示选择的气压基准值;同时,传动机构还带动真空膜盒组以及整个指示机构按标准气压高度关系转动相应数值,从而显示出相对所选基准面的高度。连杆齿轮等是仪表的传递机构,主要作用是将膜盒的线位移转换为指针的角位移。游丝的作用是对仪表进行调整,以保证基准面的气压为 29.92inHg 和 1013.25mbar 时,指针的指示为零。

　　在某些飞机上,用三针式的高度表,如图 4-76 所示。粗而短的指针为万英尺指针,在刻度盘上的读数代表万英尺,细而短的指针为千英尺指针,在刻度盘上的读数代表千英尺,细而长的指针为百英尺指针,在刻度盘上的读数代表几百英尺。图中所示的高度为 10 300ft。

　　在某些飞机上,依然沿用国产的气压式高度表,这种高度表的气压基准一般使用 mmHg,高度单位一般都使用 m,而且常采用内外两个刻度盘,基准面的标准气压高度则通过内外刻度盘上的三角指标表示,如图 4-77 所示。

图 4-76　三针式气压式高度表

图 4-77　国产气压式高度表

如果用波纹管(即多个膜盒组成的膜盒串)感受大气压力,输出的信号为气压高度的电信号,则称这样的传感器为高度传感器。其主要作用是向自动驾驶仪和飞行指引仪提供高度偏差信号。

4.8.4　空速表

飞机相对于空气的运动速度称为空速。空速表(airspeed indicator)就是测量飞机空速的仪表。飞机的空速有真空速和指示空速之分。真空速是指飞机相对于空气运动的真实速度;指示空速是按海平面标准大气条件下动压与空速的关系得到的空速,又称表速。空速的单位为海里/小时(kn),有些飞机上用千米/小时(km/h)。

1. 空速表的原理和结构

指示空速表的原理和结构如图4-78所示。它主要由开口膜盒、拨杆式传送机构和指示部分等组成。开口膜盒感受的是全压与静压之差,即动压(内通全压,外通静压)。在动压的作用下开口膜盒产生变形,经连杆齿轮等传递机构带动指针指示。指针的转角完全取决于动压的大小,即指示空速的大小。空速大,动压也大,仪表指示也越大;反之,指示小。

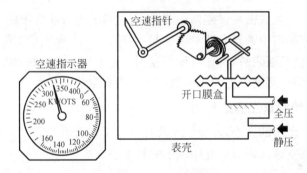

图 4-78　空速表的原理和结构

可见,指示空速表是根据海平面标准大气条件下,空速与动压的关系,利用开口膜盒测动压,从而表示指示空速。

2. 指示空速和真空速的关系

指示空速仅是动压的量度;而真空速不仅与动压有关,还与大气密度有关,因此两者是不同的。在标准海平面上飞行,指示空速等于真空速;如果保持真空速不变,而飞行高度升高,空气密度减小,指示空速小于真空速。高度越高,它们的差别越大。真空速与指示空速的关系式为

$$V_{真} = \sqrt{\frac{\rho_0}{\rho_H}} V_{指}$$

式中,$V_{真}$ 为真空速;$V_{指}$ 为指示空速;ρ_0 为海平面标准大气的密度;ρ_H 为高度为 H 处的大气密度。

在测得指示空速以后,通过修正大气密度可以得到真空速,如图4-79所示,它可直接显示指示空速,经修正后还可显示真空速。

该表刻度盘涂有颜色标记:白色弧线区表速范围为 59～103 海里/小时,绿色弧线区为70～150 海里/小时,黄色弧线区为 150～187 海里/小时,红色标线处表速为 187 海里/小

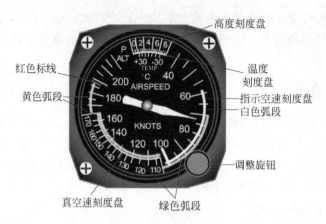

图 4-79　带有彩色标记的组合型空速表

时。白区表示提醒(此处提醒襟翼可操作范围);绿区是正常工作范围;黄区为警戒速度;红色标线是极限速度,不能超过。在许多仪表表面都有类似的颜色提示,这有利于安全飞行。

这种表还装有一套大气密度误差修正装置,它由仪表上方小窗中的气压高度刻度盘(单位为千英尺)、左下方小窗中的真空速刻度盘和上方固定的气温刻度等组成。转动右下方的调整旋钮,两部分刻度盘随之转动,在气压高度刻度盘上当时飞机的标准气压高度与大气温度对正后,指针在真空速刻度盘上的指示值即为飞机真空速。

3. 测量指示空速和真空速的作用

指示空速反映了动压的大小,即反映了飞行时作用在飞机上的空气动力情况,这对操纵飞机有重要作用。真空速在领航计算中用于解算地速。

4.8.5　升降速度表

1. 升降速度表的功用

升降速度表用于测量飞机的升降速度。

升降速度是单位时间内飞机高度的变化量,也可称为高度变化率、垂直速度或升降率。

飞机高度变化时,气压也随之变化;气压变化的快慢,可以表示飞机高度变化的快慢,即升降速度的大小。因此,只要测量出气压变化的快慢,就能表示飞机的升降速度。

2. 升降速度表的原理和结构

升降速度表的原理和结构如图 4-80 所示。它由开口膜盒、毛细管、指示部分等组成。膜盒内部通过一根内径较大的导管与外界大气连通;膜盒外部即表壳内部,通过一根内径很小的毛细管与外界大气相通。飞机高度变化时,外界气压(静压)也要变化。飞机升降速度越快,气压变化率也越大。升降速度表就是利用毛细管对气流的阻滞作用,把气压变化率转变为压力差,从而测量飞机的升降速度。

当飞机平飞时,表壳内外的气压相等,膜盒内外没有压力差,仪表指示为零。

当飞机上升时,外界气压不断减小,膜盒内与表壳中的空气同时向外流动。膜盒内的空气通过粗导管能够迅速与外界保持平衡;表壳中的空气通过毛细管,气流受阻滞,流动较

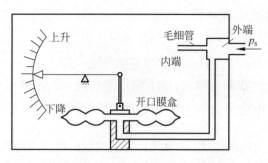

图 4-80　升降速度表的原理图

慢,气压减小较慢,高于外界气压,产生压力差。飞机上升越快,压力差越大。受此压力差作用膜盒收缩,通过传动机构,使指针上指,表示飞机上升。

若飞机由上升改为平飞时,外界气压不再变化,膜盒内的气压也不再变化。而表壳中的空气在剩余压力差作用下,逐渐向外流动,经过一定时间后,表壳中气压与外界气压相等,膜盒内外压力差等于零,指针回零,表示飞机平飞。

当飞机下降时,与上述情况相反,膜盒膨胀,指针下指,表示飞机下降。

3. 升降速度表的延迟误差

飞机升降速度跃变时,升降速度表需要经过一段时间才能指出相应数值,在这一段时间内,仪表指示值与飞机升降速度实际值之差,称为延迟误差。自升降速度开始跃变到指示接近相应的稳定值所经过的时间,称为延迟时间。

图 4-81 中虚线表示飞机升降率变化时,仪表指示值的变化情况,它是一条指数曲线。图中的阴影部分就是延迟误差。

升降速度表具有延迟误差的原因是仪表要指示实际的升降率,膜盒内外必须有一个稳定的压力差。而这个稳定的压力差只有在毛细管两端气压变化率达到动平衡状态才能形成。当飞机升降率跃变时,毛细管两端开始出现压力差,但要达到动平衡状态,就需要一个变化过程。在这段时间中,仪表指示只能逐渐变化,而不能立刻指示实际值。这样就出现了延迟误差。

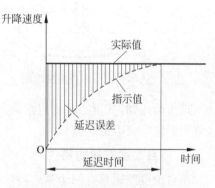

图 4-81　升降速度表的延迟误差

飞机升降率越大,膜盒内外的压力差也越大,因此,延迟误差越大,延迟时间越长。

4.9　陀螺仪表

飞机的姿态仪表和航向仪表,如地平仪、陀螺半罗盘、惯性导航系统等,大多是利用陀螺特性而工作的。

4.9.1　陀螺基本知识

测量物体相对惯性空间转角或角速度的装置称为陀螺(gyroscope)。陀螺的种类有很多，目前飞机上应用最多的是刚体转子陀螺和激光陀螺。

1. 陀螺的定义和分类

刚体转子陀螺一般由转子、内框、外框和基座组成。转子是一个对称的飞轮，由陀螺电机或压缩空气驱动绕转子轴高速转动，转子轴称为自转轴。内框可以绕内框轴自由转动；外框又可以绕外框轴自由转动。自转轴、内框轴和外框轴的轴线相互垂直，且在空间相交于一点，称为陀螺的支点。

自转轴具有 2 个自由度的陀螺，称为两自由度陀螺。两自由度陀螺具有内框和外框，它们为转子轴提供了 2 个转动自由度，如图 4-82 所示。自转轴具有 1 个自由度的陀螺称为单自由度陀螺，单自由度陀螺只有内框，没有外框，内框为自转轴提供了 1 个转动自由度，如图 4-83 所示。有些资料中是根据转子具有的自由度进行分类，则把本书的两自由度和单自由度陀螺分别称为三自由度和两自由度陀螺。

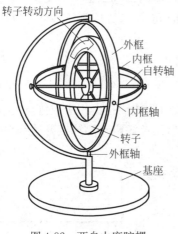

图 4-82　两自由度陀螺

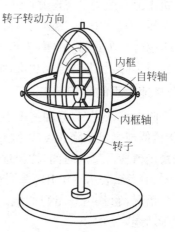

图 4-83　单自由度陀螺

理想的陀螺，其重心和支点重合，轴承没有摩擦；实际陀螺总是有摩擦和不平衡力矩，这将引起陀螺仪表的误差。

2. 两自由度陀螺的特性

两自由度陀螺具有两个基本特性：进动性和稳定性。

1）进动性

两自由度陀螺转动方向（指角速度矢量方向）与外力矩作用方向不一致，而是与外力矩作用方向相互垂直的特性，称为两自由陀螺的进动性。若外力矩作用在内框轴上，陀螺绕外框轴转动；若外力矩作用在外框轴上，陀螺绕内框轴转动，如图 4-84 所示。

陀螺进动的规律是：角动量矢量（或自转角速度矢量）沿最短途径转向外力矩矢量的方向。也可以用右手螺旋法则来判定进动角速度矢量的方向，即将右手大拇指伸直，其余四指以最短路线从角动量矢量的方向握向外力矩矢量的方向，则大拇指的方向就是进动角速度矢量的方向。

2）稳定性

两自由度陀螺能够抵抗干扰力矩，力图保持其自转轴相对惯性空间方向稳定的特性，称为陀螺的稳定性（stability of gyroscope）。如果我们任意转动高速旋转的陀螺仪的基座，陀

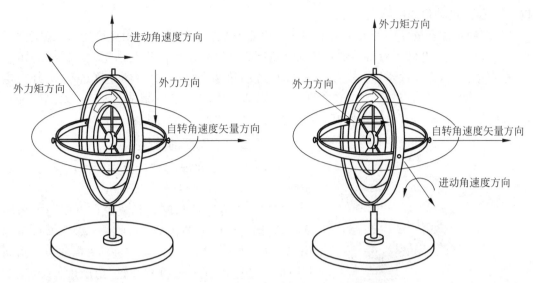

图 4-84　两自由陀螺的进动性及进动方向

螺自转轴的指向在惯性空间基本保持不变。

陀螺的稳定性有两种表现形式:

(1) 在干扰力矩作用下,陀螺将产生进动,使自转轴偏离原来的惯性空间方向。由干扰力矩所引起的陀螺进动,通常称为漂移。只要陀螺的角动量足够大,陀螺的漂移就很缓慢,在一定时间内自转轴相对惯性空间的方位改变也很微小。例如,我们任意转动高速旋转的陀螺仪的基座,陀螺自转轴的指向在惯性空间基本保持不变,如图 4-85 所示。

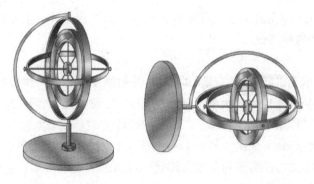

图 4-85　两自由度陀螺的稳定性

(2) 当陀螺受到冲击力矩作用时,如冲击陀螺的内框(或外框),自转轴将在原来的空间方向附近做高频微幅的圆锥形振荡运动。这种振荡运动称为章动。由于章动的频率很高(大于几百赫兹),振幅很小(小于角分量级),而且由于轴承摩擦和空气阻尼等原因,章动会很快衰减下来,所以可以认为陀螺受冲击力矩作用时也是稳定的。这是陀螺稳定性的又一表现。

在航空仪表中,利用两自由度陀螺的稳定性可以确定飞机的姿态和航向。

3) 陀螺稳定性和进动性的关系及影响因素

陀螺的稳定性与进动性密切相关。稳定性越高,在干扰力矩作用下,陀螺的进动角速度越小;反之,进动角速度越大。

　　陀螺稳定性和进动性的大小与下列 4 个因素有关:①转子自转角速度越大,稳定性越好,进动性越差。②转子对自转轴的转动惯量越大,稳定性越好,进动性越差。③外力矩越大,稳定性越差,进动性越好;外力矩一定时,进动角速度也一定(等角速度进动);外力矩消失后,陀螺立即停止进动。在这个意义上,可以说两自由度陀螺的进动是"无惯性"的。④自转轴与外框轴垂直时稳定性好,否则进动角速度要增大,稳定性将变差。

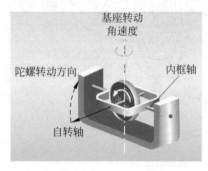

图 4-86　单自由度陀螺的进动

3. 单自由度陀螺的特性

　　单自由度陀螺的基本特性是进动性,它不具有稳定性。

　　当单自由度陀螺基座绕其缺少自由度的方向转动时,陀螺将绕内框轴转动,这种特性称为单自由度陀螺的进动性,如图 4-86 所示。进动方向取决于角动量方向和基座转动方向,其规律是,角动量矢量(或自转角速度矢量)沿最短途径转向基座旋转角速度矢量方向。由于单自由度陀螺具有敏感基座绕缺少自由度的轴方向转动的特性,因此,可以将其作为测量飞机、舰船等角速度和角位移的仪表使用。

4.9.2　姿态仪表

1. 转弯侧滑仪

　　转弯侧滑仪是由转弯仪和侧滑仪两个独立的仪表组合而成。由于转弯仪和侧滑仪的综合指示,对于驾驶员保持飞机平直飞行和做无侧滑的协调转弯具有重要作用,因此常把它们组装在一起,称为转弯侧滑仪。

　　1) 转弯仪

　　转弯仪可以指示飞机转弯(或盘旋)的方向,并粗略反映转弯的快慢程度,有的转弯仪还能用来指示飞机在某一真空速时无侧滑转弯的倾斜角(坡度)。如图 4-87(a)所示的转弯仪,表上标有"2MIN"字样,表示当指针指到"L"或"R"位置时,飞机以 3(°)/s 的标准角速度转弯,飞机转 360°需要 2min。如图 4-87(b)所示,表上标有 500km/h,表示当飞机的飞行速度为 500km/h 时,转弯仪指针偏转的角度大小代表飞机的坡度的大小。这两个转弯仪指针的偏转方向都代表飞机的转弯方向。

(a)　　　　　　　　　　(b)

图 4-87　转弯仪的指示器

转弯仪的表面右上部有一个红色警告标志。只有陀螺转速达到正常值,红色标志才会消失,转弯仪才能正常工作。

转弯仪是利用单自由度陀螺的进动性来进行工作的,主要由单自由度陀螺、平衡弹簧、空气阻尼器和指示机构等组成,如图 4-88 所示。陀螺的自转轴与飞机横轴平行,自转角速度矢量指向左机翼,内框轴与飞机的纵轴平行,测量轴与飞机立轴平行。

2) 转弯角速度传感器

如果将转弯仪的指针换成电刷,刻度盘换成开关接触点,便成了一个转弯角速度传感器。它可以用来感受飞机转弯角速度,当角速度大到一定值时(一般为 0.1～0.3(°)/s),输出信号去控制某些设备的通断,以便减小误差。例如,断开地平仪的横向修正电路和陀螺半罗盘的水平修正电路等,从而消除转弯时修正机构的错误修正。

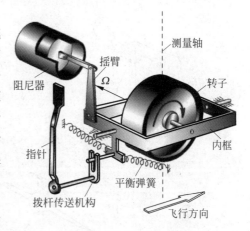

图 4-88 转弯仪的组成

3) 侧滑仪

侧滑仪(slip indicator)是用来指示飞机有无侧滑和侧滑方向的仪表,常与转弯仪配合,供驾驶员操纵飞机协调转弯。

(1) 基本结构

图 4-87 中的白色玻璃弯管,管内的黑色小球以及阻尼液就组成了侧滑仪。小球相当于单摆。

(2) 工作原理

飞机转弯时,沿横轴方向的作用力有惯性离心力在横轴方向的分力 F_{jx} 或 F_x 和重力在横轴方向上的分力 G_{jx} 或 G_x,这两个分力的方向总是相反的,因此,只要这两个分力大小相等,其合力便基本上等于零,飞机就不会侧滑,这种转弯称为协调转弯;反之,若这两个分力大小不等,飞机就会发生侧滑。$G_x < F_x$ 为外侧滑;$G_x > F_x$ 为内侧滑。因此,测量飞机转弯时的横向合力,便可知道飞机的侧滑情况。

侧滑仪就是利用单摆模拟飞机承受的横向合力,根据摆锤在横向合力作用下的运动状态指示飞机的侧滑。

飞机转弯时,如果横向合力等于零,小球便停在玻璃管中央,表示无侧滑,如图 4-89(a)所示;如果飞机转弯时的倾斜角过小,或转弯角速度过大,则在横向合力作用下,飞机要发生外侧滑,此时,作用在小球上的力 $G_x < F_x$,小球会沿着横向合力的方向,向外偏离玻璃管的中央,直到两个分力相等,小球停止运动,表示此时飞机发生外侧滑,如图 4-89(b)所示;如果横向合力小于零,小球便偏向玻璃管内侧,表示飞机发生内侧滑,如图 4-89(c)所示。横向合力越大,小球偏离中央位置越远,表示侧滑越严重。这就是用摆锤测量飞机有无侧滑的道理。

2. 航空地平仪

1) 地平仪的功用和基本原理

地平仪或称陀螺地平仪,是用来测量飞机俯仰角和倾斜角的仪表。飞机一般装有两个

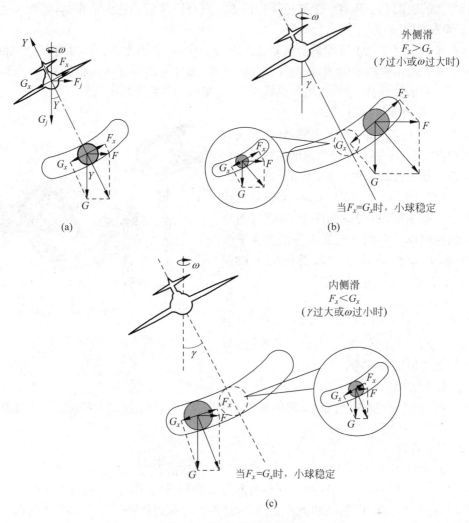

图 4-89　侧滑仪的基本原理

地平仪(正、副驾驶各一个),而航线运输机还要加装一个备用地平仪,当主地平仪出现故障时,使用备用地平仪。

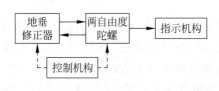

图 4-90　航空地平仪的原理结构

(1) 地平仪的基本组成环节和姿态角的测量原理

地平仪的种类有很多,结构也各有不同。但是,它们的基本组成包括 4 个部分:两自由度陀螺、地垂修正器、指示机构和控制机构,如图 4-90 所示。

两自由度陀螺有较高的稳定性,但不能寻找地垂线,如图 4-91 外环上的陀螺所示。单摆具有自动敏感地垂线的特性,但不稳定,为了既能敏感地垂线,又能较好地使地垂线不偏转、不摆动,实际的地平仪采用了摆和陀螺联合工作的办法,即用摆的地垂性去控制陀螺的自转轴,对陀螺进行修正,以使其自转轴始终与地垂线一致,则可以用陀螺来测量飞机的姿态角,如图 4-91 内环上安装在飞机上的陀螺所示。

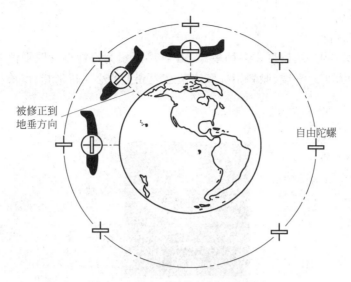

被修正到
地垂方向

自由陀螺

图 4-91　航空地平仪的原理示意图

航空地平仪的基本原理就是利用单摆能够敏感地垂线的特性对两自由度陀螺进行修正,使其自转轴始终与地垂线一致,建立稳定的人工地垂线,并根据飞机和陀螺的关系测量飞机的俯仰角和倾斜角。

所以,两自由度陀螺是地平仪的基础部分。当仪表正常工作时,自转轴处于地垂线方向,框架轴则作为飞机姿态角的测量轴。

地垂修正器是地平仪的修正部分,用来测量地垂线并对陀螺进行地垂修正。目前,电动地平仪采用的修正器主要有固体摆式修正器和液体摆式修正器两种。

指示机构用来向驾驶员提供飞机姿态角的目视信号。有的地平仪还安装了信号传感器,用来向姿态指示器、自动驾驶仪及其他机载设备提供飞机姿态角的电信号。

控制机构分为陀螺控制和摆的控制机构。陀螺控制机构可以在地平仪启动时或飞机机动飞行后使自转轴迅速恢复到地垂线方向,从而缩短启动时间或消除机动飞行过程中产生的指示误差,通常采用机械式锁定装置。摆的控制机构可以在飞机具有一定加速度或角速度时自动断开摆对陀螺的修正作用,避免地平仪产生误差,通常采用活动臂或加速度传感器、角速度传感器等。

（2）地垂修正器的工作原理

地平仪的修正系统可分为纵向修正系统和横向修正系统两种。纵向修正系统用来修正陀螺转子沿飞机纵轴方向（即俯仰方向）的偏离量;横向修正系统用来修正陀螺转子沿飞机横轴方向（即倾斜方向）的偏离量。

在修正力矩的作用下,两自由度陀螺进动的角速度,就是修正角速度。地平仪修正角速度的大小必须适当。如果修正角速度过小,则在陀螺偏离时,摆不能及时将陀螺自转轴修正到地垂线方向,地平仪的积累误差会逐渐增大。如果修正角速度过大,则当摆受飞机加速度影响时,又会使陀螺自转轴很快地偏离地垂线,形成加速度误差。因此,修正角速度的数值应当在大于陀螺偏离角速度的前提下尽可能小些,一般为 $5(°)/\min$ 左右。地垂修正器由敏感元件和力矩器组成,它能够把偏离地垂线的陀螺转子修正到地垂线上来,所以,称该系统为地平仪修正系统。

2）地平仪的指示

地平仪指示机构的结构形式多种多样，图 4-92 所示为一种直读地平仪的表面图。它由安装在陀螺上的人工地平线、倾斜指标和安装在表壳上的小飞机形指针（简称小飞机）、倾斜刻度盘等组成。

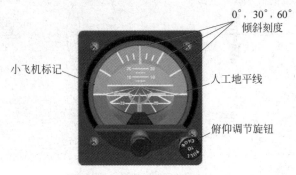

图 4-92　航空地平仪的指示器

俯仰刻度盘安装在陀螺上，它的中线就是人工地平线，每 5°有一条刻线，每 10°刻有角度数值；上部涂成天蓝色，下部涂成褐色，形象地代表天和地。倾斜刻度盘安装在表面上部，每小格代表 10°，每大格代表 30°。表面右下方有一个调整旋钮，转动旋钮，可以使小飞机上下移动±5°。这个旋钮还具有上锁功能，拉出旋钮，陀螺三轴互相垂直并锁定；松开旋钮，陀螺开锁。当陀螺未通电或转速较低时，表面右上方会出现一个警告旗。

地平仪指示飞机俯仰/倾斜姿态的情况如图 4-93 所示。飞机向左（或右）倾斜时，人工地平线向右（或左）倾斜，倾斜指标在倾斜刻度盘上的读数代表飞机的倾斜角。

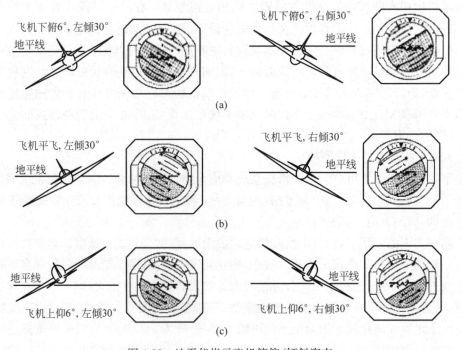

图 4-93　地平仪指示飞机俯仰/倾斜姿态

3）地平仪的地面启动使用特点

地平仪地面启动,要利用陀螺控制机构或上锁装置使陀螺快速直立,陀螺三轴互相垂直（自转轴接近地垂线方向）,加快启动速度。

4.9.3 航向仪表

小飞机上的航向仪表主要有磁罗盘、陀螺半罗盘、罗盘系统等。

1. 地球磁场与飞机磁场

1）地球磁场

地球具有磁场。地球磁场的北极靠近地理北极,称为北磁极,位于北纬 74.9°、西经 101°的地方；地球磁场的南极靠近地理南极,称为南磁极,位于南纬 67.1°、东经 142.7°的地方。北磁极实际上具有磁南极（S 极）的磁性；南磁极实际具有磁北极（N 极）的磁性。地球磁场的强度在赤道附近最弱,在地磁极附近最强,如图 4-94 所示。

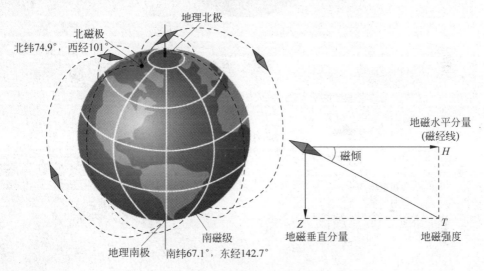

图 4-94 地球磁场及磁倾

（1）磁倾

地球磁场强度的方向与水平面不平行,地磁强度与水平面之间的夹角称为磁倾角,简称磁倾 θ,某地磁倾的大小也称为磁纬度。一般来说,越靠近地磁极,磁倾越大,即磁纬度越高。

地磁强度 T 可分为两个分量：平行于水平面的水平分量 H 和垂直于水平面的垂直分量 Z,如图 4-94 所示。地磁水平分量的方向线称为磁经线,又称磁子午线。磁针在地磁水平分量作用下,指示出磁经线方向；地磁垂直分量使磁针倾斜。

（2）磁差

磁经线偏离真经线的角度称为磁差,如图 4-95 所示。磁经线北端（简称磁北）偏在真经线北端（简称真北）以东,磁差为正；磁经线北端偏在真经线北端以西,磁差为负。各地磁差的大小和符号是不相同的,可以从航空地图上查出来。

2）飞机磁场

飞机上的钢铁物质和工作着的用电设备所形成的磁场称为飞机磁场。每架飞机的磁场是不同的。图 4-96(a)所示的飞机磁场方向指向飞机右前下方。飞机磁场水平分量与地磁水平分量的合成磁场方向线称为罗经线。放在飞机上的磁针所指的方向即为罗经线方向。罗经线与地磁水平分量之间的夹角称为罗差,如图 4-96(b)所示。

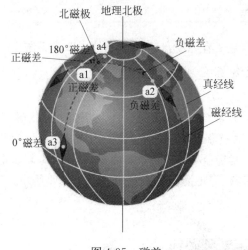

图 4-95 磁差

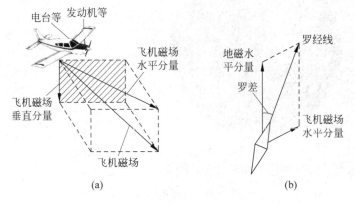

(a)   (b)

图 4-96 飞机磁场及罗差

2. 航向

飞机的航向是指以经线北端为起点顺时针方向转到飞机纵轴之间的角度在水平面上的投影。根据所取经线不同,航向可分为真航向、磁航向和罗航向。

1) 真航向

真经线与飞机纵轴在水平面上的夹角称为真航向,如图 4-97(a)所示。

2) 磁航向

磁经线与飞机纵轴在水平面上的夹角称为磁航向,如图 4-97(b)所示。真航向=磁航向±磁差。

3) 罗航向

罗经线与飞机纵轴在水平面上的夹角称为罗航向,如图 4-97(c)所示。磁航向=罗航向±罗差。

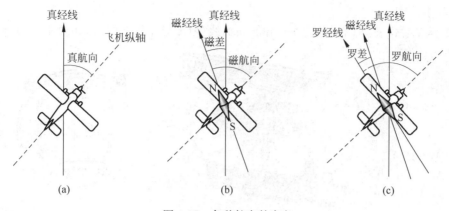

图 4-97　各种航向的定义

(a) 真航向；(b) 磁航向；(c) 罗航向

3. 磁罗盘

磁罗盘用来测量飞机的罗航向。由于经过罗差修正后,剩余罗差并不大,因此有些文献认为磁罗盘可以测量磁航向。

1) 基本原理

磁罗盘的基本原理是利用自由旋转的磁条跟踪罗经线的方法来指示飞机的罗航向。

如图 4-98 所示,磁罗盘的敏感元件是在水平面内可以自由旋转的磁条。在磁条上固定着环形刻度盘,0°～180°刻度线与磁条方向一致。航向标线固定在表壳上,代表飞机纵轴。

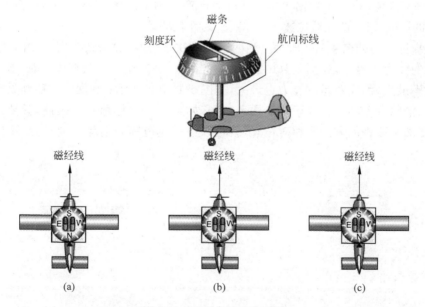

图 4-98　磁罗盘的基本原理

(a) 磁航向＝0°；(b) 磁航向＝90°；(c) 磁航向＝120°

飞机航向改变后,磁条始终稳定在罗经线方向,表壳随飞机一起转动。因此航向标线在刻度盘上所指的角度,就是飞机纵轴与罗经线在水平面上的夹角,即罗航向。

2）基本结构

磁罗盘主要由罗牌、罗盘油、外壳和航向标线、罗差修正器等组成，如图 4-99 所示。

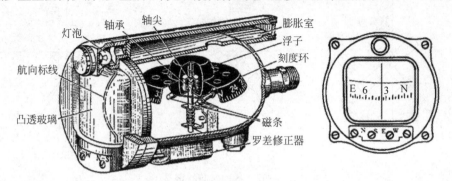

图 4-99　磁罗盘的结构和表盘

罗牌是罗盘的敏感部分，它由磁条、轴尖、浮子、刻度环等组成。整个罗牌可在支撑的轴承上自由转动，保证 0°～180°刻度线始终与罗经线方向一致。为了减小磁倾的影响，使敏感部分保持水平，罗牌的重心通常偏在支点的南面（在北半球飞行时，可以抵消磁倾的作用），并且还偏在支点的下面或上面。

罗盘油可以增加罗牌的运动阻尼和减小罗牌对轴承的压力，从而减小罗牌的摆动和摩擦。

罗差修正器用来抵消飞机磁场的影响，从而减小罗差。它有两对小磁铁，一对可沿飞机纵轴方向产生附加磁场，抵消沿纵轴方向的飞机磁场对罗牌的影响，它们的相对位置可由 E—W 旋柄来改变；另一对可沿飞机的横轴方向产生附加磁场，抵消沿横轴方向的飞机磁场对罗牌的影响，它们的相对位置可由 N—S 旋柄来改变。

罗差修正原理如图 4-100 所示。当两个小磁铁平行时，磁力线作用的空间范围最小，消除罗差的能力也最小，如图 4-100（a）所示；当两个小磁铁在一条直线上时，磁力线作用的空间范围最大，消除罗差的能力也最大，如图 4-100（c）所示；当两个小磁铁处于其他相对位置时，消除罗差的能力介于上述两者之间，如图 4-100（b）所示。因此，只要适当转动旋柄，改变两个磁铁的方向和相对位置，就可以在一定范围内消除不同符号、不同大小的罗差。

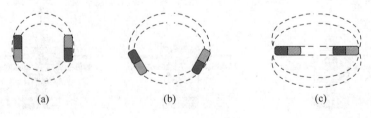

图 4-100　罗差修正原理

罗差校正由机务人员按规定的时间进行，其他人员不能随意转动罗差修正旋柄。

3）飞行误差

飞机在俯仰、倾斜、盘旋、加速或减速时，飞机磁场和地球磁场的垂直分量将对磁罗盘产生影响，使指示出现误差。这些误差统称为飞行误差，其中影响最大的是转弯误差。转弯误差是飞机转弯时,地磁垂直分量所引起的一种误差。

由于磁罗盘飞行误差大,一般作为备用仪表使用。

4) 使用方法

(1) 磁罗盘一般在飞机上的主用罗盘失效后使用。

(2) 为了避免飞行误差,应在匀速平飞时判读航向,如果罗牌摆动,读数应取平均值。若在转弯时使用,应注意修正转弯误差。

(3) 在磁矿区,磁罗盘误差很大,增加飞行高度,可减小误差。

(4) 在两极地区飞行时,由于地磁水平分量小,磁罗盘不能准确指示航向。

(5) 若要利用磁航向进行领航计算,应该修正剩余罗差。

(6) 应定期对磁罗盘进行校验,以获得最新的剩余罗差修正表。

4. 陀螺半罗盘

陀螺半罗盘,又称陀螺方向仪,是利用两自由度陀螺稳定性进行工作的仪表。它可以测量飞机的转弯角度;经过校正,还可以指示飞机的航向。由于这种仪表不能独立测量航向,必须与其他罗盘配合工作,因此称为半罗盘。

1) 基本结构和工作原理

(1) 测量飞机转弯角度

陀螺半罗盘主要由两自由度陀螺、刻度盘、航向指标、水平修正器和方位修正器等组成,如图 4-101 所示。两自由度陀螺的外框轴与飞机的立轴平行。刻度盘固定在外框上,航向指标固定在表壳上,代表飞机纵轴。水平修正器的修正力矩作用于外框轴,使自转轴保持水平;方位修正器的修正力矩作用于内框轴,使自转轴能够跟踪选定的方位基准线。

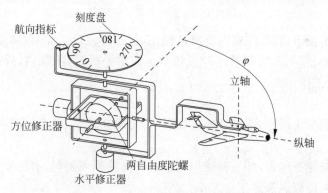

图 4-101 陀螺半罗盘的基本原理

当飞机转弯时,由于陀螺的稳定性,自转轴方位不变,刻度盘被陀螺稳定不动,而航向指标则随着飞机转动。因此,航向指标相对于刻度盘的转角,可以表示飞机的转弯角度。

(2) 测量飞机航向

航向是飞机纵轴与经线的夹角。由于陀螺自转轴不能自动跟踪经线,因此要测量航向就必须把自转轴(准确讲是刻度盘 0°～180°连线)校正并稳定在经线(真经线、磁经线等)方向上,航向标线指示的角度便为航向角。

如果使用前将自转轴调整到起始点经线方向,在使用过程中,水平修正器经常使自转轴保持水平;方位修正器经常使自转轴以适当的角速度在方位上进动,则半罗盘的自转轴始终稳定在飞机所在经线方向上,航向标线指示便为航向。

2)误差

陀螺半罗盘主要存在自走误差。陀螺半罗盘的自走误差是陀螺自转轴相对地球经线运动而产生的误差,它包括纬度误差、速度误差和机械误差。用半罗盘测量航向时,若给定的方位修正角速度为常值,不能按飞机所在纬度的变化而自动进行调节,则会引起误差,这种误差称为纬度误差。用陀螺半罗盘测量真航向(或磁航向)时,若仪表没有对飞机相对地球运动引起的自转轴方位偏离进行修正,由此产生的误差,称为速度误差。速度误差的大小与飞机飞行速度等因素有关。飞行速度越大,误差越大。机械误差是指陀螺静平衡不良(重心偏离支点)、轴承摩擦等机械原因使自转轴进动,偏离经线,从而产生的误差。

为了减小陀螺半罗盘自走误差的影响,需要进行定时校正。

3)指示器

典型的陀螺半罗盘指示器如图 4-102 所示。

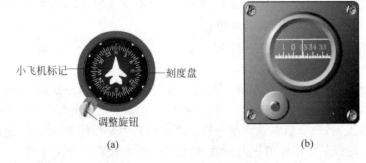

小飞机标记　　　刻度盘

调整旋钮

(a)　　　　　　(b)

图 4-102　陀螺半罗盘指示器

当推入调整上锁手柄时,陀螺内外框被锁住,信号牌出现。此时,转动手柄能使整个陀螺和刻度环一起转动,从而可调整半罗盘读数。拉出手柄时,陀螺内、外框开锁,信号片消失,仪表可以正常工作。

4)使用特点

陀螺半罗盘的稳定性好,不受外界磁场影响,可以在加速、转弯、盘旋时,在强磁地区或高纬度地区使用。

陀螺半罗盘是陀螺仪表,如果在使用过程中发现陀螺飞转时,有上锁机构的,应柔和地上锁,然后再开锁,使仪表恢复正常工作。

5. 陀螺磁罗盘和罗盘系统

1)基本概念

由两种以上不同原理的罗盘所组成的测量飞机航向的系统称为罗盘系统,也称航向系统。目前飞机上普遍采用的罗盘系统是综合了磁传感器和陀螺半罗盘的优点的综合性系统。图 4-103 所示是某型飞机上罗盘系统的原理框图。从图中可以看出,罗盘系统是由感应式陀螺磁罗盘和远读式陀螺半罗盘组成。

远读式陀螺半罗盘的测量原理和陀螺半罗盘一样,但陀螺机构和指示器分别安装在不同的部位,例如,将陀螺安装在电子/电气设备舱内,指示器则安装在驾驶舱内。陀螺和指示器之间通过电信号来传递信息,或由陀螺直接输出电信号到有关的设备或系统。

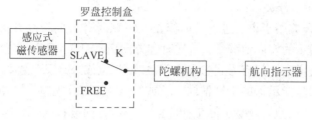

图 4-103 罗盘系统的原理框图

一般认为,在罗盘系统中仅由磁传感器来校正航向的那部分系统也称为陀螺磁罗盘,如果其中的磁传感器使用的是感应式磁传感器,则称之为感应式陀螺磁罗盘。

2) 罗盘系统的组成

罗盘系统主要由磁传感器、方位陀螺、控制盒、指示器、罗盘耦合器、补偿器等组成。

磁传感器也称罗盘传感器,是三相地磁感应元件,一般有 2 个,用于测量飞机的磁航向。它安装于受飞机磁场影响小的地方,如翼尖或垂直安定面内。

方位陀螺又称陀螺机构(directional gyro,DG),一般有 2 个,它安装在电子/电气设备舱内。

罗盘系统的控制面板用于控制罗盘系统的工作方式。图 4-104(a)所示是具有 FREE/SLAVE 工作方式的罗盘系统控制板,图 4-104(b)所示是具有 DG/MAG 工作方式的罗盘系统的控制板。

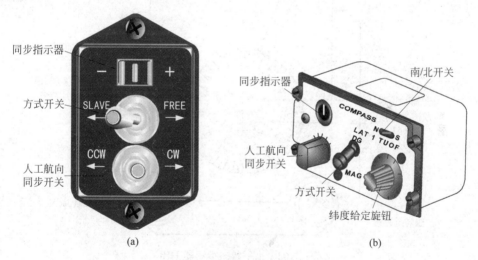

(a)　　　　　　　　　　　　　　　(b)

图 4-104 罗盘系统的控制板

(1) 方式选择开关

方式选择开关用于选择罗盘系统的工作方式。有自由方式(FREE)和伺服方式(SLAVE),如图 4-104(a);或陀螺半罗盘方式(DG)和地磁校正方式(MAG),如图 4-104(b)。

(2) 同步指示器

同步指示器用于显示指示器指示的航向和磁传感器测量的航向是否一致。指针位于中间位置,表示指示器指示的航向和磁传感器测量的航向一致;指针偏向"+"的一侧,表示指示器指示的航向大于磁传感器测量的航向;指针偏向"-"的一侧,表示指示器指示的航向小于磁传感器测量的航向。

（3）人工航向同步开关

人工航向同步开关用于人工进行航向修正。沿顺时针方向扳动开关,可以沿顺时针方向转动刻度盘,使指示的航向值减小;沿逆时针方向扳动开关,可以沿逆时针方向转动刻度盘,使指示的航向值增大。只有方式选择电门放"DG"位或"FREE"位时,才能扳动该开关。

由此可见,当同步指示器的指针偏向"＋"或"－"时,需首先将方式电门置于"DG"位或"FREE"位,然后沿顺时针（CW）方向或逆时针（CCW）方向进行人工航向同步。

罗盘耦合器有2个,用于接收磁传感器和方位陀螺的输入信号,综合后输出飞机的航向信号给指示器和其他需要飞机航向的系统。

补偿器是罗盘系统的补偿装置。利用补偿器上的电位计对磁传感器罗差进行补偿,可使磁传感器直接输出磁航向信号。

罗盘系统无单独的指示器,而是将它的航向信号输送到两个综合的指示器上,与无线电信号进行综合指示,这两个指示器就是无线电磁指示器(RMI)和水平状态指示器(HSI)。

HSI指示器如图4-105所示,它是一个组合仪表。它的刻度盘是由罗盘系统驱动的,随飞机航向的改变而转动。表面正上方的航向标线是固定不动的,航向标线在刻度盘上对应的值代表飞机的航向。当罗盘系统出现故障时,红色的HDG警告旗出现。

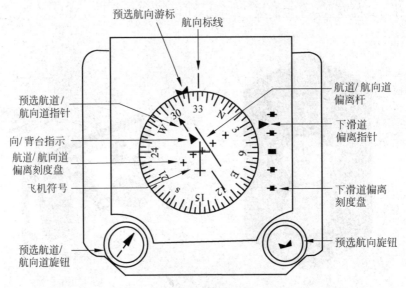

图 4-105　水平状态指示器 HSI

HSI还可以指示VOR航道偏离情况以及LOC航向道偏离和GS下滑道偏离情况。当指示VOR航道偏离时,若VOR信号无效,红色的NAV警告旗出现;当指示LOC航向道偏离时,若LOC信号无效,红色的LOC警告旗出现;当指示GS下滑道偏离时,若GS信号无效,红色的GS警告旗出现。

在该表上,转动预选航道旋钮,可以转动预选航道指针,选择VOR航道或LOC航向道。转动预选航向旋钮可以转动预选航向游标,设置预选航向。

3）罗盘系统的工作方式和基本原理

从图4-104(a)可以看出,罗盘系统的工作方式有自由方式(FREE)和伺服方式(SLAVE)两种。这两种方式分别对应于4-104(b)所示罗盘系统的陀螺半罗盘(DG)方式和地磁校正

（MAG）方式。

（1）陀螺半罗盘工作方式的基本原理

当罗盘系统方式选择器的电门置于方位陀螺（FREE）位（有些飞机是 DG 位）时，罗盘系统将处于陀螺半罗盘工作状态，当系统协调时，同步器输出陀螺方位角信号。

（2）地磁校正工作状态的原理

当罗盘系统方式选择器的电门置于地磁校正位（SLAVE）（有些飞机是 MAG 位）时，罗盘系统将处于地磁校正工作状态，当系统协调时，同步器输出磁航向信号。

4.10　失速警告片和失速警告系统

1. 迎角

相对气流方向（飞行速度方向）与翼弦之间的夹角，称为迎角，用 α 表示，如图 4-106 所示。图中，V_0 表示相对气流。相对气流方向指向翼弦下方为正迎角，相对气流方向指向翼弦上方为负迎角，相对气流方向与翼弦平行为零迎角。飞行中飞行员可通过前后移动驾驶杆来改变飞机的迎角。飞行中经常使用的是正迎角。

图 4-106　迎角

2. 失速警告片

在活塞式飞机上，在机翼前缘，驻点附近安装了失速警告片，用于触发失速警告，如图 4-107 所示。

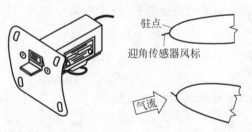

图 4-107　失速警告片及其在飞机上的安装位置

3. 失速和失速迎角的概念

图 4-108 所示为某型飞机的升力系数曲线，即升力系数随迎角的变化规律曲线。

从升力系数曲线可以看出，当迎角较小时，随着迎角的增加，机翼上产生的升力也逐渐增大。当迎角增大到某一值时，气流从机翼前缘就开始分离，尾部有很大的涡流区，升力将突然大大降低，阻力突然增大。这种现象称为"失速"。飞机刚刚出现失速时的迎角称为失速迎角，也称临界迎角。失速迎角一般为 15°～16°，有时可达 20°。飞机一旦进入失速状态，还会发生螺旋（也称尾旋）下降的现象，造成危险。同时，还会使飞机发生抖振。因此，飞机不应以大于或接近"失速迎角"的迎角飞行。

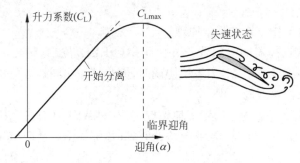

图 4-108　飞机的升力系数曲线

4. 自然失速警告

接近临界迎角时,由于气流分离形成的旋涡周期性的形成,并脱离机翼表面,将引起飞机、杆、舵的抖动现象。这种现象称为自然失速警告。

失速可以出现在任何空速、姿态和功率下。

5. 人工失速警告系统

由于失速是一种具有潜在危险的反常飞行现象,有必要在即将失速时警告,即飞机在邻近或达到最大可用升力时发出警告。活塞式飞机上的人工失速警告系统包括失速警告喇叭、失速警告灯和失速警告片。但是,在某些飞机上只有失速警告喇叭。

如图 4-107 所示,当飞机迎角小于失速迎角时,流过失速警告片的气流是向下的,失速警告片保持下偏,与失速警告片相连接的电门断开。当迎角增大到接近失速迎角时,驻点下移,流过失速警告片的气流向上,失速警告片被吹向上,电门关闭,启动音响警告信号。

某型飞机上的失速警告原理图如图 4-109 所示。由于起飞着陆状态的临界迎角和巡航状态下的临界迎角不同,所以,在该型飞机上,安装了两个失速警告片,位于机翼内侧的失速警告片用于触发起飞着陆状态下的失速警告,位于机翼外侧的失速警告片用于触发巡航状态下的失速警告。

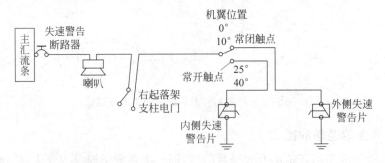

图 4-109　某型活塞式飞机失速警告原理图

失速警告系统从主汇流条获得电源,经失速警告断路器和右起落架支柱电门和机翼位置开关,自襟翼位置开关后,线路分为两条:当飞机处于巡航状态时,即机翼位于 0° 和 10° 时,开关的常闭触点接通,线路通过外侧的失速警告片接地。当飞机处于起飞着陆状态时,即机翼位于 25° 和 40° 时,开关的常开触点接通,线路通过内侧的失速警告片接地。

6. 失速警告系统的测试

在对失速警告系统进行测试时,需要顶升飞机。接通电源,将机翼放到 0° 或 10°,拨动外侧的失速警告片,能够听到失速警告声音。再将机翼放到 25° 或 40°,拨动内侧的失速警告片,能够听到失速警告声音。

4.11　综合航电系统

现代飞机上使用统一处理器对飞机上各种航空电子设备的信息进行统一的处理,并将功能相同或相近的设备组合在一个组件内,且在显示器上综合显示相关的参数,在各航空电子设备之间通过机载数据总线来传送有关信息,从而使整个飞机上所有航空电子设备的性能达到更高的水平,这样的系统称为综合航电系统。

不同飞机上电子系统采用的综合化程度和技术不同。现以通用航空领域使用的综合航电系统为例,其基本结构如图 4-110 所示。两个显示组件分别是主飞行显示器(PFD)和多功能显示器(MFD)。

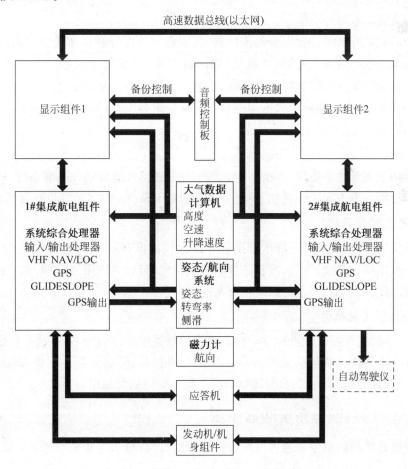

图 4-110　综合航电系统的结构框图

4.11.1　集成航电组件

集成航电组件是综合航电系统的中心,在图 4-110 所示的结构体系中,有两个集成航电模块,每个集成航电模块中,集成了甚高频导航接收机、下滑道接收机和 GPS 接收机。与集成航电组件相连的是各 LRU 以及显示组件,在综合处理器的统一处理下,各个 LRU 都通过数据总线和集成航电组件交换信息。集成航电组件通过高速数据总线与对应的显示器匹配交换数据。图 4-110 所示综合航电系统中的显示组件为主飞行显示器 PFD 和多功能显示器 MFD,显示组件直接安装在显示器上。

4.11.2　综合航电系统的传感器

从图 4-110 所示的集成航电系统中可以看出,综合航电系统中的传感器主要有姿态和航向基准系统、磁力计、大气数据计算机、发动机/飞机组件。

1. 姿态和航向基准系统

姿态和航向基准系统(AHRS)提供飞机的姿态和航向信息,并通过 ARINC 429 协议与显示组件和集成航电组件通信。

姿态和航向基准系统包含先进的传感器(其中有加速度计和速率传感器),并且连接磁力计以获得地球磁场信息,连接大气数据计算机(ADC)以获得大气数据信息,连接两个集成航电组件以获得全球定位系统(GPS)信息。

在某些飞机上,综合航电系统采用垂直陀螺提供姿态信号,并采用方位陀螺和磁传感器等提供航向信号。

2. 磁力计

磁力计用于测量本地磁场,并将本地磁场信息发送给姿态和航线基准系统,以获得磁航向。该组件直接由姿态和航线基准系统供电,并通过 RS-485 数字接口与其通信。

3. 大气数据计算机

大气数据计算机处理全压/静压系统和外部大气温度(OAT)传感器的数据,向整个综合航电系统提供气压高度、空速、垂直速度和外界大气信息,并使用 ARINC 429 数据接口与主集成航电组件、显示器、姿态与航向基准系统通信。

4. 发动机/飞机组件

发动机/飞机组件接收和处理发动机和机身传感器输送的信号,并将这些数据提供给集成航电组件。这些传感器包括发动机温度和压力传感器、燃油测量传感器和压力传感器。发动机/飞机组件通过 RS-485 数据接口与两个集成航电组件通信。

4.11.3　综合航电系统的显示器

综合航电系统的信息主要通过显示组件显示给机组,显示组件采用电子显示器。通常,电子显示器有 2 个,如图 4-111 所示,左侧为主飞行显示器(PFD),右侧为多功能显示器(MFD)。也有飞机采用在正/副驾驶的仪表板上分别安装一个 PFD,而在中央仪表板上安装一个 MFD 的布局。

1. PFD 的显示

PFD 用于显示主飞行参数,包括姿态、空速、高度、垂直速度和航向。这些飞行参数在 PFD 上的位置符合飞行参数"基本 T 形"布局的要求,即姿态显示位于显示屏的中央,左边是速度,右边是高度,下方是航向/航迹等导航参数。垂直速度则显示在高度的右边,如图 4-111 所示。

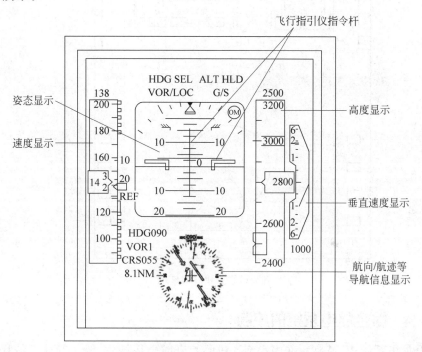

图 4-111　PFD 上显示的主飞行参数及布局

在某些飞机上,还可以在 PFD 适当的位置显示导航信息、通信信息、通告信息、警告信息,交通信息等。此外,某些飞机的 PFD 上还可以插入航图。

2. MFD 的显示信息

多功能显示器 MFD 主要显示发动机参数和导航参数。在有些飞机上,导航参数显示在中央,发动机参数显示在顶部,如图 4-112 所示。在某些飞机上,导航参数显示在中央,发动机参数显示在左边,并可通过软键对该区域的显示进行设置,可以是发动机显示、系统显示或燃油系统。

3. 综合航电系统的备用显示技术

在综合航电体系下,当某一个显示器发生故障时,综合航电系统会自动转换成备用显示模式。在备用显示模式下,所有重要的飞行信息都在剩余的显示器上显示,且显示格式与正常模式相同。

在备用显示模式下,正常工作的显示器上能够显示的信息一般包括原 PFD 上的所有信息和发动机显示的信息。

也可以人工使综合航电以备用模式的形式显示,通常使用的方法是按压备用(DISPLAY BACKUP)按钮或按压 PFD/MFD 显示转换按钮。

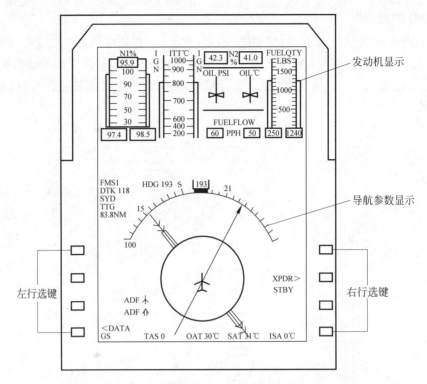

图 4-112　MFD 的显示

4.11.4　综合航电系统的控制

在综合航电系统中,特别是在中小型飞机的综合航电系统中,为了简化系统操作,尽量减少工作量和所需时间并获得先进的功能,也为了充分利用驾驶舱内有限的空间,通常将与显示有关的控制组合在主飞行显示器和多功能显示器上,而将音频控制单独设计成一个音频控制板。如果驾驶舱内空间足够,也可以将与显示有关的控制单独设计成一个控制板。

1. PFD 和 MFD 上的控制键

一般情况下,PFD 和 MFD 上的控制是完全相同的,分为硬控制和软控制两种,如图 4-113 所示。硬控制设计在显示器的左、右两侧,每一个控制键都有特定的功能。例如,左上角是导航系统的控制,用于对导航系统进行调谐等操作;右上角是通信系统的控制,用于对通信系统进行调谐。

软控制设计在显示器的底部,每一个软控制都由一个具体的按键和按键上方显示的功能字符组成,按压按键,即可实现功能字符所代表的功能。例如,按压 INST 键,可以在 PFD 上插入航图;按压 XPDR 键,可以通过 PFD 的软控制对二次雷达应答机进行编码和识别。

各控制键具体的功能可参阅机型手册,这里不再阐述。

在某些机型上,软控制使用的是显示器左、右两侧的行选择键,按压某行选择键,将选择该行选择键对应的显示格式或显示信息等。图 4-112 所示的 MFD 上带有行选择键。

2. 具有独立控制器的综合航电的显示控制

如果驾驶舱空间足够大,在综合航电系统的驾驶舱内可安装独立显示控制板。每一个

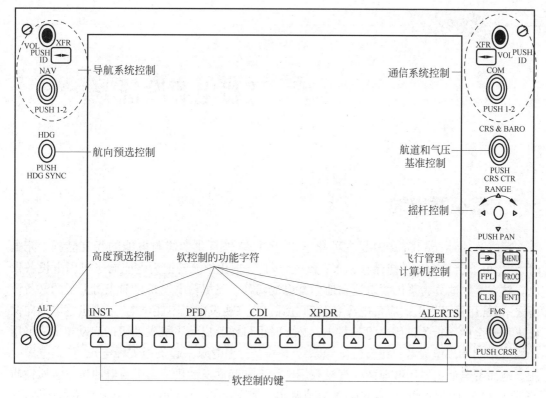

图 4-113　PFD 和 MFD 上的控制键和软键

机型上的显示控制板都不完全相同,但基本都可以对电子水平状态指示器(EHSI)或多功能显示器(MFD)上地图显示部分的显示格式和显示信息等进行控制,并能够对显示屏的亮度进行调节。图 4-114 所示为某机型上的显示控制板。该控制板上的上排控制电门用于选择 EHSI 或 MFD 的显示格式;FULL 按钮,使 EHSI 显示全罗盘格式的 VOR/ILS;ARC 按钮,使 EHSI 显示弧形格式的 VOR/ILS;MAP 按钮是 EHSI 显示地图格式。第 2 排的按钮用于选择 EHSI 上或 MFD 上是否显示方位指针信号,选择 NAV1 按钮,使 EHSI 上显示 1 号 VOR 方位指针;选择 NAV2 按钮,使 EHSI 上显示 2 号 VOR 方位指针;按压 ADF 按钮,使 EHSI 或 MFD 上显示两个 ADF 方位指针。左边的 HDG 旋钮用于设置预选航向,按压该旋钮预选航向游标回到实际航向处,使航向同步;右边的旋钮用于设置预选航道,按压该旋钮,航道偏离杆回到中心位置,执行直飞操作。BRT 旋钮用于调节显示器的亮度。

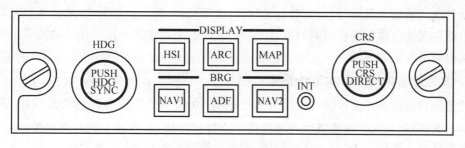

图 4-114　显示控制板

第5章

飞机电源设备

5.1　航空蓄电池

蓄电池(storage battery)是一种化学电源,可以进行化学能与电能的相互转换;充电时,它把电能转换为化学能储存起来;放电时,它又把化学能转换为电能向飞机用电设备供电。航空蓄电池分为飞机蓄电池和地面蓄电池两种。飞机蓄电池是目前飞机上天的必备设备之一,常用做飞机上的应急电源和辅助电源。当飞机发电机不能供电时,飞机蓄电池向保证飞行安全的飞行关键用电设备供电;必要时也可作为启动飞机发动机的启动电源;可用于检查小功率用电设备;在直流电源系统中可以与主电源一起负担尖峰电流,稳定电源电压。地面蓄电池主要用做地面检查机载用电设备和起动发动机。飞机蓄电池按电解质性质的不同,可分为酸性蓄电池和碱性蓄电池两类。在飞机上装配的酸性蓄电池是铅蓄电池,其电解质是硫酸;碱性蓄电池在飞机上安装的主要是镍镉蓄电池,其电解质是氢氧化钾。在航空界,电瓶是蓄电池的通俗叫法。

5.1.1　铅蓄电池

铅蓄电池也称为铅酸蓄电池(lead-acid battery),在螺旋桨飞机中广泛使用,这是因为铅的资源丰富、价格低,工艺成熟,适用范围广,且具有良好的可逆性,维护使用简单,在含水电池中只有它的单体电池电压超过了2V。在飞机上,富液式铅蓄电池和阀控密封电池都有应用,富液式铅蓄电池在电池内有流动的电解液,在使用过程中需要加水,甚至补酸,使用过程中析出的酸雾会造成污染和腐蚀。阀控式铅酸蓄电池的英文名称为 valve regulated lead-acid battery,简称 VRLA 电池,其基本特点是使用期间不用加酸加水维护,电池为密封结构,不会漏酸,也不会排酸雾,电池盖子上设有单向排气阀(也叫安全阀),该阀的作用是当电池内部气压升高到一定值时,排气阀自动打开,排出气体,然后自动关闭,防止水分蒸发。阀控式铅酸蓄电池内没有流动的电解液,即使外壳破裂,电池也能正常工作。除特殊说明外本书中均以富液蓄电池为例。

1. 富液铅蓄电池的基本工作原理

铅蓄电富液池的正极板活性物质为二氧化铅(PbO_2),负极板为海绵状铅(Pb),正负极板间隔板为树脂、玻璃纤维或其他能通过离子的物质构成,极板放于装有稀硫酸的容器中。把正负极板浸入稀硫酸中,由于化学作用,两板之间会有电位差(即电动势)产生,就组成了一个单体蓄电池。实际测量表明,二氧化铅板的电位高,称为正极板;铅板的电位低,称为负极板。正、负极板之间的电位差约为 2.1V。

充放电时的化学反应方程可写成如下的综合形式：

$$PbO_2 + 2H_2SO_4 + Pb \underset{充电}{\overset{放电}{\rightleftharpoons}} PbSO_4 + 2H_2O + PbSO_4$$

（正极）　（电解液）　（负极）　（正极）　（电解液）（负极）

充电时，充电电源的正极要与蓄电池正极相连，负极要和蓄电池负极相接，而且，电源电压要大于蓄电池的电动势。此时，电流的方向和放电时正好相反，极板上的硫酸铅不断转化为金属铅和二氧化铅，在消耗水的同时生成了硫酸，电解液浓度不断升高。放电时在正负极板上引起的化学反应正好和充电时相反，在消耗硫酸的同时不断生成水，硫酸浓度不断降低。

2. 铅蓄电池的主要电气特性

1）电动势

铅蓄电池的电动势 E 与电解液的密度 d 有关。当温度为 15℃，电解液密度在 1.05～1.30g/cm³ 范围内变化时，单体电池的电动势 E 可用下列经验公式表示：

$$E = 0.84 + d \text{ (V)}$$

例如，15℃时，$d=1.25$g/cm³，则 $E=0.84+1.25=2.09$（V）。

2）内电阻

蓄电池的内电阻是衡量电池特性的另一个重要参数，它主要包括电解液电阻和电解液与电极间的过渡电阻。电解液电阻在电解液密度为 1.20g/cm³ 时最低（温度为 20℃），浓度增加，流动性差，电阻大；浓度减小，电离的分子少，电阻也大。电解液与电极间的过渡电阻取决于它们之间的接触情况，因此铅电池内阻与其结构及使用状态有关。增加极板面积和片数，采用薄的隔板以减小两极板间距离，使用多孔隔板，可减小电池内阻。环境温度也对蓄电池的内电阻产生影响，在正常工作范围内，温度越低，内电阻越大。

3）端电压

图 5-1 所示为某型铅蓄电池单体电池的充放电特性曲线，放电电流为额定电流。从图中可以看出，在刚放电时（ab 段），电动势 E 下降较快，其后在相当长的时间内（bc 段）电动势下降速度缓慢，且基本保持不变。放电临近结束时（cd 段）电势下降速度又加快，如果此时切断放电电路，则电动势又有少许回升（df 段）。这是由于在放电初期，极板附近及孔隙中的电解液在化学反应时消耗，得不到及时补充，浓度迅速下降，导致电动势迅速下降。当极板孔隙中的硫酸浓度与极板外的浓度达到一定差值后，硫酸的扩散

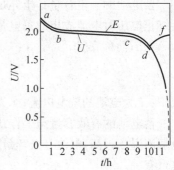

图 5-1　铅蓄电池放电曲线

作用也随浓度差的加大而加大，于是与一定放电电流对应的硫酸消耗速度与扩散速度达到动态平衡。电动势的下降速度决定于容器中电解液的平均消耗速度，故电动势下降趋缓。放电快结束时，硫酸铅将极板孔隙堵死，孔隙内硫酸迅速下降，导致电池电动势也迅速下降。断电后，扩散作用使极板孔隙内的硫酸浓度逐渐与外面的一致，故电动势有所回升。放电过程中，电池内阻也随放电量的加大而加大，故电池端电压的变化比电动势变化量大。

在放电曲线中，d 点对应的电压称为放电终止电压，是指电池放电完毕时允许达到的最

低电压,在蓄电池正常使用时放电电压不应该超过终止电压,超过终止电压继续放电称为过量放电,过放电会在电池极板表面生成难以恢复的结晶层,久而久之会造成极板硫酸化,降低极板活性物质的孔率,电池的使用寿命将明显降低。在以额定电流放电时,铅蓄电池的放电终止电压为1.7V,如果放电电流小,放电时间长,端电压高,终止电压较高;反之,放电电流大,放电时间短,端电压低,终止电压较低。放电终止电压是指电池放电完毕时允许达到的最低电压,超过终止电压继续放电,电池的使用寿命将明显降低。

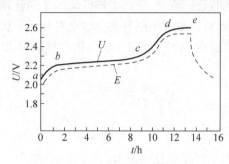

图5-2　铅蓄电池充电曲线

图5-2所示为铅电池的充电特性曲线。充电特性中电动势的初始和中间变化情况与放电过程变化类似,在初期和末期电动势变化明显,而中段较为平稳,但电动势随时间的增长而增加。充电快结束时极板上的活性物质几乎都还原了,若继续充电,则因电池电压大于2.3V而导致水的电解,负极上析出氢,正极上析出氧。它们附着于电极上,使电极电位升高,故电动势很快升高。在水进入电解反应后,电动势不再增加。停止充电后,附着在电极上的氢气逸出,电极电势下降,电解液渐趋均匀,电动势回落到某一稳定值。随着充电时间的增长,电池内阻降低,故电压增加速度比电动势增长速度慢。但水电解时,端电压很快增长到2.6V,并保持不变。

充足电的单体铅蓄电池电压为2.13~2.17V。当蓄电池中有大量气泡冒出时,表明电池即将充满,此时应转为涓流充电方式使电池充满。如果此时仍采用大电流充电,则为过量充电,过量充电将引起水的电解,使水的消耗过快,导致电能的不必要损失,而且会影响电池的寿命。

4)容量

蓄电池的额定容量是指充足电的蓄电池在环境温度15℃时以10h放电电流放电,放电到终止电压时电池放出的总电量。容量的大小用放电电流与放电时间的乘积来表示,单位为A·h,简称安时。

$$Q = \int_0^t I \mathrm{d}t$$

式中:I为电池的放电电流;t为电池放电时间。

蓄电池的有效容量与工作状况和使用条件有关,放电电流大会使电池的有效容量减小;电解液温度越高,电池有效容量越大。此外,电池的有效容量还与极板构造、电解液浓度和总量有关。

放置不用的蓄电池的容量会随存放时间的增长而降低,这是由自放电造成的。电解液或极板上有金属杂质或电池表面有污垢都会使自放电增加。

3. 铅蓄电池的构造及性能

单体电池的额定电压为2V,它主要由极板组、隔板、电解液和容器等几部分组成,如图5-3所示。在电池中,极板由绒状和多孔的二氧化铅和铅涂在用铅锑构成的栅架上制成,正负极板交替排列,中间用隔板隔开。隔板多采用微孔聚丙烯,在阀控电池中则使用超细玻璃纤维隔膜,既有利于离子穿透参加化学反应,又能防止极板间短路。下面以12HK-28型铅蓄电池为例介绍蓄电池的主要性能数据。

(1) 额定容量为28A·h；

(2) 额定电流为2.8A(10h放电率)和5.6A(5h放电率)；

(3) 额定电压为24V；

(4) 单体电池终止电压(额定工作情况)为1.7V；

(5) 短时间(3.5min)放电电流为170A。

4. 铅蓄电池使用

1) 安装

根据飞机中飞行关键设备在应急条件下对用电量的需求，可以安装1个或几个蓄电池。它们安装在专门设计和设置的隔舱中，以保持良好的散热和排气，保护飞机的结构不受腐蚀物影响，通常夹紧安装在固定于飞机结构上的一个托盘中，如图5-4所示。当蓄电池中有酸溢出时，托盘可以作为收集容器。托盘一般采用耐酸、没有吸收能力且抗冲击的材料制成，如加强塑料；如果使用金属做托盘，其表面需要喷涂防腐材料。蓄电池的安装必须牢固，以避免在迫降或重着陆时撞击开裂。

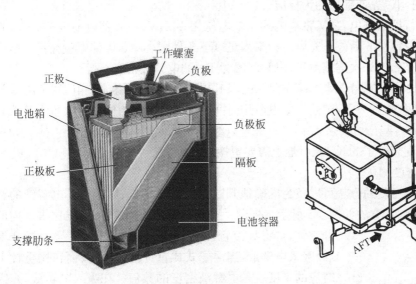

图5-3 铅蓄电池的构造   图5-4 蓄电池安装图

蓄电池通常使用橡皮或抗腐蚀的管路作为排气管，排气管的端口连接到飞机蒙皮的小孔处。飞行期间由于两孔间形成了正、负压差，可将电池中产生的酸雾和气体抽出；而飞机停留在地面时两孔间不存在压差，因此在空气入口处安装有一个止回阀，防止烟雾和气体进入。在连接管路中还安装有一个沉淀池，在沉淀池中放有浸了碳酸钠溶液的毛毡，用于中和排出的酸雾或溢出的硫酸溶液，防止酸雾喷出而腐蚀飞机蒙皮。

2) 充电

铅电池根据其特性可以采用恒流充电、恒压充电和分段充电3种充电方式。在正常使用过程中一般采用恒压充电，充满电的蓄电池在飞机上处于浮充状态，保证蓄电池处于充满状态。在地面为蓄电池充电时也可采用其他充电方式，但要尽量避免过充电或欠充电。

电池充满后应该停止充电,避免过量充电。充电终止的特征是:①充电电压持续2h不再升高;②电解液密度达到规定值不再增加;③电解液大量而连续地冒出气泡。

电池在充满电后如果继续大电流充电,将会对正极板造成损伤,由于电流电解水生成了氢和氧,正极板上的活性物质被气泡冲击,容易引起脱落,并随气泡上升,电解液变成了泥红色或棕褐色,其中的部分细小颗粒还会在负极板上沉积,造成短路。持续的大电流充电还会引起电池过热,因此,应该及时停止充电。

如果蓄电池长期充电不足,硫酸铅长时间存在,会逐渐变硬,这种硫酸铅的硬化简称为硫化。硫酸铅没有被有效转化的时间越长,被转化的可能性就越小。在正常充电时硫酸铅很容易被转换为松软的活性物质,当它变硬后则需要长时间过量充电来消除。每次充电不足,硫酸铅逐渐积累,会使电池失去部分容量。

3) 容量检查

蓄电池能否装机使用主要通过检查电压、电解液密度和液面高度等数据来判断是否符合要求,容量检查方法以飞机维护手册为准。

(1) 放电程度及其检查

蓄电池初次装机使用12个月或600h,初次使用后每12个月或200h,应该进行蓄电池容量检查,检查时间以先期到达的为标准。

对蓄电池进行恒压充电,12V蓄电池的充电电压为14.4V,24V蓄电池为28.8V,直到充电电流稳定,并持续1h后停止充电。如果满足以下条件则表明蓄电池电量充足。电压保持稳定,或略有下降,但3次连续测量(时间间隔为1h)的电解液密度不变。

将蓄电池在15℃或以上环境中静置不小于24h,以1h放电率电流放电,12V电池放电到10V,24V电池放电到20V,记录下放电所用时间。如果计算得出的实际容量大于或等于额定容量的80%(有些公司要求为85%),就可以继续装机使用,否则需进行更换。如果充电过程中电池温度超过了55℃,此电池也需要更换。

(2) 电解液密度测量

用测量电解液密度的方法可以较为准确地判断铅蓄电池的充、放程度。电解液的密度使用比重计测量,测量方法如图5-5所示。先用手握紧比重计的橡皮球,挤出比重计内的部

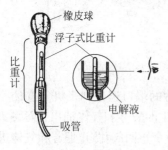

图5-5　密度测量

分空气,再将吸液管插到网状胶片上,然后缓慢地松开橡皮球,吸入电解液,当浮子式比重计浮起时,液面在比重计上所对应的刻度就是电解液密度的数值。在吸入电解液时,吸入的液体量应以能将比重计浮子浮起而不会顶住为宜;看读数时,应使浮子浮在玻璃管中央,避免二者接触,并使比重计中电解液液面与刻度线及眼睛平齐。

在蓄电池中,单体电池的电解液密度在使用过程会发生变化,密度应该分别测量,并且都符合技术条件,电量充足的蓄电池的电解液密度在 $1.275 \sim 1.300 \text{g/cm}^3$ 之间。电解液的密度与其温度密切相关,因此如果测量时的温度不是27℃,则应该按照温度补偿表进行修正,温度补偿表见表5-1。从表中可以看出,当蓄电池电解液密度测量温度在70~90°F之间时,比重计上读取的数值是准确的;否则,就要加上修正系数。例如,在温度为60°F时测得电解液密度为 1.267g/cm^3,则实际值应为 $1.267 - 0.008 = 1.259(\text{g/cm}^3)$。

表 5-1   电解液密度测量补偿表

电解液温度/℉	校 正 系 数	电解液温度/℉	校 正 系 数
120	+0.016	40	−0.016
110	+0.012	30	−0.020
100	+0.008	20	−0.024
90	0	10	−0.028
80	0	0	−0.032
70	0	−10	−0.036
60	−0.008	−20	−0.040
50	−0.012	−30	−0.044

（3）电解液高度测量

电解液的高度是指液面到网状胶片的高度。其测量方法是：将内径不小于 4mm 的玻璃管插入蓄电池的网状胶片上，然后用食指堵住玻璃的上口，再取出玻璃管，量出液柱高度 H，即为电解液的高度，如图 5-6 所示。

飞机在高空飞行一段时间着陆后，蓄电池的液面高度通常比较低，有时甚至看不到电解液。这种现象是由于高空气压低，溶解在电解液中的气体会析出，极板孔隙中的气泡会膨胀，有的气泡会逸出；在飞机着陆后，气压升高，气泡被压缩，液面高度降低。经过 2～4h 后，电解液中溶解的气体会增加，液面又会升至原有水平。如果在飞机着陆后发现电解液高度低，属于正常现象，不需要立即添加电解液，若 4h 后电解液液面高度仍然低则送充电站处理。

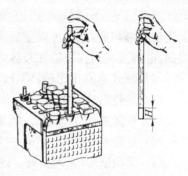

图 5-6   电解液高度测量

5. 铅蓄电池使用注意事项

为了充分发挥蓄电池的供电能力，防止故障发生并延长其使用寿命，在使用中必须注意以下几点：

（1）飞机地面通电不允许使用飞机蓄电池。为了保证飞机上有可靠的应急电源，必须保证飞机蓄电池经常储存足够的电能。因此，在地面通电检查、使用各种机载用电设备或起动发动机时，应尽可能使用地面电源。

（2）飞机蓄电池容量不得小于 80%，要定期放电检查，判断实有容量。放电程度超过 20% 的蓄电池不得装机使用，必须在 8h 以内充电，减轻极板的硬化。

（3）无论使用与否，铅电池必须每月充电一次，弥补自放电造成的容量损失，减轻极板硬化。

（4）在低温情况下应尽量避免使用飞机蓄电池启动发动机。当温度下降时，电解液黏度增加，扩散困难，同时内阻增加，有效容量急剧下降，而且低温大电流放电会影响蓄电池的使用寿命。

（5）禁止使用蓄电池进行长时间大电流放电或过量放电。这是因为蓄电池进行大电流放电时，化学反应只能在极板表面进行，极板内层的有效物质由于其外层生成不易导电的硫酸铅结晶而不能完全参加化学反应。因而，放电电流越大，参加化学反应的有效物质越少，蓄电池输出的电量就越小，供电时间就会大大缩短。过量放电时，极板表面会生成大颗粒的硫酸铅结晶,再次充电时,极板上的有效物质不能还原,蓄电池就要报废。

(6) 保持蓄电池壳体清洁、完整,通气孔畅通,接线柱和壳体没有腐蚀。

(7) 不得将蓄电池置于烈日下曝晒,造成电解液蒸发和自放电加剧。大气温度低于−15℃时,飞行后应将蓄电池拆下送室内保管,并采取防寒措施,以防止电解液结冰。

(8) 搬运蓄电池时,应防止撞击和剧烈振动,以免活性物质脱落。

(9) 保持接线柱和连接片可靠连接,避免接线松动。

(10) 不可将工具或其他金属物放在蓄电池上,以免造成短路而使蓄电池损坏。

(11) 在充电期间蓄电池会产生氢气和氧气,因此蓄电池工作间中不允许有明火和火花,并采取足够的通风措施。

(12) 当蓄电池中水的损失过快时应该检查充电电流,检查系统电压是否正常,检查单体电池是否有损坏。

5.1.2 阀控铅酸蓄电池

阀控式铅酸蓄(VRLA)电池分为 AGM 和 GEL(胶体)电池两种,AGM 采用吸附式玻璃纤维棉(absorbed glass mat)作为隔膜,电解液吸附在极板和隔膜中,贫电液设计,电池内无流动的电解液,电池可以立放工作,也可以卧放工作;胶体(GEL)电池采用 SiO_2 作为凝固剂,电解液吸附在极板和胶体内,一般立放工作。

与富液式电池相比较,VRLA 电池具有以下特点:

(1) 在使用过程中,不需要添加水去调整酸的比例;

(2) 不漏液,无酸雾,无环境污染;

(3) 自放电小;

(4) 结构紧凑,密封良好,抗振,比能量高;

(5) 不存在记忆效应。

1. VRLA 电池的工作原理

VRLA 电池的电化学反应原理与富液式蓄电池基本相同,但充电过程中存在水分解反应,当正极充电到 70% 时,开始析出氧气,负极充电到 90% 时开始析出氢气,由于氢气和氧气的析出,如果反应产生的气体不能重新复合,并从电池内部逸出,不能进行气体的再复合,电池就会失水干涸;这是传统的富液式铅蓄电池需经常加酸加水进行维护的重要原因;而阀控式铅酸蓄电池能在电池内部对氧气再复合利用,同时抑制氢气的析出,克服了传统式铅酸蓄电池的主要缺点。

阀控式铅酸蓄电池采用负极活性物质过量设计,AG 或 GEL 电解液吸附系统,正极在充电后期产生的氧气通过 AGM 或 GEL 空隙扩散到负极,与负极海绵状铅发生反应变成水,使负极处于去极化状态或充电不足状态,达不到析氢过电位,所以负极不会由于充电而析出氢气,电池失水量很小,故使用期间不需加酸加水维护。阀控式铅酸蓄电池氧循环图示如图 5-7 所示。

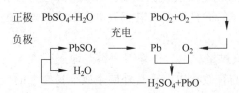

图 5-7 阀控式铅酸蓄电池氧气循环图

由图 5-7 可以看出,在阀控式铅酸蓄电池中,负极起着双重作用,即在充电末期或过充电时,一方面极板中的海绵状铅与正极产生的 O_2 反应而被氧化成 PbO,另一方面是极板中的硫酸铅又要接受外电路传输来的电子进行还原反应,由硫酸铅反应成海绵状铅。

在电池内部,若要使氧的复合反应能够进行,必须使氧气从正极扩散到负极。氧的移动过程越容易,氧循环就越容易建立。

在阀控式蓄电池内部,氧以两种方式传输:一是溶解在电解液中的方式,即通过在液相中的扩散,到达负极表面;二是以气相形式扩散到负极表面。传统富液式电池中,氧的传输只能依赖于氧在正极区 H_2SO_4 溶液中溶解,然后依靠在液相中扩散到负极。如果氧呈气相,并在电极间直接通过开放的通道移动,那么氧的迁移速率就比单靠液相中扩散大得多。充电末期正极析出氧气,在正极附近有轻微的过压,而负极化合了氧,产生轻微的真空,于是正、负间的压差将推动气相氧经过电极间的气体通道向负极移动。阀控式铅蓄电池的设计提供了这种通道,从而使阀控式电池在浮充所要求的电压范围下工作,而不损失水。

对于氧循环反应效率,AGM 电池具有良好的密封反应效率,在贫液状态下氧复合效率可达 99% 以上;胶体电池氧再复合效率相对小些,在干裂状态下,可达 70%~90%;富液式电池几乎不建立氧再化合反应,其密封反应效率几乎为零。

2. VRLA 电池的基本构造

VRLA 蓄电池的结构与富液式电池基本相同,除了正、负极板,电解液,隔板,电池盒等几个主要部分组成之外,设置了一个单向阀门。

1)极板

正极板上活性物质为 PbO_2,负极板上为海绵状金属铅,对于阀控式铅酸蓄电池,考虑到氧再化合的需要,负极活性物质设计过量,一般宜为 1∶1.0~1.2。设计电池时采用"紧装配"结构,使正极析出的氧不容易直接到达极群上部空间,加之采用 AGM 隔板和贫液式设计,使正极析出的氧很方便地到达负极,被新生成的负极活性物质铅吸收,同时让负极有多余的容量,即比正极多出 10% 的容量。充电后期正极释放的氧气与负极接触,发生反应,重新生成水,即

$$O_2 + 2Pb \longrightarrow 2PbO$$
$$PbO + H_2SO_4 \longrightarrow H_2O + PbSO_4$$

负极由于氧气的作用处于欠充电状态,因而不产生氢气。而正极产生的氧气被负极金属铅吸收。负极活性物质铅由于跟氧起反应,其析氢反应就会推迟出现。再加上将负极活性物质过量设计,并采用降低电池充电电压的措施,可使电池的析氢速度降到极小,从而达到电池密封的目的。

用铅或铅基合金制成的栅栏片状物为载体,使活性物质固定在其中,这种物体称之为板栅。它的作用是支撑活性物质并传输电流。阀控电池板栅合金一般采用高纯度 Pb-Ca-Sn-Al 无锑板栅合金。

2)隔板

为了让正极释放的氧气尽快流通到负极,必须采用与普通铅酸蓄电池所采用的微孔橡胶隔板不同的新超细玻璃纤维隔板。其孔隙率由橡胶隔板的 50% 提高到 90% 以上,从而使

氧气易于流通到负极,再化合。另外,超细玻璃纤维板具有吸附硫酸电解液的功能,因此阀控式密封铅酸蓄电池采用贫液式设计,即使电池倾倒,也无电解液溢出。

3) 电解液

阀控电池电解液同样是稀硫酸,比重比富液式电池大,一般为 1.30g/mL 左右,此时约含 40% 的硫酸(质量分数),体积分数约为 29%,冰点约为 −70℃,而传统电池电解液约在 −25℃ 时结冰。采取定量灌酸,使玻璃棉隔板在吸收电解液以后,仍有 5%～10% 的孔隙率未被电解液充满,因此阀控电池又称为贫液式电池。采用 AGM 隔板吸收电解液,使电池内部没有流动的电解液。

4) 安全阀

安全阀是阀控电池的一个关键部件,安全阀质量的好坏直接影响电池的使用寿命、均匀性和安全性。根据有关标准和阀控电池的使用情况,安全阀应满足如下技术条件:

(1) 单向开阀;

(2) 单向密封,可防止空气进入电池内部;

(3) 同一组电池各安全阀之间的开闭压力之差不应超过平均值的 20%;

(4) 耐酸,耐高、低温;

(5) 滤酸,可防止酸和酸雾从安全阀排气口排出;

(6) 隔爆,电池外部遇明火时电池内部不应引爆;

(7) 抗振,在运输和使用期间,安全阀不会因振动和多次开闭而松动失效。

3. VRLA 蓄电池的使用与维护

在特定条件下,VRLA 电池的有效寿命期限称为蓄电池的使用寿命。VRLA 电池内部干涸或发生内部短路、损坏而不能使用,以及容量达不到额定要求时蓄电池使用失效,这时电池的使用寿命终止。VRLA 电池与传统富液式铅蓄电池失效模式不尽相同。由于 VRLA 电池是紧装配,正极活性物质不宜脱落,电解液分层现象大为减轻。正常情况下,VRLA 电池寿命终止有以下 4 个主要原因。

(1) 电解液干涸。电解液作为参加化学反应的物质,是 VRLA 电池中容量的主要控制因素。电解液干涸将造成电池失效。失水的原因有:气体再化合的效率降低;从电池壳体中渗出水;板栅腐蚀消耗水;自放电损失水。

(2) 热失控。热失控可使蓄电池外壳鼓胀,装配压力减小,水分散失,造成电池容量下降,最终造成电池寿命终止。为防止热失控的发生,在正常维护中应采取以下相应的措施:准确设置浮充电压和充电限流值,充电设备应有温度补偿功能和限流功能;采取相应的措施保证环境温度符合要求,蓄电池要设置在通风良好的位置,严格控制安全阀质量,以使电池内部气体正常排出,排列不能过于紧密。

(3) 电池容量逐渐下降。引起容量衰退的因素有:活性物质晶型改变,表面积收缩,活性物质膨胀、脱落、极板腐蚀等。

(4) 内部短路。由于隔膜物质的降解老化而穿孔,活性物质脱落、膨胀使两极连接,或充电过程中生成枝晶穿透隔膜等引起的内部短路。

为了延长 VRLA 蓄电池的使用寿命,在使用维护过程中的注意事项与富液上钩电池基本相同,但不能打开阀门泄压,也不能添加水或电解质。

5.1.3 镍镉蓄电池

镍镉(Ni-Cd)蓄电池,按照我国化学工业标准应该称为镉镍蓄电池,由于镍镉蓄电池在航空领域已经成为习惯叫法,本书中也保留了这种习惯称呼。航空镍镉蓄电池具有能重高、短时大电流放电能力强、自放电少、使用寿命长、维护简便等优点,目前正逐步取代历史悠久的铅酸蓄电池及锌银蓄电池,广泛应用于民航大中型运输飞机上,在小型飞机上也有应用,但数量相对较少。

1. 镍镉蓄电池的工作原理

镍镉蓄电池的镉负极为镉粉(Cd),另加入约15%的铁粉,后者用于防止镉粉结块减小容量;正极板上的活性物质为氧化氢氧化镍(NiO(OH)),并加入少量的石墨以改善极板的导电性能,石墨并不参加化学反应。电解液是氢氧化钾(KOH)的水溶液,储存在由涂镍钢板或塑料制成的方形容器中,使用时必须密封,避免电解液与空气发生接触产生化学反应,而降低电池的容量。它在充电和放电时的化学反应方程可写成如下的综合表达式(实际的电化学反应较为复杂,可以参见相关专业书籍)。

$$2NiO(OH) + 2H_2O + Cd \underset{充电}{\overset{放电}{\rightleftharpoons}} 2Ni(OH)_2 + Cd(OH)_2$$

（正极） （负极） （正极） （负极）

可见,放电时,蓄电池把化学能转化为电能输出,正极板的碱式氧化镍转化为氢氧化亚镍,负极板的镉转化为氢氧化镉。而电解液中的氢氧化钾并无消耗,但在充、放电过程中具有吸附和释放水的特性,放电时电极吸收水而使电解液的液面下降,充电时电极释放水而使电解液的液面升高。镍镉蓄电池在正常充、放电时没有气体产生,只在过充电或过放电时才会短时有少量气体产生。镍镉蓄电池不同于铅蓄电池,由于电解质KOH的量不发生变化,蓄电池的内阻、结冰温度基本不受充、放电的影响,因此不能采用测量电解液密度的方法判断电池的充放电程度。

2. 镍镉蓄电池的特性

单体镍镉蓄电池的额定电压为1.2V,电动势与电解液的温度和密度无关,且充、放电过程中电解液的密度基本不变。

刚充足电的镍镉蓄电池的单体电池的开路电压可达1.48V,放电初期,电压也迅速下降至1.3V左右,如图5-8(a)所示。之后,由于正、负极生成的物质不会堵塞孔隙影响电解液的扩散,因此放电电压平稳,电动势基本不变。放电后期活性物质数量很少,电压迅速下降。单体电池终止电压与放电电流有关,10h放电率时的终止电压为1.1V,1h放电率时的终止电压为0.5V。

镍镉蓄电池的充电曲线如图5-8(b)所示,刚开始充电的短时间内电压上升较快,随着电化学反应的深入,蓄电池电压平稳上升,温度和压力变化不大;在接近充足时电压上升较快,温度也明显上升;当充电电压达到最大值时,蓄电池充足电,如果继续充电则为过度充电,电压将迅速下降,蓄电池内部温度和压力急剧上升,这不但会使蓄电池的容量减少,而且还会导致电池负极分子结构的改变,使其严重腐蚀并析出大量的污染物,因此必须加以控制。

从图 5-8(b)中所示曲线可以看出,如果镍镉蓄电池过量充电,将导致充电电流增加、温度升高,导致电池内电阻减小,进一步使充电电流增加、温度升高,从而产生热失控现象,为了避免这种现象发生,镍镉蓄电池一般不采用恒压充电。

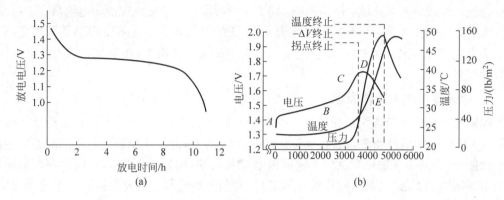

图 5-8　镍镉蓄电池充放电曲线
(a) 放电曲线;(b) 充电曲线

温度对镍镉蓄电池的化学性能影响很大,温度过高会引起容量衰减甚至热失控。而随着温度升高,镉会向负极板外侧迁移,形成的晶体颗粒增大,而且会促使镍基板腐蚀和尼龙隔膜氧化,因而对蓄电池的最高充电温度要加以限制,镍镉蓄电池一般都配有带温度检测功能的充电器。由于篇幅所限,镍镉蓄电池的充电方法这里就不再介绍了。

3. 镍镉蓄电池常见故障

爬碱是碱性蓄电池的特有现象,也是这类电池的最常见的故障。在镉镍蓄电池的电解液中含有氢氧化钾(KOH)、氢氧化锂(LiOH)等碱,电解液溢出后在连接片及外壳上结成的白色的碱霜俗称爬碱。

爬碱严重影响电池的性能,它的危害包括以下几个方面:

(1) 造成电路金属腐蚀。爬碱碱霜腐蚀蓄电池间的连接片、导线,产生锈斑,增加接触电阻。

(2) 降低了蓄电池正极侧端子对负极侧端子间的绝缘电阻,增大了蓄电池组的自放电损失。还会造成蓄电池组浮充电不足,导致其容量下降。

(3) 降低了直流系统对地的绝缘电阻,严重时,甚至会引起直流系统直接接地。这类接地故障隐蔽性强,不易查找。

爬碱主要是由于电解液外溢引起,引起电解液外溢的原因有:

(1) 添加电解液或蒸馏水的方法不正确。若在蓄电池处于放电状态即液面下降时,添加电解液或蒸馏水,一旦蓄电池经充电容量恢复,会引起电解液外溢。

(2) 浮充电流大于蓄电池组的自放电电流,就会形成过充电,于是电解液产生大量气泡,出现沸腾现象,导致电解液外溢。

(3) 蓄电池组在进行主充或均衡充电时,没有及时揩擦掉外溢的电解液。

出现爬碱时应及时处理,若用清水擦洗难以见效时,可用 3‰～5‰ 的硼酸溶液清洗。爬碱严重时,应将蓄电池组退出运行,用 3‰～5‰ 的硼酸溶液彻底清洗其外壳及连接片。洗掉后,连接片连接处和引出端线线头处涂凡士林,上好螺母,连接牢固后,方可投入运行。

4. 镍镉蓄电池使用注意事项

（1）禁止过度放电，终止电压一般不低于1V。

（2）新的或长期存放的蓄电池使用前应注入电解液至液面高出极板5～12mm，静置1～2h，充满电后再浮充充电一段时间后可以投入使用。如遇蓄电池过放电及小电流放电时，必须用过量充电的方法进行充电。

（3）每经1年左右，或50～100个循环，应在放电状态下更换电解液，以防止因碳酸盐含量增高而降低蓄电池的容量。倒出电解液时应摇动蓄电池，将内部沉淀物洗出。必要时可用蒸馏水洗1～2次，并及时注入新的电解液。

（4）为了能及时投入使用而保存的蓄电池，在充电后应拧紧气塞，并在25℃以下的温度保存。如果保存时间较长，需在充电后带着电解液存放，以便在需要时利于充电和恢复正常容量。

（5）充电前应保证液面高度高于极板，否则要补充蒸馏水。

（6）当蓄电池的极柱和气塞密封不严、电解液液面过高、电流过大及温度过高等时电解液会溢出，而极柱周围和槽盖上出现白色结晶粉末（即爬碱），此时需使用尼龙或其他非金属刷清除。在爬碱严重时应对蓄电池的液面进行检查、调整。

（7）长途运输时为安全起见，最好将蓄电池放电，并倒出电解液，以免发生短路或漏出电解液。

（8）电极不能与壳体短接，防止短路。

（9）镍镉蓄电池使用的工具、仪表等不能与酸性电池的共用。

5.2 飞机直流发电机

5.2.1 直流发电机的构造及特点

直流发电机（D. C. generator）由定子、转子和电刷装置3个主要部分构成，如图5-9所示。

定子的主要作用是产生磁场，并让磁力线构成回路。它包括机壳、磁极、励磁绕组和前后端盖。转子又称电枢，是电机中的转动部分，包括带槽的电枢铁芯（由硅钢片叠成）、电枢绕组（即装在电枢铁芯槽中绕在该铁芯上的线圈组）、换向器和转轴。电刷装置包括电刷、刷握和弹簧。电刷安装在刷握内，由弹簧将它压紧在换向片上。

飞机低压直流发电机的标称电压为30V,6kW及其以上者常采用直流起动发电机。

为减少发电机扭转振动引起的疲劳和破坏，飞机直流发电机常用复合轴，电枢铁芯和换向器压装在空心轴上，空心轴内装有软轴，用于传递扭矩和吸收扭转振动能量。

5.2.2 直流发电机的基本工作原理

当线圈在磁场中旋转时，线圈中就会产生交变电动势。为了使线圈中产生的交变电动势变为单一方向的电动势，要将线圈的两端分别和两个互相绝缘的换向片相连，并经过固定电刷和外电路相连接，如图5-10所示。

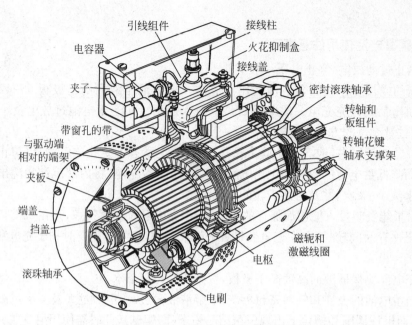

图 5-9　航空直流发电机的主要构造

当电枢由原动机(飞机上是发动机)驱动按逆时针方向旋转时,电枢线圈的两根有效边(切割磁力线的部分导线)便切割磁力线产生感应电动势。显然,每根有效边中的电动势是交变的,即在 N 极下是一个方向,当它转到 S 极下时则是另一个方向。但是由于电刷 A 总是同与 N 极下的一边相连的换向片接触,而电刷 B 总是同与 S 极下的一边相连的换向片接触,因此在电刷间就出现一个极性不变的电动势或电压。所以换向器的作用在于将发电机电枢绕组内的交变电动势换成电刷之间的极性不变的电动势。当电刷之间接有负载时,就有由电刷 A 经负载而流向电刷 B 的电流。对外电路而言,电刷 A 电位高,称为正电刷;电刷 B 电位低,称为负电刷。图 5-11 给出了图 5-9 中电刷 A、B 之间的感应电动势随时间变化的波形,其中实线为电刷上输出波形,虚线为线圈中感应电动势波形。

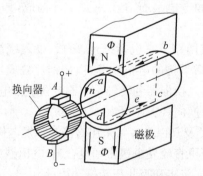

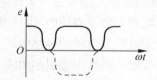

图 5-10　直流发电机的物理模型　　　　图 5-11　电刷 A、B 之间的电动势

但是,由单匝线圈所产生的电动势脉动性很大,而且电压数值又很小,因而在实际的发电机中,都将线圈匝数与整流片的片数做得很多,且分布在电枢铁芯的不同位置上,彼此互相串联,这样就可在两电刷间获得数值较大而平稳的直流电动势。

5.2.3 直流电机的电枢反应和换向

在直流电机空载时,气隙中仅有励磁磁场。而带负载时,电枢绕组中有电枢电流流过,它产生电枢磁势,并作用于气隙,与励磁磁势一起产生气隙合成磁场。合成磁场的分布和每极磁通量都不同于空载时的主磁场。这种磁势使气隙磁场产生的变化称为电枢反应。

直流电机电枢绕组里的电势和电流是交变的,借助旋转的换向器和固定的电刷的作用在电刷两端获得方向不变的直流电压。当电枢旋转时,电枢绕组的每个元件,依次从一条支路经过电刷进入另一条支路时,元件中的电流要随之改变方向,这一现象和过程称为电流换向,简称换向。

直流电机的电枢反应会使主磁场产生畸变,它与主磁场的强弱及电机负载的大小有关。航空直流发电机通常在 4000～9000r/min 的宽转速范围内运行。在高转速运转时,为保持发电机输出电压恒定,必须减小励磁,而在大负载情况下又意味着强的电枢磁势,电机合成磁场会严重畸变,在前极尖区域会产生相当大的极性反转,严重时,使电机换向恶化,产生火花,甚至"环火"。为了改善换向,在电机中安装换向极是一种有效的方法。换向极固定在两个主磁极之间的对称线上,如图 5-12 所示,它的作用是产生一个附加磁势,以抵消电枢反应的作用,改善换向。在发电机中,换向极的极性总是与顺着电枢旋转方向看的下一个主磁极的极性相同。为了避免换向极磁场饱和,换向极的气隙比主磁极的气隙要大些。

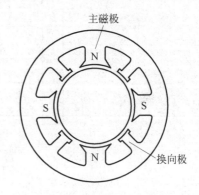

图 5-12 直流电机的主磁极和换向极

5.2.4 直流发电机维护

对于直流发动机来说,100h 检查或者年检是其工作正常的保证,发电机的大修一般与发动机同时进行。

100h 检查和年检应该包含以下项目:

(1) 检查紧固螺钉是否安全可靠,检查法兰盘是否有裂纹;

(2) 目视检查法兰盘,查看发电机是否有漏油;

(3) 检查发电机接线柱是否清洁,确保可靠的连接牢固;

(4) 去掉覆盖电刷和换向器的保护罩,使用压缩空气清除积尘;检查电刷的磨损情况,检查电刷在刷握中是否松动,检查其弹簧的弹力是否正常;

(5) 检查换向器的清洁、磨损和烧蚀情况;

(6) 检查换向器和电刷组件附件是否有焊锡颗粒,如果有,则表明发电机运行过程中超温,电枢线圈有可能与换向片断路。

在直流发电机无法为蓄电池正常充电,并且电流表也显示充电电流不正常时,应该首先检查发电机与蓄电池间的连接是否正常,即检查连接线路间的接线柱连接是否牢固,断路器是否跳开,保险丝是否完好。如果连接可靠、功能正常,则检查蓄电池、蓄电池接触器和发电机控制装置(GCU)是否都可靠接地。如果都没有发现问题,而且发动机可以正常驱动发电机运转,则继续检查发电机和调压器。

最简单的方法是在发电机调压器的 G 接线柱和地之间接上电压表,以检查发电机的输出电压,但此方法必须在发动机运转或检查台上才能进行。即使励磁线圈开路或调压器故障,发电机上仍应有剩余电压存在,一般为 1~2V,发电机与调压器接线图见图 5-13。

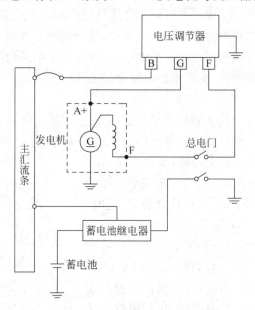

图 5-13　发电机与调压器接线图

如果没有剩磁电压,说明发电机没有剩磁,因此需要对发电机进行充磁,即令电流短时间从正极通过发电机励磁线圈即可。但由于发电机和调压器类型的不同,在充磁时必须严格按照手册操作,以免损坏发电机或调压器。

如果发电机能够产生剩磁电压,但输出无电压,说明发电机或调压器存在故障。为了对故障进行定位,首先用跳线将调压器短接(具体方法参照手册),并在发动机带动下使发电机在正常转速下运转。在这种情况下,如果发电机能够输出电压,表明调压器故障,需要进行更换。而如果发电机无电压输出,则需要更换发电机,对拆下的发电机进行维修。

5.3　飞机交流发电机

直流发电机由于具有电刷和换向器,限制了它的高空性能和可靠性,整流式交流发电机(以下简称交流发电机)具有重量轻、维护方便、寿命长、价格低、转速范围宽等优点,有效地克服直流发电机的缺点,因此当今的小型螺旋桨飞机大多采用这种方式。整流式交流发电机由转子、定子、电刷装置或整流器组成,如图 5-14 所示。此种电机与传统直流发电机具备相同的功能,电枢中都产生交流电,然后通过整流方式转变成直流电。它们的不同之处在于,直流电机为旋转电枢式,交流电机为旋转磁极式;直流电机通过电刷和换向器整流,而交流电机采用了 6 只二极管整流。由于二极管的存在,整流发电机并联供电时不会产生反流,因而直流发电机并联供电时需要安装反流切断装置。

图 5-15(a)所示是一种有刷交流发电机供电原理电路图。当发电机被发动机带动运转

时,飞机蓄电池或外接电源经调压器内的控制电路,再通过滑环与电刷为发电机的励磁绕组供电,产生旋转的磁场,磁场切割发电机的三相定子绕组,在其中感应出三相交流电动势,再通过安装在发电机内的 6 个硅二极管整流就可以得到脉动较小的直流电,如图 5-15(b)所

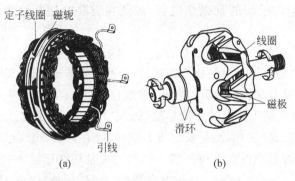

图 5-14 飞机交流发电机的主要构造
(a) 定子;(b) 转子

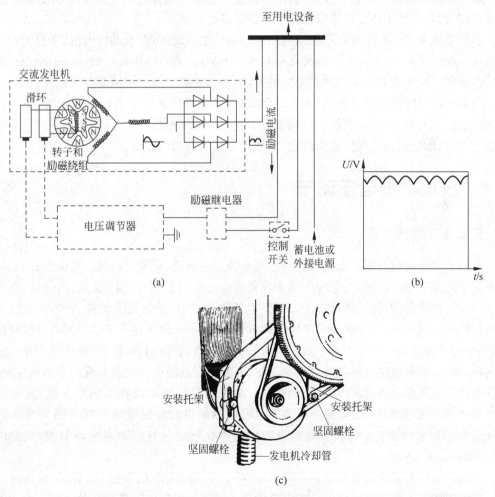

图 5-15 交流发电机
(a) 电路连接图;(b) 输出电压波形;(c) 安装图

示。为了进一步减少发电机输出直流电中的脉动量,在其电压输出端还并联有滤波电容。发电机输出电压的高低由晶体管式电压调节器进行调节。图 5-15(c)所示是交流发电机在某型飞机上的安装位置,发电机采用皮带传动方式。在交流发电机的励磁电路中一般设有控制开关或由总电门控制的励磁继电器,以便在需要时切断励磁电流,使发电机停止发电。

在交流电机工作时如果不能为蓄电池充电,首先应检查二者的连接线路,其中也包括线路间的二极管和断路器。如果电路连接正常,再检查皮带传动系统,检查皮带是否过松或发生了断裂,测量发电机 B 接线柱、调压器"＋"接线柱或"Batt"接线柱上的电压是否正确。

交流发电机较常见的不发电的故障是整流器中的二极管开路或短路。检查二极管是否短路时,将欧姆表放在 $R\times1$ 挡,测量发电机 B 接线柱(参见图 5-15(a))和地之间的电阻,记下数值,然后交换两表笔后再次进行测量。如果二极管功能正常,一次的测量结果应该很小,而另一次的结果应该是无穷大。如果两次得到的结果都是较小的值,则表明有二极管发生了短路故障,此时需要对二极管逐一测量进行排除。

由于整流器中的二极管是并联的,因此在使用欧姆表时不能用上面的方法测量整流二极管开路,但可以采用各二极管分别测量的方法进行判断。

现代飞机上大多数直流发电机均可用于启动航空发动机,即启动发电机,在启动发动机时工作于电动机状态,此时允许电机在过载状态下工作,而且应能在短时间内多次启动发动机。在某些飞机上也有采用启动发电机的,在电机内安装了离合减速器和单向离合器,以保证在启动发动机时作为启动机,而在启动完毕后,发动机转速大于启动发电机转速时,自动转为发电机工作状态,以便向机上电网供电。在当今的小型螺旋桨飞机上,由于广泛采用了交流发电机,所以启动发电机较少使用,多采用专用的启动电动机。

5.4　发电机的电压调节

5.4.1　概述

飞机上的用电设备都要求电源有一个基本恒定的电压,但如果不做适当调节,无论是交流发电机还是直流发电机,当它们的转速或负载变化时也会引起电压变化。飞机发电机是由航空发动机带动的,其转速取决于飞机类型及飞行状态,变化范围很宽。例如,飞机直流发电机的额定电压为 28.5V,如果不加以调节,当发动机于高转速下工作且发电机空载运行时,端电压可高达 $80\sim90V$。为了满足用电设备的需要,必须调节端电压使其稳定在一定范围之内。当直流发电机的转速或负载变化时,若能改变励磁电流使发电机的磁通相应变化,以补偿转速或负载变化对发电机电压的影响,就可以保持发电机端电压基本恒定。同样,在飞机交流电源系统中,也是通过调节发电机或励磁机的励磁电流来调节同步发电机的电压。在一定条件下自动保持发电机端电压基本恒定的装置称为电压调节器,简称调压器(voltage regulator)。

早期的飞机直流发电机额定容量在 1500W 以下,采用振动式电压调节器,它是通过敏感励磁电流的继电器在发电机的励磁电路中串入或切除附加电阻来调节励磁电流的。串入附加电阻,励磁电流减小,发电机端电压降低;切除附加电阻则端电压升高。通过改变附加电阻的串入和切除时间便可调节励磁电流的平均值,使发电机电压在转速和负载变化时始终保持在规定范围内。由于受到触点容量的限制,只能用于小容量发电机,且触点容易损坏。

炭片式电压调节器可用于中大功率飞机发电机,励磁电流可达 10～15A,但炭柱损耗大,炭片易磨损,抗冲击与振动的能力差,调压精度低,动态响应慢。

现代飞机直流发电机采用的晶体管电压调节器,具有体积小、重量轻、损耗小、调压精度高和动态响应快等优点。利用晶体管原理制作的集成式电压调节器则进一步减小了体积和重量。

5.4.2 炭片调压器

1. 炭片调压器的组成和原理

炭片式电压调节器的外形如图 5-16 所示。

炭片调压器由炭柱、电磁铁和固定在电磁铁上的六角弹簧(或膜片弹簧)3 个基本部分组成,它与发电机连接的原理电路如图 5-17 所示。

炭柱由多个炭片叠成,一端与衔铁上的炭质接触点接触,另一端由调整螺钉顶住。它作为可变电阻与发电机的励磁线圈串联。炭片电阻主要由炭片之间的接触电阻构成,当作用在炭柱上的压力变动时,炭柱电阻的阻值可在几十欧姆到零点几欧姆范围内均匀地改变。

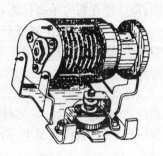

图 5-16 炭片调压器

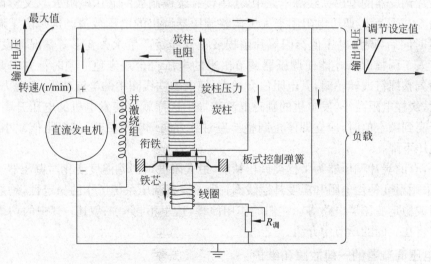

图 5-17 炭片调压器与发电机连接的原理电路

固定在衔铁上的弹簧给炭柱提供压力,在调压器装配、调整好后,弹簧就处于变形状态,就有弹簧力的存在,使衔铁压缩炭柱。

电磁铁的线圈连接在发电机正、负极两端,感受发电机电压的变化,产生电磁力吸引衔铁,改变施加在炭柱上的压力,使炭柱电阻随着发电机端电压的变化而改变。

发电机未转动时,发电机电动势为零,端电压为零,作用在衔铁上的电磁力为零,衔铁在弹簧力的作用下,将炭柱压得最紧,炭柱上承受的压力最大,因而炭柱电阻最小,利于建立发电机磁场。当发电机转动发电后,就有电磁力作用在衔铁上,使衔铁向铁芯方向移动,炭柱的外加压力便减小,因而炭柱电阻变大。

当发电机的输出电压为额定值时,作用在衔铁上的炭柱压力、弹簧力和电磁力3个力互相平衡,调压器处于相对静止状态。这时衔铁停在某一位置,炭柱电阻、发电机励磁电流和磁通的大小均不变化,调压器使发电机电压保持在额定值。

当发电机转速上升或负载减小时,发电机电压会升高而超过其额定值。此时电磁铁线圈中的电流会立即增大,作用在衔铁上的电磁力会随之增大,衔铁向电磁铁方向移动,炭片之间的压力便减小,炭柱电阻逐渐增大,发电机励磁电流逐渐减小,发电机电压逐渐下降。当炭柱电阻的改变所引起的电压变化量,恰好抵消了由于转速和负载改变所引起的电压变化量时,发电机电压就恢复至额定值。经过这一变化后,作用在衔铁上的3个力又重新平衡,衔铁停在新的平衡位置,调压器又处于新的平衡状态。

当发电机转速下降或负载增加时,电压调节器的工作过程与上述过程相反。此时,电磁力减小,衔铁向炭柱方向移动,使炭片之间压紧,炭柱电阻减小至一定值时,发电机电压又可回升至额定值。

由此可见,随着发电机转速和负载的变化,衔铁会相应地改变其平衡位置,使炭柱电阻相应地变化。对应一定的转速和负载,衔铁即停在相应的位置,炭柱电阻便有一个相应的数值。转速越高,负载越小,衔铁的位置越靠近电磁铁,炭柱电阻就越大;反之,炭柱电阻就越小。

在炭片调压器的电磁铁线圈电路中,还串接有康铜制成的调压电阻 $R_调$(又称调压变阻器),如图 5-17 所示。调压电阻用来人工调整调压器调出的电压数值。这是由于调压器在使用一段时间后,调出电压值会因炭片磨损或衔铁弹簧产生永久变形等情况而发生变化。这时只有人工调整 $R_调$,才能使调压器调节出来的电压符合规定值。顺时针方向调整调压变阻器的调整螺钉或转轮时,其电阻值会增大,使电磁铁线圈中的电流减小,电磁力减小,炭柱被压紧,炭柱电阻减小,发电机的励磁电流增加。这样就可使发电机的电压升高,当发电机电压升高到额定值时,应立即停止调整。逆时针方向调整 $R_调$ 时,其电阻值减小,即可使发电机电压下降。

此外,有的炭片调压器为了提高调压精度,最大限度地消除温度变化对调压器工作的影响,往往采用温度补偿电阻和温度补偿线圈;为了提高调压系统工作的稳定性,一般还采用稳定电阻或稳定变压器电路等。它们的作用原理,这里不再一一叙述;其中的均衡线圈和均衡电路将在后面的章节中介绍。

2. 电压调节器的一般故障和维护

(1) 在使用过程中应经常检查电压调节器所保持的电压,即发电机的输出电压,并定期用压缩空气吹出灰尘,检查其安装位置。

在长期使用后,调压器可能出现炭片会发生磨损、性能改变、工作不稳定等情况,使用中应经常检查调压器的调节电压,但不允许在飞机上调整电压调节器的电压。对电压调节器的调节,只能在有试验设备的修理厂进行。

(2) 电压调节器可能发生的故障和排除方法如表 5-2 所示。

表 5-2　电压调节器的故障和排除方法

故障表现	可能原因	排除方法
电压低于额定值	炭片性能改变	使调压电阻,如果电压仍不能达到额定值应更换调节器
没有电压	(1) 调节器炭柱电路断路 (2) 发电机励磁线圈断路	如果不分解调压器故障不能排除时,应更换调压器;如果发电机励磁线圈断路应更换发电机
电压高于额定值	炭片有磨损;线圈间短路	使用调压电阻调节,无效,则更换调压器
电压太高(无法调整)	调节器工作线圈断路;炭片烧结	更换调压器
电压波动	调压器失调;调压器中弹簧卡阻;炭片在衬筒中卡住;调压器不正常、有积炭、炭片磨损、损坏;稳压线圈失效	清洁并装好插头;更换调压器

5.4.3　晶体管电压调节器

晶体管调压器控制励磁电流的方式,是将工作于开关状态的大功率晶体管(以下简称功率管)串联在励磁绕组电路中,用以控制励磁机的励磁电流。图 5-18 所示为调压器末级功率管作为开关元件的调压示意图。图中,W_e 为励磁机的励磁绕组;R_e 为励磁机励磁绕组电阻;E 为励磁机励磁电路的电源电压;D 为续流二极管,它可以在功率管截止时,给 W_e 中产生的自感电势形成续流通路,使励磁电流变得比较平滑,避免在功率管截止时励磁线圈两端感应的高电压使晶体管击穿损坏。

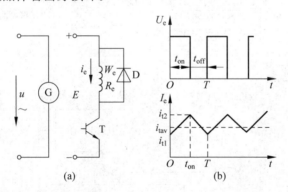

图 5-18　晶体管调压器中末级功率管与发电机励磁绕组的连接图

在功率管的基极输入一定频率的矩形脉冲信号,就可使功率管在开关状态下工作。忽略功率管的饱和压降和穿透电流,则可将功率管视为一个开关:饱和导通时,即为开关闭合,立即有电压加在励磁线圈 W_e 两端(如图 5-18(a)所示);截止时,即相当于开关断开,W_e 的电源被断开,通过续流二极管构成放电回路。由此可知,加在 W_e 两端的电压 U_e 波形为矩形。若令功率管的饱和导通时间为 t_{on},截止时间为 t_{off},则其开关周期为 $t_{on}+t_{off}=T$,在一个周期内,W_e 两端电压的平均值 $U_{e(av)}$ 为

$$U_{e(av)} = E \cdot \frac{t_{on}}{T} = E \cdot \sigma$$

式中,$\sigma=\dfrac{t_{on}}{T}$ 为功率管在一个周期内的相对导通时间,称为晶体管的导通比或占空比。

由于 W_e 具有电感线圈的作用,故励磁电流 i_e 不能突变,而只能在 I_{t1} 与 I_{t2} 之间按指数

规律脉动(图 5-18(b))。

励磁电流的平均值为

$$I_{e(av)} = \frac{U_{e(av)}}{R_e} = \frac{E}{R_e} \cdot \sigma$$

可以看出,在功率管的控制下,励磁电流的平均值与功率管的导通比成正比,改变功率管的导通比,即可改变励磁电流,以调节发电机电压。例如,当发电机感性负载增加引起发电机电压低于其额定值时,使功率管的导通比适当增大,就可使励磁电流相应增加,以保持发电机电压为额定值。

5.4.4　脉冲调宽式电压调节器原理组成

脉冲调宽式(pulse width modulation,PWM)晶体管调压器使用较多,它的一种组成形式如图 5-19 所示。调压器一般由电压检测比较电路、调制电路、整形放大电路、控制执行电路 4 个部分组成。

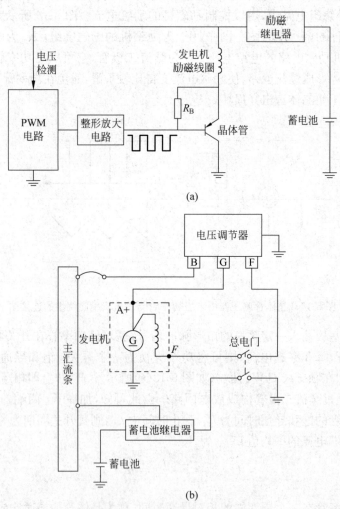

图 5-19　晶体管调压器原理框图

(a)原理框图；(b)接线图

检测比较电路检测发电机电压与基准电压的偏差,当发电机电压偏离调定值时,它就输出差值电压信号到调制电路,将电压偏差信号转变为相应宽度的脉冲,而保持脉冲频率不变。经过整形放大电路将调制电路的输出的梯形波整形放大为前后沿较陡的矩形波,再通过控制执行电路放大后就可以控制励磁电流的变化了。当发电机电压升高时,控制执行电路中的功率管导通比减小,从而使励磁电流减小,发电机输出电压降低回复到正常值。

综上所述,当发电机的转速或负载变化引起发电机输出电压相对于基准电压变化时,调压器改变功率晶体管的导通比就可以调节励磁机的励磁电流,以补偿发电机电压的变化量。

晶体管调压器效率高、可靠性高,使用寿命长,发生故障后,在外场一般采用整体更换的方式。

5.5 直流电源的故障与保护

低压直流电源系统的保护项目主要有发电机反流保护、过电压保护、发电机反极性保护、过载保护和短路保护等,本节主要介绍反流保护和过压保护。

5.5.1 直流发电机的反流保护

在电气系统中,电流应该由电源到配电汇流条,经控制开关,最后输送到用电设备。但是,在发动机启动或停车过程中,发电机转速很低,或者由于发电机或调压器发生故障,都可能使发电机电压低于汇流条电压,使电流由蓄电池流入发电机。两台或两台以上发电机并联供电时也会出现这种情况,电流会从电压高的发电机流入电压低的发电机。这种流入发电机的电流称为反流。反流不仅白白地消耗蓄电池或发电机的电能,而且过大的反流还会烧坏蓄电池或发电机。

要避免反流的危害,必须适时地接通和断开发电机输出电路。即在发电机电压高于汇流条电压时才将发电机电路接通,这时不会产生反流;当发电机电压低于汇流条电压而出现反流时,要在反流不很大的情况下就将发电机输出电路断开,切断反流。

由于发电机的自动控制装置和反流保护装置都是在发电机电压低于汇流条电压时将发电机输出电路断开,因此,通常把这两种装置的电路结合在一起,它既可以起到自动控制发电机输出电路的作用,又可起到反流保护的作用。这种发电机自动控制和反流保护装置简称反流保护器,常用的是反流二极管和反流割断器,小电流电路中则采用二极管进行反流保护。

1. 反流割断继电器

图 5-20 所示是一个用于直流发电系统的反流割断继电器,继电器具有 2 个绕在铁芯上的线圈、1 个弹簧控制的衔铁和触点组件。与发电机并联的绕组匝数较多,而与发电机输出电路串联的绕组匝数少,由于需要通过发电机的输出电流,因此导线较粗。反流割断继电器中的触点在静态情况下借助于弹簧的弹力保持在断开位置。

在发电机正常发电,且发电机总电门闭合后,切断继电器的并联绕组在铁芯中产生足够大的磁通吸引衔铁,使其触点闭合,从而把发电机连接到了汇流条上,发电机就通过切断继电器的串联线圈、切断继电器触点向汇流条供电,此电流产生的磁场会使铁磁装置的磁场增强,从而使断路器更牢固地保持在闭合位置。

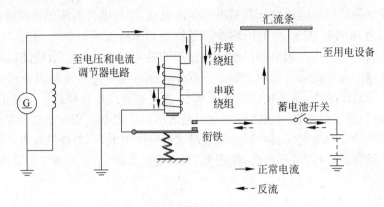

图 5-20　反流割断继电器工作原理简图

如果发电机输出电压低于蓄电池电压而产生反流时,反流在切断继电器的串联线圈中产生一个与并联线圈方向相反的磁场,抵消了一部分并联线圈的磁场,从而减小了铁芯的磁通。当反流达到一定值时,电磁力不足以克服弹簧力,切断继电器触点断开,使发电机处于"离线"状态,以免造成发电机损坏。

2. 反流二极管

现代以低压直流电为主电源的飞机上常采用在发电机的输出端串联二极管的方法来限制反向电流,减轻了系统重量,如图 5-21 所示。

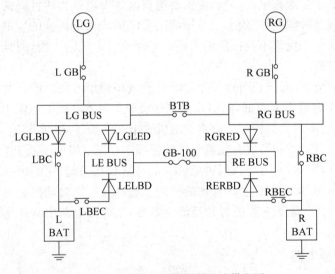

图 5-21　串联二极管限制反流供电图

图 5-21 中的 2 台发电机并联供电时,在左、右应急汇流条(LE BUS)的电源入口处有二极管,可以防止应急汇流条以外其他电网的故障导致应急汇流条出现故障。例如,在右发电机汇流条(RG BUS)短路时,由于二极管(RG RED)的作用,可以避免 RE BUS 短路,从而提高了应急汇流条供电的可靠性。而且在保险丝 GB-100 熔断前,任一应急汇流条都由 3 个方向供电,可以保证足够的供电裕度。左发电机汇流条与左蓄电池之间的二极管 LG LBD 可以防止左蓄电池通过左发电机汇流条向左发电机供电而产生反流,此时左蓄电池只能向左

应急汇流条供电。而右蓄电池电路中没有此二极管,故可用于启动主发动机或 APU。

5.5.2 过电压故障的保护

发电机励磁电路或调压器故障使电源电压超过规定的稳态电压极限值,称为过电压,简称过压。过压会对用电设备造成严重危害。

由发电机励磁电路或调压器故障而造成的过压,持续时间很长,称为持续过压。发电机产生持续过压时,其危险极大,不但许多用电设备容易损坏,而且还会将蓄电池充爆,发电机也会因过载发热而烧坏。过电压越大,破坏性就越强。为了防止过压造成的这种严重后果,在现代飞机上广泛采用发电机过压保护装置。过压保护装置的作用是,当发电机出现过压时,迅速地将过压发电机的励磁磁场消除(或者减小到安全程度),同时把该发电机的输出电路断开。另外,电源系统在调压过程中,也会出现过高的电压(即超调量)。不过,这种过高的电压与持续过压不同,它是在极短的时间(毫秒级)内出现的电压尖锋和电压波动,通常称之为瞬时过压。瞬时过压是在调压过程中不可避免的正常现象,而且对一般用电设备的功能不会造成危害。所以,在出现瞬时过压时,过压保护装置不应动作,否则,就会破坏电源系统的正常工作。因此,电源系统要求过压保护装置在出现过压时不应立即动作,而是在过压延续一段时间以后再动作,且过压值越高,延迟时间应越短,即具有反延时特性。

1. 电磁式过压保护器

对飞机电源系统进行过电压保护的方法有很多种,其中采用过压继电器是一种简单的方案,图 5-22 给出了过压继电器进行过压保护的电路图。过压继电器由敏感线圈、敏感电阻、衔铁组件和触点组成,其中敏感电阻是一个非线性电阻,它的阻值随着流过电流的增加而减小;衔铁组件采用机械闩锁式,只有在故障排除后,才能人工复位。

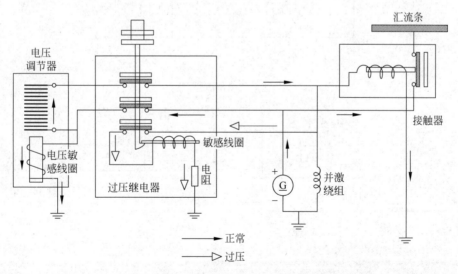

图 5-22　过压继电器过压保护电路图

从图 5-22 所示电路可以看出,发电机励磁线圈、过压继电器敏感线圈、电源接触器控制线圈与发电机电枢绕组经过电压调节器后并联,当由于电压调节器敏感电路断开或其他原因引起发电机电压升高时,它们的电压同样增加,因此通过过压继电器敏感线圈及其串联电阻的电流也同样增加,发电机的励磁电流增加,由于敏感电阻具有反特性,它的阻值随着电流的增加而减小,从而使得敏感线圈中的电流进一步增加。这是一个正反馈过程,敏感线圈中快速增强的电磁场使闩锁机构脱扣,其触点在弹簧的作用下释放。过压继电器动作后,发电机励磁电路断开,同时主接触器线圈与电源脱开,无电流通过,其触点跳开,把发电机从电源系统中断开。

在过压继电器动作后,自锁机构使它的触点保持在断开状态,必须在查明原因、排除故障后,方可按压恢复按钮使其恢复正常状态。

2. 晶体管过压保护器

由于晶体管构成的控制保护电路在飞机上得到了广泛应用,因此在某些机型上采用了晶体管式过压保护器,有些甚至集成到了发电机控制器(GCU)中。过压保护的电路有很多种,组成和原理各异,本书选取了一种较为典型、简单的电路为例,对其工作原理进行了简要说明,电路如图 5-23 所示。

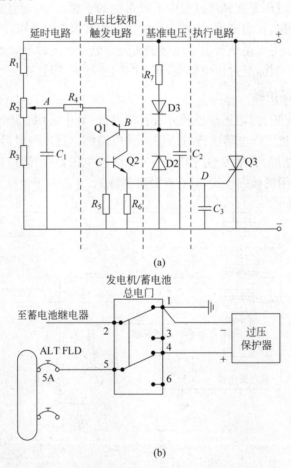

图 5-23　晶体管过压保护器电路原理图
(a) 晶体管过压保护器电路原理图;(b) 晶体管过压保护器过压保护示意图

过压保护电路由 4 个部分组成:延时电路、电压比较和触发电路、基准电压电路和执行电路,如图 5-23(a)所示。电阻 R_1、R_2、R_3 组成分压电路,可以调定过压的保护值,同时它们

与电容 C_1 共同组成了反延时电路,可以消除瞬时过压造成的误动作。基准电压电路提供一个基准参考电压,通过电压比较电路与电位器 R_2 上的输出电压进行比较,来确定触发电路中的晶体三极管是否能够导通。如果满足了导通条件,则向可控硅 Q3 发出导通触发信号,可控硅作为执行电路,将"+"、"−"接线柱短接。

下面对发电机过压后的工作原理做一简单介绍,在图 5-23(a)中,正常情况下三极管 Q1 和 Q2 均处于截止状态。当发电机发生过电压故障时,由 R_1、R_2、R_3 组成的分压电路为电容 C_1 充电,A 点电压逐渐上升,当 A、B 之间的电压差大于一定值时,Q1 满足导通条件,Q1 导通,C 点电位升高,Q2 导通,使得 B 点电位降低,Q1 导通电流增加。这是一个正反馈过程,在很短时间内 Q1 和 Q2 饱和导通。电容 C_1 通过 R_4、Q1、Q2 向可控硅 Q3 输送触发能量,Q3 导通,此后 Q3 的导通状态不再受触发脉冲的影响。从图 5-23(b)中可以看出,由于总电门的 1、4 触点短接,相当于汇流条通过"ALT FLD"断路器对地短路,使得断路器跳开,从而使发动机灭磁,发电机停止发电。

过电压越高,对电容 C_1 的充电电流就越大,C_1 的端电压就上升越快,可以使三极管在更短的时间内导通,该电路具有反延时特性。

5.6　并联供电

5.6.1　概述

在飞机上,对于多台发电机供电系统,每台发电机可以单独向各自的用电设备供电,也可以并联起来共同向用电设备供电。在单独供电的情况下,如果某台发电机有故障并从电网上切除后,原来由故障发电机供电的负载,要转由正常发电机供电,这就需要一定的转换时间,造成暂时中断供电。在并联供电的情况下,个别发电机有故障并从电网上切除后,电网上的负载仍可不中断地获得电能供应,这就提高了供电的可靠性。此外,并联供电时由于电网总容量增大,可满足大的启动电流和尖峰负载的要求,在负载突变时,可以减小电网电压的波动,这就改善了供电质量。由于并联供电存在着上述优点,在低压直流供电系统中,广泛采用并联供电的方式。

在装有 2 台发动机的中、小型飞机上,通常采用 2 台同型号的直流发电机并联供电。在这种情况下,就出现了负载分配均衡性的问题,也就是 2 台发电机分担的负载是否平均的问题。如果 2 台发电机输出电流相等,各为总负载电流的一半,则负载的分配就是均衡的;如果 2 台发电机输出电流不相等,负载分配就是不均衡的,输出的电流相差越大,负载分配就越不均衡。

如果 2 台发电机输出电流相差过大,一台发电机输出电流可能超过它的额定值,严重时甚至可能被烧坏;而另一台发电机输出电流太小,又未能充分发挥它的供电能力。然而,由于许多因素的影响,实际上负载的分配往往是不均衡的。下面首先讨论负载均衡分配的条件,然后叙述提高负载分配均衡性的措施。

5.6.2　并联供电负载均衡分配的条件

直流电源投入电网的条件是:电源极性和电网相同;电源电压和电网电压相同。

图 5-24 所示为 2 台直流发电机并联原理图。图中,A 和 B 为调节点;U_1、U_2 分别为 A、B 点电压;U_n 为并联汇流条电压;R_{+1}、R_{+2} 为电源到汇流条间正接线电阻,它包含了导线内阻,开关装置接触电阻、连接器接触电阻,以及线路中元件内阻等。I_1、I_2 分别为 G1 和 G2 的输出电流。

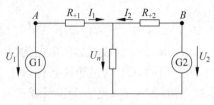

图 5-24　两台直流发电机并联原理图

当满足 2 个调压器所保持的电压相等和 2 台发电机的正线电阻相等这 2 个条件时,负载分配就是均衡的。此时,2 台发电机的输出电流 I_1 和 I_2 都等于负载电流 I 的一半(即 $I_1=I_2=I/2$),当负载电流 I 增加时,电流 I_1 和 I_2 都按同样的比例增大,电流差 ΔI 恒等于零。

5.6.3　负载均衡分配的措施

要使负载均衡分配的 2 个条件同时具备,实际上是很难做到的。例如,2 个调压器的调压准确性不可能完全一致,2 台发电机的转速不可能完全相同,这都会引起 U_1 与 U_2 不可能完全相等;各导线连接处的拧紧程度及清洁状况不可能完全相同,发电机输出电路中接触器触点的接触电阻很可能有差异,这就会引起正线电阻不等。因此,若不采取一定措施,要使 2 台发电机的负载均衡分配是不可能的。

由于各供电系统采用的调压器的型式不同,均衡方式存在差异,本书中简要介绍采用炭片调压器和晶体管调压器的负载均衡电路。

1. 采用炭片调压器时的负载均衡

带炭片调压器的并联供电系统,通过调压器铁芯上的均衡线圈 W_{eq} 与接在发电机负极的负极电阻 $R\_$ 构成均衡电路,如图 5-25 所示。

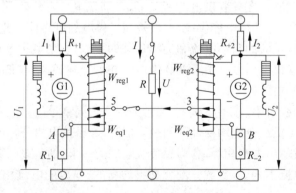

图 5-25　炭片调压器的均衡电路

负极电阻是由电阻温度系数很小的镍铬合金制成,阻值很小,而且要求 2 个负极电阻阻值相等,即 $R_{-1}=R_{-2}$,两个均衡线圈的匝数相等($W_{eq1}=W_{eq2}$),阻值也相等。

如果负载分配不均衡,设 $I_1>I_2$,则 A、B 两点电位不相等,$V_A<V_B$,于是有电流自 B 点经过 W_{eq2} 和 W_{eq1} 流向 A 点,产生相应的磁势。在输出电流大的发电机调压器中,均衡线圈磁势与工作线圈磁势方向相同,使调压器铁芯合成磁势增强,调节点电压 U_1 降低;输出电流小的发电机调压器,均衡线圈磁势与工作线圈磁势方向相反,使铁芯合成磁势减弱,调节

点电压 U_2 升高。结果原来输出电流大的发电机电流 I_1 减小,输出电流小的发电机电流 I_2 增大,使负载趋于均衡。

可见,均衡线圈减小电流差的实质是将与电流差有关的信号反馈到调压器的检测电路,借以改变调节点的电压,从而提高负载分配的均衡性。

2. 采用晶体管调压器时的负载均衡

晶体管调压器的均衡电路如图 5-26 所示,其中 R_{24} 为均衡电阻。2 个均衡电阻的一端接于发电机负端 A、B 两点,为了取出电流差信号,发电机负端是通过负极电阻 $R\_$ 接地的。

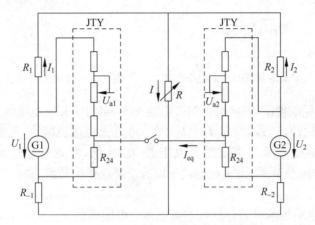

图 5-26　晶体管调压器的均衡电路

设由于某种原因造成发电机负载不均衡且 $I_1 > I_2$,此时 G1 的负极电位低于 G2 的负极电位,若均衡电路接通,均衡电阻上的压降 $I_{eq}R_{24}$ 使得第 1 台发电机的调压器敏感点电压 U_{a1} 升高,励磁控制电路晶体管的导通比减小,平均励磁电流减小,发电机电压 U_1 降低,输出电流 I_1 减小;第 2 台发电机的调压器敏感点的电压 U_{a2} 降低,励磁控制电路晶体管的导通比增大,平均励磁电流增大,发电机电压 U_2 升高,输出电流 I_2 增大,最终使得电流差 $\Delta I(\Delta I = I_1 - I_2)$ 减小。

可见均衡电阻负均衡载的基本原理是:将敏感到的电流差信号反馈到调压器的检测电路,借以改变检测比较电路输出的偏差信号,改变功率管的导通比,使发电机调节点电压改变,从而使电流差减小,达到均衡负载的目的。这与炭片调压器中均衡线圈均衡负载的原理相似。

由于多种参数和因素直接或间接地影响着负载分配,所以很难使并联供电的发电机负载均衡,但在采取均衡措施后,电流差值常可限制在规定范围内。

5.6.4 发电机与蓄电池的并联运行(铅酸蓄电池)

在飞机直流供电系统中,直流发电机与铅酸蓄电池通常并联运行。当发电机正常工作时,为蓄电池充电;当负载需要大电流或由于发动机转速低而导致电压降低时,发电机与蓄电池共同向电网供电;当发电机不工作或出现故障时,蓄电池可以作为独立电源向用电设备供电。蓄电池与发电机并联运行可降低电网电压脉动,同时可以减小加载或卸载引起的电网电压波动。

图 5-27 所示为发电机与蓄电池并联运行原理电路图,图中 R_{+1} 为发电机主馈电线电阻;R_{b1} 为包含电池内电阻和外接线电阻。发电机与电池并联时的负载分配决定于发电机与蓄电池本身的特性和馈电线电阻,图 5-28 是发电机与蓄电池电流分配示意图,图中曲线 1 是发电机的外特性曲线,曲线 2 是蓄电池的正常充电曲线,曲线 3 是未充足电的蓄电池的充电曲线。

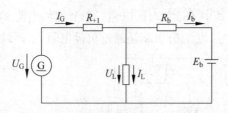
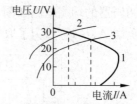

图 5-27　发电机与蓄电池并联运行原理电路图　　　图 5-28　发电机与蓄电池电流分配图

如果电网中没有负载,则发电机仅对蓄电池充电,电池的充电电流等于发电机的输出电流,即 $I_b = I_G$;如果接有负载,则有 $I_b = I_G - I_L$,电池充电电流减小,汇流条电压也有所降低。如果负载电流进一步增大,则汇流条电压进一步降低,电池充电电流减小,在某一负载情况下,电池的充电电流为零,发电机的输出电流全部提供给负载,进一步增大负载,蓄电池将转入放电状态。

在图 5-28 中,发电机的外特性曲线与蓄电池充电曲线的交点电压为发电机仅向蓄电池充电时的工作电压,该电压值对蓄电池工作的影响很大。如果该电压过低,蓄电池在负载较小时就放电,蓄电池储存的电能少,无法提供应急供电时所需的电能;但如果调定电压过高,蓄电池充电电流很大,有可能使蓄电池因过充而损坏。

发电机与蓄电池并联工作时,蓄电池的放电程度对负载电流分配影响较大。在图 5-28 中,曲线 3 表示的是未充足电的蓄电池的外特性。未充足电的蓄电池在飞机上不仅不能发挥应急电源的作用,而且在与发电机并联时充电电流大,一方面会降低蓄电池的寿命,另一方面在较小的负载下就会使发电机过载。因此,不允许将未充足电的蓄电池安装到飞机上使用。

5.7　飞机电能变换设备

在现代民航运输机上,使用了各种各样的用电设备,有些用电设备所需的电源与飞机上的主发电机所构成的主要电源不一定相同。例如,在一架具有 28V 直流主电源的飞机上,使用了一些需要由 26V 和 115V 交流电源供电的仪表和电子设备。即使在主要采用交流电源的飞机上,也不可能完全取消直流电,因为在这种飞机上还装有许多需要直流电源供电的用电设备。

对于用电设备本身,它们电路中的某些部分,也需要不同类型的电源,或是需要类型相同但参数不同的电源。因此在飞机上,不仅需要改变电源形式的设备,还需要将同一种电源的参数值加以改变的设备。飞机电能变换设备(又称电源变换装置)就是用来完成交流电能和直流电能相互变换,高压电能和低压电能相互变换的设备。这些设备能够将飞机上主电源的电能变换成另一些形式的电能,以满足不同用电设备的需要。所以这些设备往往是飞机上的二次电源、应急电源、备用电源或某些用电设备的专用电源的主要组成部分。

　　飞机电能变换设备的种类有很多,按照该设备有无旋转部件可分为旋转型和静止型两大类。例如,老式飞机上用得较多的旋转变流机就属于旋转型;而变压器、变压整流器、静止变流器等则属于静止型。

5.7.1　旋转变流机

　　旋转变流机是将直流电变换为交流电的电动机-发电机组,在低压直流电源系统中作为二次电源,给交流用电设备供电,可分为单相变流机和三相变流机两大类。

　　单相变流机可将飞机上的低压直流电转变为 115V 400Hz 单相交流电,给无线电和雷达等设备供电。它们通常由一个并励式(或复励式)直流电动机和一个旋转电枢式单相交流发电机组成,如图 5-29 所示。当变流机接通直流电源时,电动机便转动起来,并带动交流发电机的电枢旋转,产生 115V 400Hz 单相交流电,经过滑环和电刷向外输出。

　　三相变流机可将飞机上的低压直流电变换成 36V 400Hz(或 500Hz)三相交流电,给陀螺仪表及雷达、自动驾驶仪等设备供电。它通常由一个直流复励式电动机和一个具有永磁转子的三相交流发电机组成。

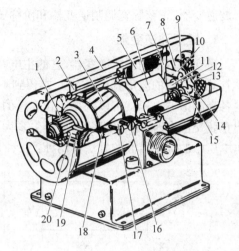

图 5-29　旋转变流机外形

1—换向器;2—轴承架;3—电枢;4—机壳;5—定子铁芯;6—转子;7—轴承架;8—滑环;9—绝缘片;10—电容器;11—轴;12—轴套;13—调速器;14—电刷;15—刷握;16—螺钉;17—极靴;18—励磁线圈;19—换向器刷握;20—换向器电刷

　　变流机的工作效率普遍较低,一般为 47%～51%,而且变流机体积、重量大,噪声大,重量功率比大,可靠性较差,基本被静止变流器取代。

5.7.2　静止变流器

　　静止变流器(static inverter,INV)将飞机上的直流电转变为 400Hz 或其他频率的单相或三相交流电,其外形如图 5-30(a)所示。

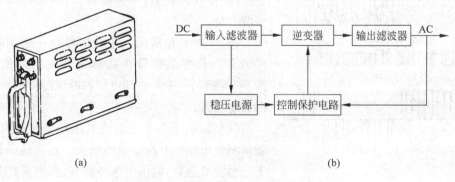

(a)　　　　　　　　　　　　　　(b)

图 5-30　静止变流器外形及原理框图

　　静止变流器由输入滤波器、输出滤波器、变换器和控制保护电路构成,如图 5-30(b)所示。输入滤波器用于减少变换器工作时对电网的影响;输出滤波器用于滤除交流分量,平滑输出电压;控制电路用于在电源电压变化和负载变化时保持输出电压不变;变换器通过电力电子器件的开关作用,将直流变换成矩形波。

　　逆变器是静止变流器的核心部件,它将直流电转变为一定频率的交流电。按照输出交流电相数的不同可以分为单相逆变器和三相逆变器。在飞机上使用较多的单相逆变器有矩形波逆变器、正弦脉宽调制逆变器和阶梯波合成逆变器 3 种。

1. 矩形波逆变器

　　逆变器多采用桥式逆变器,它的主电路与工作波形如图 5-31 所示。通过改变大功率晶体管基极电压的波形就可以在 e_2 端得到不同频率的准矩形波,再通过输出滤波器滤除其中的各高次谐波电压就可以获得比较理想的正弦交流电。此种电路多用于直流变换器,在输出正弦交流电时,由于效率低,波形失真大,滤波器体积、重量大而较少采用。减小逆变器输出电压中的高次谐波的方法有两种:一种是阶梯波合成法,另一种是正弦脉宽调制法。

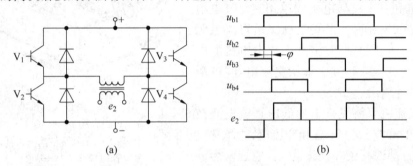

图 5-31　桥式逆变器
(a) 主电路;(b) 工作波形

2. 正弦脉宽调制(SPWM)逆变器

　　SPWM 是利用三角载波与正弦信号相比较生成正弦脉宽信号,如图 5-32 所示。SPWM 技术可以有效地改善逆变器输出电压波形。正弦交流电压在半个周期中,中间电压高,两边电压低,SPWM 技术正是按照此规律设置脉宽调制波的宽度,使中间脉宽宽,两侧脉宽窄,从而有效地降低谐波含量。

　　图 5-32(a)是借助三角波信号与正弦调制波信号的交点获得晶体管正弦脉宽开关信号的波形,图 5-32(b)是逆变器输出电压和电流的波形,电压波形为矩形波。

　　调制波电压小于三角波电压峰值时,输出电压随调制波电压的升高呈线性增长。正弦波的幅值大于三角波峰值后,输出电压增长变慢,并最终达到一个稳定值。三角载波与调制波的频率之比越大,输

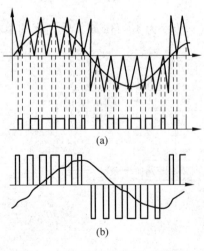

图 5-32　正弦脉宽调制逆变器

出正弦交流电中的谐波含量越少。

3. 阶梯波合成逆变器

阶梯波合成逆变器由振荡器、分相电路、矩形波逆变器和综合变压器等组成,如图5-33所示。图中UVW3个单相逆变器分别输出$180°-\alpha$宽的方波交流电压,3个电压间相位互差$45°$,电压幅值均为U_d。输出的电压波形为12阶梯波,它的3、5、11和13等次谐波为零。当移相角α减小时,输出电压基波分量加大。由于低次谐波为7次和9次,故使用较小的输出滤波器即可保证输出电压中总谐波含量小于5%。

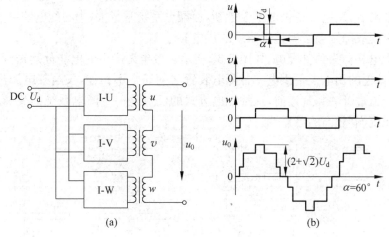

图 5-33 阶梯波合成逆变器

5.8 飞机直流电网

5.8.1 飞机电网的构成

飞机直流电源系统由供电系统和输配电系统构成。由于飞机尺寸较小,飞机输配电系统常称为飞机配电系统,又称飞机电网,用于实现电能到用电设备的输送、分配和控制保护。飞机电网由导线或电缆、配电装置、保护装置及检测仪表等组成。

飞机导线由导电线芯和外包绝缘层构成。线芯由多股细铜丝绞合而成,为了提高机械强度,较细的导线也有使用多股铜合金丝构成。铜丝外镀有锡、银或镍保护层。外包的绝缘材料决定了导线的型别。如FVN型聚氯乙烯绝缘尼龙护套导线使用温度为$-60\sim$$+80℃$,AF-250氟塑料绝缘线、TFBL-2聚四氟乙烯绝缘线使用温度为$-60\sim+250℃$。某些用电量大的飞机用铝排作为低压直流供电网主干线,以减轻重量。多根飞机导线往往包成线束,以提高电气和机械强度,便于安装。

配电装置可分为3类:①用于直接接通、断开或转换电路,如按钮、开关、转换开关等;②用于远距离控制,如继电器和接触器等;③终点电门或凸轮式电门,广泛用于飞机操纵机构中。接线板、插头座是导线或电缆间的连接元件,以便于安装、拆卸和检查电路。

在飞机中,电源输出端与一个或几个低阻抗导体连接在一起,它们就是汇流条(或称为配电条),一般是粗的金属条或棒,用于将发电机、蓄电池和各种负载连接在一起,发电机输出的电能输送到汇流条以后,再分配到各用电设备,使得电源和用电设备的布局更加合理。

汇流条分为电源汇流条和用电设备汇流条两种。电源汇流条是飞机电源系统中电源输出电能的汇集之处；用电设备汇流条是用电设备所需电能的汇集之处。

电网保护装置有保险丝和保险电门(又称断路器)等，用于保护飞机电网，防止故障扩大并消除故障。

5.8.2　直流电网的输配电方式

直流电网的配电方式有集中式、分散式和混合式3种。

集中配电原理如图5-34所示，所有电源都并联工作，连接在同一个汇流条上，当某一电源故障退出电网后，用电设备供电不会中断，但配电系统重量大，中心配电装置复杂笨重，如果配电装置出现故障则会影响整个系统的供电。

分散式配电又称为独立配电，如图5-35所示。各电源产生的电能分别送到各自的配电装置，然后向就近的用电设备供电。各配电装置之间通常不相连，仅当某电源出现故障时，配电装置才会通过开关装置连通，这种配电方式的优点是一个配电系统的故障不会影响到其他的配电系统，有较高的可靠性。

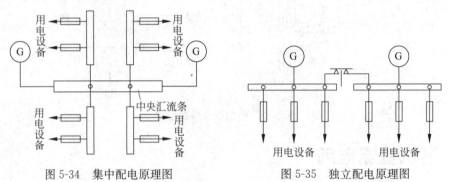

图5-34　集中配电原理图　　　　　图5-35　独立配电原理图

图5-36为混合式配电系统，除有多根电源汇流条外，还有多根用电设备汇流条，通常用电设备汇流条设于用电设备比较集中的地方，可以减轻电网重量，但用电设备汇流条的电压与用电设备的电量有关，相比集中配电方式，电压变化较大。

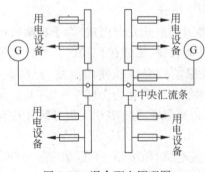

图5-36　混合配电原理图

混合式配电系统可分为供电网和配电网。供电网是指从飞机电源、电源汇流条到用电设备汇流条之间的部分，配电网是指用电设备汇流条到用电设备端的部分。

电网供电的可靠性、连续性和电能质量与供电网的结构密切相关。供电网有开式(辐射式)、闭式(环形)和混合式3种。开式电网电能仅从一个方向传送到用电设备汇流条，见图5-36；闭式电网的配电汇流条由2个或2个以上方向供电，可靠性高，图5-37所示是一种闭式供电电网；混合式供电网中，既有仅从一个方向获得电能的用电设备汇流条，也有能从多个方向获得电能的用电设备汇流条，见图5-38，汇流条Bus1和Bus2仅能从发电机G1获得电能，而汇流条Bus3和Bus4除可以从发电机G2获得电能外，还可以从发电机G1获得电能。开式电网结构简单，电网重量轻，电路控制简单；闭式电网的配电汇流条可以由 2 个或 2 个以上方向得到电能供应，汇流条可以采用后备接通供电方式，正常时由一路供电，此路供电中断后自动转接至另一路供电，可靠性高，生命力强。混合式供电网部分汇流条从一个方向获得电能，但部分汇流条可以由 2 个或 2 个以上方向得到电能供应，增加了该部分汇流条的供电裕度。

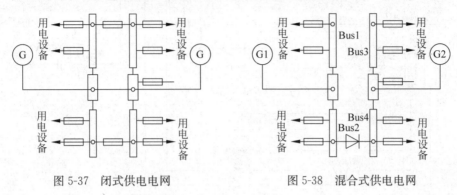

图 5-37　闭式供电电网　　　　　　图 5-38　混合式供电电网

5.8.3　配电系统的控制方式

飞机电网中用电设备的控制有 3 种方式：常规式、遥控式和固态式。常规配电方式即由飞行员用手直接操纵开关，接通或断开用电设备，故所有用电设备的输电线和所有电源的馈电线均必须在飞行员操纵台或仪表上。遥控配电方式则为由飞行员发出控制信号，通过继电器或接触器控制用电设备的通断，座舱中仅有控制开关和控制线，输、馈电线大多可不进入座舱，故电网重量较轻。固态配电方式由计算机通过多路数据总线，由固态控制执行器对用电设备进行控制，取消了众多的控制线，减轻了飞行人员的负担，提高了可靠性与维修性。

5.8.4　单线制与双线制

对于全金属结构的飞机，飞机直流电网多用单线制，利用飞机机体作为负回路。而飞机的复合材料部分，需要设置单独的地线，因此采用双线制。

单线制的优点是：仅正线为导线，电网重量轻；金属机体为负回路，因为它的电阻小，故电压损失小，使用电设备端的电压变化小；减少了导线的连接长度，便于安装、使用和维护，消除了导线与金属机体间静电感应。单线制的缺点是易于发生接地短路故障。

双线制电网是将发电机与用电设备正、负端均采用导线。它的优点是导线与飞机壳体接触不会发生短路，因而可靠性比单线制好。其缺点是在电压降和传输功率相同的情况下，电网重量较单线制重。

5.8.5　典型供电电路

1. 单发电机供电电路

图 5-39 所示是典型的供电电路，当飞机上安装有符合要求的蓄电池或插入合格的地面电源后，接通总电门(master switch)，在发动机正常运转后，飞机蓄电池或地面电源经调压器内部电路，再经过滑环和电刷，为转子上的励磁绕组供电，产生磁场，电枢绕组切割磁力线在定子线圈中产生三相交流电动势，由于安装在电机内部的 6 个二极管全波整流后向电网输出直流电。

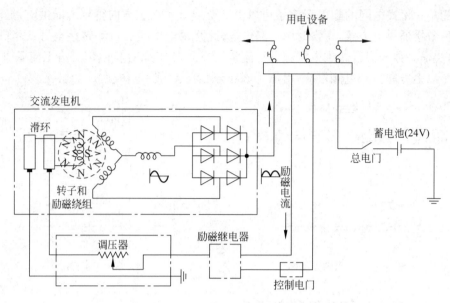

图 5-39　单发电机供电电路

图 5-39 所示发电机在正常发电时,可以为自身提供所需的励磁能量,属于自励式发电机,但无法在无其他电源供电的情况下实现自激发电,因此在电源系统正常工作时要保证蓄电池与发电机并联工作。

2. 双发电机供电电路

1) 典型并联供电电路

两台发电机并联供电的原理图如图 5-40 所示。从图中可以看出,在接通总电门后,蓄电池继电器的线圈即可通电,使其接触点闭合,接通了蓄电池的供电电路,蓄电池即可经蓄电池继电器的接触点、启动继电器触点、蓄电池(BAT)断路器向连接汇流条(TIE BUS)供电。

在飞机发动机转速正常后,可闭合发电机电门。由飞机蓄电池或外电源输出的电流即可通过蓄电池断路器、连接汇流条、主汇流条、主汇流条断路器、发电机电门、调压器中的部分电路加到发电机的励磁绕组上,此时励磁绕组产生磁场,发电机随之发电。当发电机输出电压高于蓄电池或外电源电压时,发电机即可由 ALT 接线柱经发电机断路器向飞机连接汇流条供电,并向飞机蓄电池充电。在 2 台发电机均已正常供电后,2 台控制保护器自动保证负载均衡。

在图 5-40 所示电路中,所有电源输出的电能都是先输送到连接汇流条,然后通过各自的断路器输送到主汇流条、非重要汇流条、1 号电子汇流条和 2 号电子汇流条,属于并联供电系统。在主汇流条上接有大部分的用电设备,把联接汇流条的电能输送到主汇流条可以通过两路完成,可保证一路不能正常供电时,还可以通过另一路保证电能供应,即具有双裕度。电子汇流条有 2 个,把同种类型的无线电设备分别接在不同的电子汇流条上,再分别通过断路器从联接汇流条得到电能。在需要隔离某个电子设备汇流条时,可拔出该电子设备汇流条断路器,避免在一个电子汇流条短路时同种类型的电子设备都不能工作,还可以在仅由飞机蓄电池供电时通过断开一个电子设备汇流条减少电能消耗,保证蓄电池有较长的供电时间。

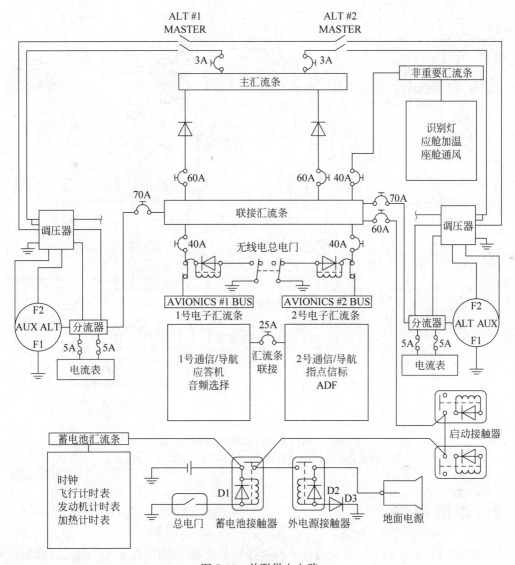

图 5-40 并联供电电路

2）有供电优先权的并联供电

某型飞机的供电电路如图 3-41 所示,飞机上安装了 2 台发电机,1 号发电机(ALT1)由发动机经由皮带传动,输出电压为 28V,它向主汇流条(MAIN DIST)供电;2 号发电机(ALT2)由发动机经由齿轮传动,输出电压为 28.75V,它向重要汇流条(ESSENTIAL DIST)供电,主汇流条和重要汇流条通过保险丝和二极管相连。由于重要汇流条的电压高于主汇流条,因此 1 号发电机在正常工作时无法向重要汇流条供电,1 号发电机作为 2 号发电机的备用电源,而且由于二极管的作用,2 号发电机无法向主汇流条供电。当 2 号发电机发生故障时,1 号发电机可以向重要汇流条供电。

在飞机上安装 2 台发电机、2 块蓄电池,可以实现主汇流条两裕度供电,重要汇流条四裕度供度,保证了供电可靠性。

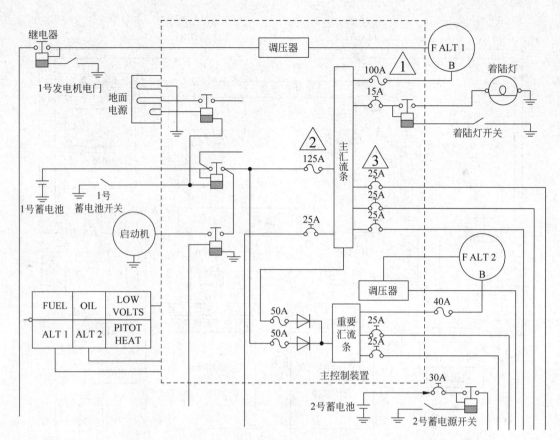

图 5-41　有供电优先权的并联供电电路

注：图中未连线部分均连接到了断路器板，图中不再逐一标出。

5.9　地面电源

　　发动机的启动，机场上装卸货过程中的某些辅助设备(如照明设备)的工作，以及例行维修检查过程中的电气系统的测试都需要电力供应。虽然飞机蓄电池可以短时间内为机载用电设备供电，甚至可用于启动发动机，但由于容量有限，因此不允许它在地面上广泛使用。地面检修机载用电设备或启动发动机时，常采用地面电源。地面电源主要有地面电源车或通过市政用电直接转变成所需形式的电能。由于目前以活塞式发动机为动力的飞机主要采用低压直流供电系统，地面电源也采用了相应的形式。地面电源车采用内燃机带动的直流发电机(或交流发电机通过整流获得直流电)或直接采用蓄电池提供电力，工作原理与机载供电系统没有本质区别，这里就不做介绍了。

　　图 5-42 所示为一种典型的三针插头，由 2 个正插针和 1 个负插针组成。其中一个正插针比其余的插针短，直径也小。这些插针由一个保护盖盖住，整个装置通常安装于设置在飞机机体结构适当部分的凹槽内。从飞机外部接近插头则通过带有可快速松开紧固件的铰链板。

　　图 5-43 所示电路中，多针插头装置中短的正插针与地面电源继电器的线圈电路相连

接,在插入外电源过程中,插座先与长插针接触,而短插针由于尚未与外电源接通,外电源继电器未通电,插头、插座上无电流通过,避免了在插座插入过程中产生火花。继续插入直到完全插入,此时短插针通过插座与外电源接通,外电源通过二极管给外电源继电器供电,地面电源继电器接通工作,如果蓄电池总电门接通,地面电源就可以通过蓄电池继电器代替飞机蓄电池,向飞机电路供电。

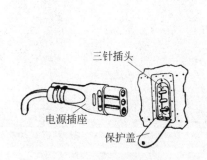

图 5-42　地面电源插头

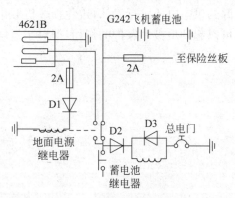

图 5-43　地面电源供电电路

在图 5-43 所示电路中,外电源与蓄电池隔离,飞机蓄电池无法由地面电源充电,要实现地面电源可以为蓄电池充电,将地面电源正插针与蓄电池正接线柱连通即可,两者直接并联,在地面电源接通后即可为蓄电池充电;但当飞机蓄电池完全放电时,蓄电池电压很低,如果地面电源直接与蓄电池并联,将可能导致系统电压过低,继电器无法接通。为了避免这种情况出现,又可以实现为蓄电池充电,在进行电路设计时,连接电路中加入了限流电阻(图中未画出),避免了蓄电池电压过低时的大电流充电,确保外电源正接线柱上的电压不会太低,从而保证接触器可以通电工作。

在图 5-43 所示电路中,二极管 D1 串接在地面电源继电器的线圈电路中,起到反极性保护作用,防止地面电源极性接反时损坏机上用电设备;二极管 D2 串接在蓄电池继电器的线圈电路中,起到反极性保护作用,在蓄电池极性接反时,无法向飞机上供电;二极管 D3 与蓄电池继电器线圈并联,作为续流二极管,避免在总电门断开时,蓄电池继电器线圈两端感应出高电压损坏与之并联的用电设备,避免线圈两端感应出高电压使总电门的触点之间产生火花或电弧,从而延长开关的使用寿命。

虽然地面电源在设计时已经对使用过程中可能遇到的恶劣天气和温度、湿度剧烈变化等进行了考虑,但还需要精心的日常维护与管理,这样可以延长地面电源的使用寿命,减少电源的故障发生率。在使用地面电源过程中必须注意以下几点:

(1) 地面电源车的操作,应由经过专门培训和具有独立工作能力的人员担任,严格遵守有关电源车的使用规定。

(2) 要尽量避免电源长期在特别潮湿的环境中暴露或使用,不使用时应该储藏在房屋或遮阳棚中。如果需要露天放置时,应进行雨雪防护。

(3) 在地面电源车不使用时应及时为蓄电池充电,延长使用寿命的同时,使之处于随时可用状态。

(4) 保持地面电源车的插座和外壳清洁,防止异物进入电源车,或污染插座。

（5）在停机坪发生溢油时，不准启动地面电源车。

（6）使用过程中应注意对电源车电缆的防护，避免用力牵拉、硬物割（划）伤或碾压等。

（7）当电源车向飞机供电时，司机不得离开岗位。

（8）在将地面电源车拖（驶）离飞机时，必须确认电源插头已断开。

现在的螺旋桨飞机的电源系统既有 24V 的，也有 12V 的。因此在连接外电源之前必须对外电源的供电电压进行确认，避免损坏机载电子设备。与外电源继电器线圈串联的二极管虽然可以起到反极性保护的作用，但对于过电压或欠电压的保护却无能为力。

第6章

设备与装饰

本章所涉及的设备主要指应急设备及座椅等,装饰主要指座舱和设备布局、厨房和卫生间、乘客服务设施等。由于小型飞机的应急设备和座舱装饰相对简单,所以本章重点介绍氧气设备、座椅、安全带等内容。

6.1 氧气设备

座舱没有增压的小型飞机,氧气设备可供机组和乘客在高空飞行中按需要使用。许多活塞发动机飞机因为飞行高度较低而没有安装单独的氧气系统,但在座舱内容易接近的位置存放有手提式氧气瓶,供飞机乘员在需要时使用。而在有些飞行高度较高的活塞发动机飞机上,则安装了可以为每个飞机乘员提供连续供氧的氧气系统。

6.1.1 航空人员呼吸用氧气

氧气是一种无色、无味、极富化学活性的气体,几乎能与所有元素结合形成氧化物。燃料在燃烧时与氧结合产生热量。同样,人体组织通过连续的氧化反应产生身体所需的热量。因此必须随时有充足的氧气供应,以满足人体生理基本代谢需求。

与普通商用氧气比较,飞机上使用的航空人员呼吸用氧气是经过特殊处理,除掉了氧气中的几乎所有水分和其他气体成分,其规格为每升氧气中的含水量不超过 2mL,氧气纯度为 99.5%。在高空和寒冷条件下飞行时,如果氧气中含水量较大,会导致氧气管路中活门间隙和节流孔冻结,阻断氧气流动。因此,飞机氧气系统严禁使用未达到航空人员呼吸用氧标准的氧气。

氧气在飞机上的储存方式有气态、液态或固态。小型飞机通常采用气态氧,储存于高压氧气瓶中。根据飞机飞行高度的不同,又有手提式氧气瓶和连续供氧系统两种供氧方式。

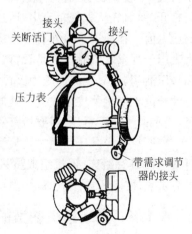

图 6-1 手提式氧气瓶

6.1.2 手提式氧气瓶

手提式高压氧气瓶由合金钢制成,外表涂绿色油漆,瓶口连接有关断活门和适用于连接不同面罩的接头,以及一个压力表(图 6-1)。需要用氧时,将装在便携式袋子

里的带软管呼吸面罩连接到氧气瓶的相应接头上。手提式氧气瓶的充氧压力通常为
1800psi(1psi=6.895kPa),氧气灌充量一般为120L。

图 6-2 所示为一个普通面罩与连续流量接头连接。如果座舱内有烟雾,则需要连接带
护目镜的防烟面罩。另外,为飞行员配备的所有种类的氧气面罩都可以与手提式氧气瓶
连接。

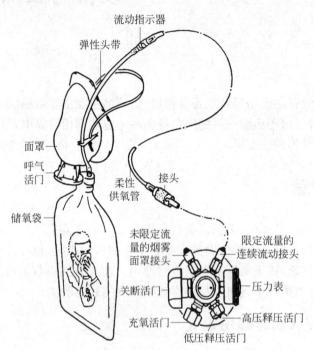

图 6-2　氧气面罩与手提式氧气瓶的连接

6.1.3　连续供氧系统

在连续供氧系统(图 6-3)中,绿色高压氧气瓶的容积通常为 220～250L,氧气瓶上配有
压力表,一般安装于飞机客舱后面的锥形机身舱段中,通过供氧管道向座舱供氧。当管道活
门打开时,氧气从氧气瓶流出,通过高压管路流到减压活门,其压力被降低到面罩出口要求
的压力值。在面罩出口处有一个定流孔,可控制流出面罩的氧气流量。驾驶舱内的氧气压
力表用于观察氧气瓶压力是否符合适航标准。在氧气瓶出口与飞机蒙皮之间设有释压管路
和释压活门,当氧气瓶内压力因环境温度高等原因超出规定值时,释压活门打开,高压氧气
将冲开位于飞机蒙皮上放气口处的绿色塑料膜片,向机外释放氧气。这时,放气口处显露红
色,表示氧气瓶已释压,需要检查氧气瓶压力并重新充氧。

高压氧气经减压后通过输氧管道将氧气分配到座舱内的各个供氧口。飞行员面罩通常
直接与供氧管路连接,机组成员只要将快戴式面罩戴好即可用氧;乘客座椅旁边的客舱壁
上有供氧插座,需要用氧时,将面罩软管端部的插头插入插座即可用氧。

6.1.4　供氧系统的维护及使用注意事项

对飞机气态供氧系统的维护工作规程取决于系统种类,应遵循飞机制造商提供的维护

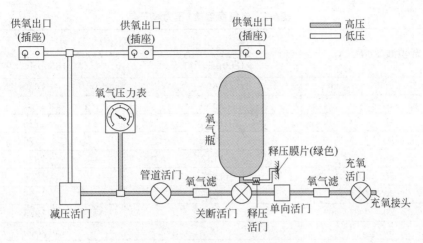

图 6-3 连续供氧系统示意图

手册规定。某些细节必须特别注意,如充氧软管在连接到飞机上之前应吹洗;灌充时应缓慢打开氧气瓶活门;所有维护工作都应在空间开阔的室外或通风良好的机库中进行;连接充氧接头时禁止涂抹润滑油脂等。

1. 灌充氧气

利用地面氧气设备(充氧车)向飞机氧气系统充氧时,应首先检查确定被充氧气瓶是否适航,以及是否按规定进行了水压试验。将充氧车上的氧气瓶按压力大小从低到高排序,先用压力最低的氧气瓶向被充氧气瓶充氧。首先将充氧氧气瓶上的关断活门轻轻打开,利用高压氧气将充氧管内的湿气、灰尘吹除,然后将充氧接头连接到飞机上被充氧气瓶的充氧接头上,并缓慢打开关断活门。当被充氧气瓶和充氧氧气瓶的压力都达到稳定状态时,关断第1个充氧氧气瓶活门,打开第2个充氧氧气瓶活门。如此操作,直到被充氧气瓶压力达到预期值。

由于环境温度对氧气瓶压力值有较大影响,所以在确定氧气瓶充氧压力时应使用飞机维护手册提供的温度/压力修正表(表 6-1)。例如,当环境温度为 90°F 时,如果要使氧气瓶达到 1800psi 的稳定压力,则在向氧气瓶充氧时,应使氧气瓶压力表读数达到 2000psi。当氧气瓶内温度下降到 70°F 标准温度时,氧气瓶压力将稳定在 1800psi。如果环境温度较低,则充氧压力也必须是对应的较低压力,这是因为当温度上升到正常值时,氧气瓶内的氧气将膨胀,导致压力升高。注意修正表中环境温度正好为 70°F 标准温度时,要求的充氧压力并不是 1800psi 或 1850psi 标准压力,而是 1925psi 和 1975psi。这是因为在充氧过程中氧气温度会上升,所以充氧压力应稍大于标准压力。待充氧完毕温度下降到标准温度时,氧气瓶压力将稳定在相应的标准压力上。

2. 泄漏检查

对氧气系统灌充后,通常按照一定的时间间隔,记录氧气瓶的压力和环境温度,然后将这些数据与压力/温度修正表对照。如果记录数据与表中数值或曲线吻合,则说明系统密封良好,否则就表明存在泄漏。任何泄漏都必须查找原因并进行修理,以防止意外事故发生。

表 6-1　氧气瓶温度/压力修正表

环境温度/℉	充氧压力	
	1800psi,70℉	1850psi,70℉
0	1600	1650
10	1650	1700
20	1675	1725
30	1725	1775
40	1750	1825
50	1825	1875
60	1875	1925
70	1925	1975
80	1950	2000
90	2000	2050
100	2050	2100
110	2100	2150
120	2150	2200
130	2200	2250

3. 其他维护工作

氧气系统的排放工作应在移开或隔离高压氧气瓶的前提下,在室外或通风良好的机库中进行。排放工作结束后,通常需要对系统进行吹洗,以清除系统管路中的空气和水汽。对连续供氧系统进行吹洗时,应将每个面罩出口塞住,打开供氧活门,吹洗 10min 左右。吹洗完成后,应对飞机氧气瓶充氧,使其达到规定压力。典型的供氧用氧气瓶如图 6-4 所示。

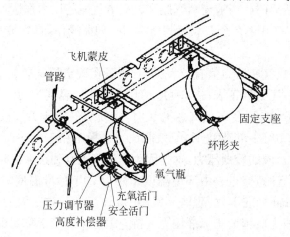

图 6-4　连续供氧用氧气瓶

机载氧气瓶必须按规定的时间间隔以 5/3 倍工作压力做水压试验。例如,某氧气瓶标准工作压力是 1800psi,则必须每 5 年以 3000psi 的压力进行水压试验,最后在充氧接头的颈部打上试验日期的钢印。对氧气瓶进行水压试验检查的注意事项主要有以下几点:

(1) 在卸下瓶阀前,必须排除气瓶中的剩余压力,以免卸瓶阀时伤人。

(2) 氧气瓶在试压现场直立时要放稳,以免歪倒而伤人。

（3）在检查氧气瓶内表面时，要用 12V 以下的低压灯照明。

（4）水压试验现场应宽敞；操作者的手套、工作服严禁有油脂，以免带入氧气瓶内。

（5）水压试验前要仔细检查试压泵、试压管路是否畅通；排尽泵及管路内的空气；当确认没有异常时方可进行水压试验。

（6）在进行水压试验时，氧气瓶与操作者之间应设置可靠的防护设施；氧气瓶周围 1m 以内不得站人。

（7）试压用瓶嘴接头应上紧，以免在进行水压试验过程中压力升高时冲出伤人。

（8）在进行水压试验中，要按操作规程操作试压泵；不能敲击氧气瓶、试压泵；不能松动或上紧试压泵及试压管路接头的螺丝；不能拧紧试压用瓶嘴接头。

（9）在进行水压试验中要注意观察压力表的指示，不得超过试验压力；注意观察氧气瓶、试压管路、试压泵的情况；同一气瓶不准重复进行超压试验。

（10）试验结束后上瓶阀时要涂上黑铅粉；只能用水玻璃调和，不能用铅油调和；所用工具也要禁油。

（11）试验完后按指定地点存放气瓶；堆放气瓶时必须确认氧气瓶放稳后才能离开。

氧气瓶在使用中应特别注意不得将氧气用光，瓶内最低压力一般不得低于 50psi。当氧气瓶内压力过低或无压力时，含有水蒸气的外界空气将进入瓶内。水蒸气与氧气的混合气体在流经系统中诸如节流孔或活门等狭窄通道时将膨胀，温度降低，水分很可能结冰，阻断氧气流动。另外，氧气瓶内的水分还会导致瓶内壁生锈，降低其强度，严重时甚至发生灾难性事故。目前小型飞机上连续供氧使用的氧气瓶除了钢制瓶体外，还出现了在铝合金内胆外面缠绕凯夫拉纤维构成的复合材料氧气瓶。从这种复合材料瓶体表面可以较为容易地看到凯夫拉纤维缠绕的痕迹。在安装这种瓶体时应注意在金属固定结构与瓶体间放好绝缘垫片，防止金属固定构件划伤瓶体。当凯夫拉纤维材料出现破碎、孔、槽或割伤时都将导致这种复合材料氧气瓶报废。连续供氧的氧气瓶一般安装在飞机行李舱后面的机身尾段中，并在飞机尾段侧面设有充氧接口和盖板。图 6-5 所示为充氧接口安装结构图。氧气瓶的关断活门一般通过与驾驶舱氧气控制手柄相连的钢索进行操纵，当手柄拉到关闭位时，复位弹簧帮助活门回到关断位，如图 6-6 所示。

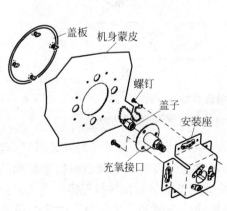

图 6-5 充氧接口安装结构

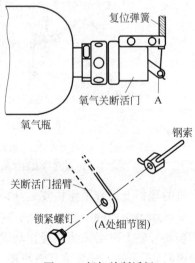

图 6-6 氧气关断活门

6.2 座椅与安全带

小型飞机座舱内的座位安排通常为一排两座或前后排布局(图6-7)。飞行员座椅按人体工程学原理设计,舒适方便,其前后位置、坐垫斜度及靠背斜度均可调整。后排为乘客座椅,为固定安装,并可根据需要拆下,用来装载行李或设备。

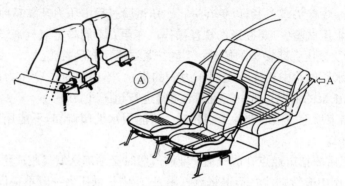

图6-7 小型飞机座椅

所有座椅都必须配装安全带和肩带(图6-8),三点式安全带在活塞式飞机上较为常见。安全带的功用是在飞机机动飞行、迫降等情况下将飞机乘员束缚在座椅上,防止人碰撞到飞机结构而受伤,并且在需要时能够迅速打开。安全带的两端固定连接于座舱地板的支座上。有带扣的一半位于每个座椅的内侧一边,并且其长度固定;有插板的另一半位于座椅外侧,其长度可调。将插板插入带扣中即可。图6-8(a)所示为标准的肩带和安全带配置;图6-8(b)所示为具有惯性转轴的安全带/肩带组合。安全带安装后,应检查其是否处于良好状态,是否能扣紧,不缠绕。发生严重事故后,必须更换安全带。

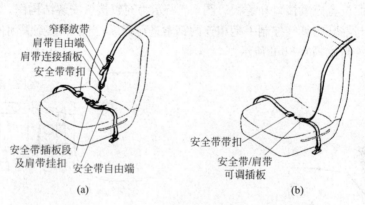

图6-8 安全带和肩带
(a) 配备标准肩带的安全带;(b) 配备惯性转轴的安全带

飞机的地板上设置了座椅安装导轨(图6-9),该导轨既可作为座椅的安装基础,有时也是飞机纵向承力结构的一部分,有的飞机将座椅导轨定为飞机水平调节时的参照构件。将座椅安装到导轨上时必须将座椅止动螺栓和座椅锁定销安装到位并打保险。当飞机剧烈加速和减速时,不正确的安装方式有可能导致座椅从导轨上脱开。不同身高的飞行员可对座椅进行前后和高度调节。

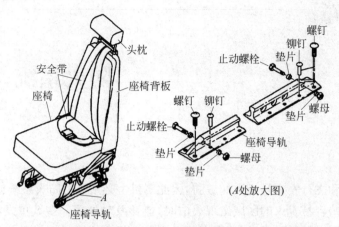

图 6-9　座椅的安装结构

第7章

防火系统

　　失火对飞机和飞行安全是极大的威胁,因此飞机上必须设置防火系统或设备,以便在发动机舱和座舱这些容易着火的区域出现火情时,能够及时处置。多数单发活塞发动机飞机的发动机舱未设置专门的灭火设备,但有些活塞发动机飞机则针对发动机舱设置有固定安装的灭火系统。在飞机座舱内配备有手提式灭火瓶。为了保持防火系统的高可靠性,飞机维护人员必须了解现代飞机上防火设施的基本工作原理、常见故障和维护方法。

7.1　防火基本知识

7.1.1　着火与灭火原理

　　从化学角度分析,着火是氧气与燃料之间的化学反应。燃烧的过程中,燃料的基本化学元素减少,同时产生巨大的热量。例如,纸张是一种主要由碳和氢元素组成的物质,当它在空气环境中被加热到其着火点时,碳和氢与空气中的氧结合,生成二氧化碳(CO_2)和水(H_2O)。纸张中的其他元素和不完全燃烧物表现为灰烬和黑炭形成烟。

　　从上述分析可知,着火必须同时具备3个条件,即可燃物(燃料)、氧气和足以将可燃物温度上升到其燃点或着火点的热量。如果其中某个条件不能满足,则火就不能持续燃烧。因此,灭火基本原理就是去掉着火3个条件中的1个或多个条件,达到灭火的目的。飞机灭火方法通常采用向着火区域喷洒无助燃作用的灭火剂,使其占据失火空间,置换出氧气而达到隔绝氧气的目的;灭火剂汽化过程中要吸收大量潜热,使着火区域温度降低。另外,灭火剂还具有防止火势蔓延的作用。

7.1.2　着火种类与飞机失火区域划分

1. 着火的种类

　　根据着火物质种类,国际消防协会将着火划分为 A、B、C 和 D 共 4 个类别。A 类火属于非金属固体物质着火,如木材、纸张、织物、塑料、橡胶等。飞机上这类着火常见于驾驶舱、客舱、卫生间和行李舱内。B 类火属于可燃液体着火,如汽油、煤油、滑油、油漆和溶剂等。飞机上这类着火常见于发动机舱或短舱以及装有辅助动力装置的舱位内。C 类火为电气设备着火,常发生于电子电气设备舱和电气控制面板背面。D 类火属于金属着火,如金属镁。这类火难以扑灭,如果使用灭火剂不适当,不仅无效,反而会导致火势蔓延。飞行中这类火很少见,但维护中因金属切削、焊接等施工中产生的高温可能点燃易燃金属。

2. 失火区域划分

因为空气流量决定了火警探测系统和灭火剂的工作效果,所以根据飞机上各舱位内空气流量的大小和特点,将飞机失火区域划分为 A、B、C、D 和 X 这 5 种区域。A 类区域具有很大的空气流量,且障碍物排列规则,形状变化小,如活塞式发动机的动力部分。向这类区域喷洒灭火剂时,还没能起到灭火作用,灭火剂就可能已被气流带走。B 类区域有大量空气流过,且障碍物具有良好的气动外形,如涡轮发动机舱、热交换器通道和排气管套管等。这类区域中通常装设有温度敏感元件或火焰和烟雾探测系统,以及灭火设施。C 类区域具有相对较低的空气流量,如辅助动力装置舱等。这类区域装有火警探测和灭火系统,或者具备隔离燃油、滑油和液压油等可燃物的措施。D 类区域的空气流量很小或者没有空气流通,如机翼隔舱和起落架舱等。这类区域不必设置灭火系统,但必须具有火警探测能力,以提醒飞行员采取正确行动。X 类区域有大量的空气流过,且具有隐藏较深的异形空间结构,这使得火警探测和灭火剂的均匀喷洒都很困难,其灭火剂用量通常为 A 类区域用量的 2 倍。

7.1.3　灭火剂种类及其适用范围

飞机上最常用的灭火剂是二氧化碳灭火剂和卤代烃灭火剂两大类。另外,在飞机座舱内还配备了装有水剂灭火剂的手提式灭火瓶。这些灭火剂分别适用于不同类型的火。

1. 二氧化碳灭火剂

二氧化碳是无色、无味的气体,密度是空气的 1.5 倍。二氧化碳作为灭火剂时,必须将其压缩和冷却至液态,储存于高强度的钢制灭火瓶中。当其喷洒到空气中时,二氧化碳膨胀并气化吸热,温度下降到约—110℉。这种冷却作用使空气中的水蒸气立即凝结成“雪”,致使二氧化碳沉积在火焰上方,置换并隔绝氧气,阻断燃料与氧气之间的化学反应,使火窒息而灭。“雪”一旦变暖就会蒸发,几乎没有残留物。

二氧化碳灭火剂适用于 A、B、C 类火。配置非金属喇叭喷嘴的手提式灭火瓶可用于扑灭电气失火。由于二氧化碳灭火剂使用后无残留物,以及无毒、无腐蚀性,它也很适用于发动机进气口和汽化器灭火。但如果使用不当,二氧化碳会使人产生精神错乱和窒息等生理问题。

2. 卤代烃灭火剂

卤族元素包括氯、氟、溴和碘。烃(碳氢化合物)与卤元素结合生成效果非常好的灭火剂,可排除火源处的氧气,并阻断燃烧过程。卤代烃灭火剂通过数字编号来识别其化学构成。这种编号根据其化学分子式中的卤代数确定。第 1 位数字表示化合物分子中的碳原子数;第 2 位数字表示氟原子数;第 3 位数字表示氯原子数;第 4 位数字表示溴原子数;第 5 位数字表示碘原子数,但如果分子中无碘,则第 5 位数字不出现。例如,一溴三氟甲烷(CF_3Br)表示为卤代 1301,或用其商品名“氟利昂 13™”。

卤代烃灭火剂对 B、C 类火最有效,但同样适用于 A、D 类火,只是对 A、D 类火的灭火效果稍差。它广泛应用于飞机座舱、活塞式发动机舱和燃气涡轮发动机舱等高速释放型灭火系统。卤代烃灭火剂主要有一溴三氟甲烷(卤代 1301,缩写为“BT”)和溴氯二氟甲烷(卤代 1211,缩写为“BCF”),它们毒性很小,无色、无腐蚀性,分别以气态和雾滴喷出,蒸发快,无残留物。

各种卤代烃灭火剂均属于氟利昂,它们对地球臭氧层有破坏作用。目前,已研究出卤代烃灭火剂的替代产品,如杜邦 FE-25™已被批准作为卤代 1301 的替代品,在飞机上得到应用。另一些替代品正在研究之中,如对 A、B 和 C 类火都有效的水喷雾灭火剂。作为航空维修技术人员,应当随时关注法律法规对于氟利昂的使用规定。

7.2 火警和烟雾探测及警告系统

飞机客舱和驾驶舱内一旦出现烟雾或失火,飞机乘员很容易感觉或发现。但在飞行中,飞机上许多区域难以接近,如发动机短舱、电子电气设备舱、行李舱和卫生间等,因此必须设置烟雾或火警探测系统,以帮助机组人员及时发现险情。为了能够准确指示实际险情,根据燃烧物的不同种类,探测系统也被设计成各种类型,如热探测、火焰探测、温度上升率探测,以及烟雾和有毒气体探测等。

现代火警探测系统在正确维护状态下具有高可靠性。系统由安装在失火区域的电气或电子传感器及其探测线路组成,并通过火警铃响和火警灯亮来警告某处发生火警险情。按照适航规章的规定,火警探测系统必须达到以下要求:

(1) 在所有飞行和地面工作状态下,系统必须设计安装成能防止发出虚假警告。

(2) 必须具备迅速指示火警和准确指示失火位置的能力,并能提供已灭火的准确指示。

(3) 系统必须具备灭火后的自动重置功能,以便再次失火时能立即提供失火警告。

(4) 系统必须能够连续指示持续的火情。

(5) 系统必须具备电气测试功能,以便从驾驶舱对探测系统电路的完好性进行测试。

(6) 探测器或敏感元件必须能够承受暴露在滑油、水、振动、高温和维护操作的条件下。敏感元件重量小,便于安装,且直接使用飞机电源系统的电源工作,无须专门的变流器。

(7) 每个探测系统必须能够接通驾驶舱中的火警铃,以及与失火部位相对应的火警灯。

(8) 对于多发飞机,每台发动机必须有单独的探测电路。

7.2.1 火警/过热探测系统

常见的发动机火警探测系统有两种类型:定点探测型系统和连续回路型系统。定点探测型系统利用独立火警探测器或热敏开关来探测火情,只有当与探测器同一位置的部位存在火情时,它才会发出火警警告,所以这些探测器必须安装在最有可能失火的部位。连续回路型系统的基本工作原理与定点探测型系统相同,所不同的是采用了由一根长铬镍铁合金管构成的单个开关,替代了数个独立开关。这根小直径的合金管完全包围了发动机短舱,因此它比定点探测型系统探测范围更广。

现代飞机上最常使用的火警探测系统包括热敏开关探测系统、热电偶探测系统、芬沃尔(FENWAL)系统、基德(KIDDE)系统、林德伯格(LINDBERG)系统、火焰探测系统和烟雾探测系统等。

1. 热敏开关火警探测系统

热敏开关火警探测系统属于单点式探测系统,使用多个热敏开关。每个热敏开关由双金属恒温器组成。当温度升高时,金属片膨胀伸长,两个金属片上的触点接触,接通电路(图 7-1)。热敏开关系统有两种基本类型,即单回路式和双回路式。

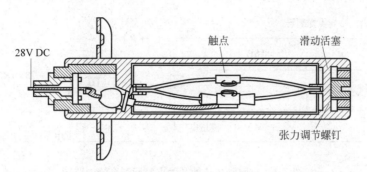

图 7-1　双金属片触点式热敏开关

在单回路热敏开关探测系统(图 7-2)中,多个相互并联的热敏开关布置在发动机易失火部位,并且与火警灯串联。任何一个热敏开关闭合,都将接通火警灯电路。电路由飞机直流汇流条供电。测试电门位于驾驶舱内。当按下测试电门时,测试继电器通电,使火警灯电路接地,火警灯亮,表明探测系统电路完好。除了电路测试功能外,大多数火警探测电路还具有火警灯亮度调节功能。昼间飞行时,调光继电器不工作,火警灯亮度较大;夜航时,随着航行灯电门接通,调光继电器使火警灯电路的电阻增大,电流减小,火警灯亮度相对变暗。

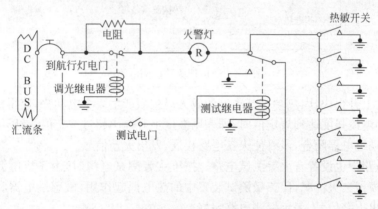

图 7-2　单回路式热敏开关火警探测系统电路图

在双回路热敏开关探测系统(图 7-3)中,所有热敏开关均并联于两个完整的电路之间,一个回路供电,另一个回路接地。当某个热敏开关感受到失火而闭合时,火警灯和火警铃电路接通,发出警告。该探测电路最明显的优点是:在短路或断路情况下,探测电路仍然能够正常发出火警警告。例如,假设接地回路发生短路情况,由于该电路已接地,火警警告不会失效。反之,如果供电回路短路,突然增大的电流会使继电器动作,导致供电回路变成接地回路,而接地回路则变成供电回路,所以火警警告仍然不会失效。该电路中也设有测试电门。按下测试电门时,模拟热敏开关闭合情况,供电回路与接地回路直接接通,发出火警信号,表明电路完好。

2. 热电偶火警探测系统

热电偶火警系统(图 7-4)的工作原理与热敏开关系统不同,它探测的是温度上升的快慢程度。热电偶由两种不同金属构成,它们的连接端(热端)暴露在可能失火的区域,另一端(基准端)封闭在两个绝热装置之间的静止空气中,整体被金属外壳包裹。

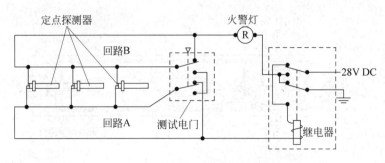

图 7-3　双回路式热敏开关火警探测系统电路图

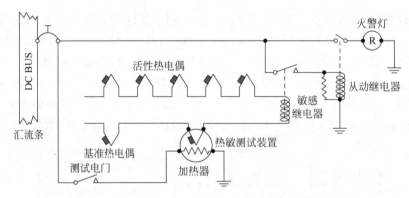

图 7-4　热电偶火警探测电路

如果温度上升很快,因热端与基准端的较大温差而产生一个电动势,使得探测电路内产生了电流。当电流强度达到规定值时,即表明温度上升速率超过规定值,敏感继电器就会闭合,进而使从动继电器闭合,最终使火警电路接通,发出火警信号。

该探测电路中也设置有火警测试电路。按下火警测试电门时,由飞机电源系统供电的加热器发热,模拟失火情况,使热敏测试装置中的热电偶起作用,敏感继电器和从动继电器相继闭合,发出火警信号,表示探测电路完好。

3. 芬沃尔系统

芬沃尔连续回路火警/过热探测系统(图 7-5)的敏感元件是单个元件,其构造是在铬镍铁合金管内,一系列陶瓷珠由中心导体(镍金属丝)串在一起,其合金管长度根据着火区域的尺寸而定,通常从 1ft 到 15ft 不等。陶瓷珠用共晶盐浸过,因此其电阻具有随温度变化而变化的特性。

系统工作时,电源向中心导体供电,而铬镍铁合金管与飞机结构相连而接地。在正常温度条件下,共晶盐芯材电阻很大,阻断了中心导体与合金管之间的电流流通。而当出现失火或过热条件时,芯材电阻值陡降,电流从中心导体流向合金管而接地,从而接通火警(或过热)灯和火警铃电路,发出火警警告。该系统具有一个磁放大器控制组件。该组件向敏感元件供电,并且当电路通过铬镍铁合金管完全接地时,接通警告电路。

4. 基德系统

基德系统也属于连续回路型系统,其过热敏感元件(图 7-6)也是长度可变的单独合金管。该敏感元件为刚性预成形铬镍铁合金管,中心有两根嵌装在热敏电阻材料中的导线。

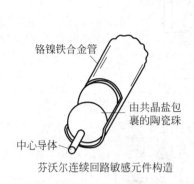

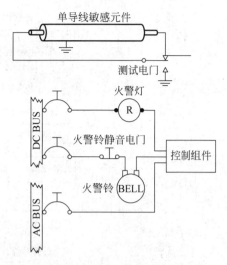

图 7-5　芬沃尔连续回路火警/过热探测系统敏感元件和电路图

热敏电阻材料可防止两根导线接触,并作为导线的外部保护,同时还具有电阻值随温度上升而下降的特性。两根导线中,一根的两端伸出合金管并焊接到合金管上,作为内部接地;另一根导线作为正极,由飞机电源系统供电。当发生失火或过热时,热敏材料的电阻陡降,电流从正极导线流通到接地导线,从而接通火警灯和火警铃电路,发出火警信号。

铬镍铁合金管

热敏电阻材料

每根导线与一个具有独立电路板的电子控制组件连接。双组件连续测量整个敏感元件回路的电阻值,并提供冗余度,即当某导线故障时,仍然具备火警探测能力。

5. 林德伯格系统

林德伯格火警探测系统属于气体连续回路型系统(图 7-7)。该系统采用充满惰性气体的不锈钢管作为敏感元件。管内填装

双导线

图 7-6　基德敏感元件构造

能够部分吸收气体的松散材料,其吸收气体的量与温度相关。管子的一端密封,另一端与被称为"响应器"的气压传动电门连接。电门由膜盒和接触座构成。

当敏感元件周围的温度上升到失火或过热状态时,管内松散材料也被加热,并释放出所吸收的气体。因此,管内气体压力增大,并机械地作动响应器内的膜盒电门。只要膜盒电门闭合,火警灯亮,火警铃响。按下测试电门时,测试组件将低压电流连通到敏感元件管壳,对松散材料加热,直到气体压力使膜片电门闭合而发出火警信号,探测系统工作正常。松开测试电门,松散材料冷却,吸收气体,膜盒电门开路,火警信号停止。

7.2.2　火焰探测器

飞机上使用的火焰探测器大多属于光电传感器,其工作原理是感受相对封闭区域里可见光或红外线的辐射强度。当照射到光电管上的光亮度增加时,就会产生电流。一旦产生的电流足够大,通过放大器,接通火警灯和火警铃。

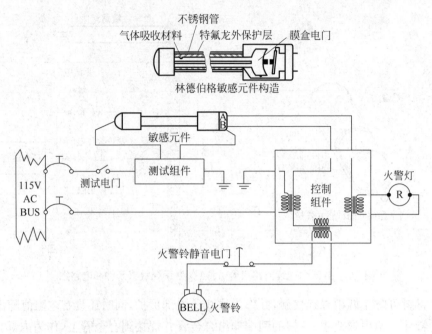

图 7-7　林德伯格火警探测系统

7.2.3　烟雾和有害气体探测系统

飞机的烟雾探测系统功用是监视飞机上某些区域是否有烟雾出现,以便在过热/火警系统发出警告前,帮助机组判断是否存在失火隐情。烟雾探测区域包括货舱、行李舱和盥洗室等。

座舱内出现一氧化碳或一氧化二氮气体时,不仅危害飞机乘员,同时可能意味着存在失火情况。因此,探测这些有害气体可及时提供危险状态警告。

1. 烟雾探测器

烟雾探测器必须具备及时探测烟雾的能力,其窗口、通风口和管道不能有障碍。烟雾探测器根据其探测方式进行分类,并且在同一架飞机的不同区域可能会安装不同的烟雾探测器。

1) 光折射型烟雾探测器

这种探测器由安装在迷宫式密封腔内的光电管、光标灯、光收集器组成(图 7-8)。空气样本由微型风扇抽到探测器密封腔内。出现烟粒子时,它们将光线折射到光电管。当空气中烟雾浓度达到 10% 时,光电管产生电流。该信号经过放大器放大,接通驾驶舱中的烟雾警告灯和警告喇叭。按下测试电门时,28V 直流电通到测试继电器,使光标灯与测试灯处于串联状态并接地。只有当光标灯、测试灯、光电管、烟雾探测器放大器及其电路均处于完好状态时,才会发出烟雾警告。

2) 电离型烟雾探测器

这种烟雾探测器使用少量放射性物质,将抽入探测器腔内的空气样本中的部分氧原子和氮原子电离。这些离子使少量电流通过探测器腔流到探测电路(图 7-9)。

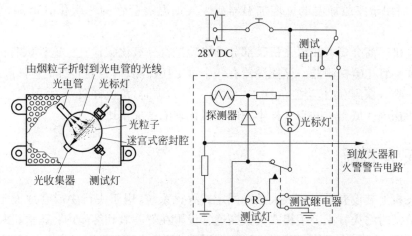

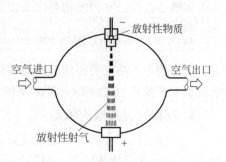

图 7-8　光折射型烟雾探测器及其测试电路

如果探测器内的空气样本中存在烟雾,则烟粒子将依附到氧和氮离子上,减少探测电路的电流。如果电流下降到预设值,警告电路将接通驾驶舱中的视觉和音响警告。

3) 固态型烟雾探测器

固态烟雾或有毒气体警告系统的工作原理是:一个电桥电路比较来自两个探测元件的信号,一个元件位于需要监视区域,另一个元件暴露在外界空气中。探测元件是包裹在半导体涂层材料中的加热盘管。如果存在一氧化碳或一氧化二氮气体,它们将被吸入半导体涂层,改变探测器的电流流通能力,而另一个处于外界空气中的探测器则没有这种改变,所以电桥的平衡被破坏,促使警告电路将驾驶舱中的警告灯接通。

图 7-9　电离型烟雾探测器

2. 一氧化碳探测器

一氧化碳探测器通常安装在飞机座舱或驾驶舱内,用来探测一氧化碳气体。一氧化碳是一种无色、无味、无刺激性的气体,由于不完全燃烧生成,在烟雾或浓烟中不同程度地存在。即使一氧化碳浓度很小也是很危险的。如浓度为 0.02% 的一氧化碳会导致人头痛、精神迟缓,数小时内造成人体某种程度的生理损伤。较高浓度或长时间暴露在这种气体中将是致命的。

最简单经济的一氧化碳探测器是一种纽扣形装置,可别在衣服上,或装在仪表板或驾驶舱壁上。该探测器含有一个感应药片,当其暴露在一氧化碳气体中时,药片颜色由正常的黄褐色逐渐变为从灰到黑的深暗色。颜色变化时间取决于一氧化碳浓度。例如,当浓度为 0.005% 时,首次变色时间为 15~30min;而当浓度上升到 0.01% 时,药片将在 2~5min 内变色,且在 15~20min 内变成深灰色或黑色。纽扣探测器很有效,但必须按照生产商规定的时间间隔对药片进行定期更换。

另一种一氧化碳探测系统是利用电子方式持续地从座舱和驾驶舱空气中取样。当空气样本中一氧化碳浓度超标时,发出音响警告。这种探测系统特别适用于活塞式发动机飞机,它可对用于座舱加温的燃烧加温器或废气加温器套管的一氧化碳泄漏情况进行连续监视。

　　有时飞机厂商会要求在对飞机某部分维修后进行一氧化碳检查。这种试验工作常使用一种手持式一氧化碳探测器。该探测器有一个可更换探测管,管内装有黄色硅胶。使用时,空气样本被吸入探测管内,当空气样本中含有一氧化碳时,黄色硅胶变为深绿色。绿色的深浅程度与所探测区域当时的空气样本中的一氧化碳浓度成正比。

7.3　灭火系统

　　许多飞机上装设有手提式灭火瓶和固定式灭火系统,用于飞行中或在地面工作时机组和维护人员及时将火扑灭。手提式灭火瓶通常设置在驾驶舱和客舱内;运输机和商务飞机则还要安装固定式灭火系统,用于发动机、辅助动力装置、行李舱和电子设备舱灭火。此外,许多客机还在盥洗室的废物箱内装设灭火系统。

7.3.1　手提式灭火瓶

　　手提式灭火瓶安装在驾驶舱和客舱内便于拿取的位置。商用客机上手提式灭火瓶的安装位置和数量必须遵循 CCAR23 部的相关规定,而通用航空飞机则可按规定选择安装。

1. 手提式灭火瓶的种类

　　飞机座舱内使用的灭火瓶主要有两类,即卤代 1211 灭火瓶和水剂灭火瓶(图 7-10)。卤代 1211 灭火瓶适用于所有类型的失火,而水剂灭火瓶则只适用于纤维、塑料、橡胶等固体物料着火(A 类火),禁止用于 B、C 和 D 类火。座舱内灭火切忌使用烟雾剂型灭火瓶。

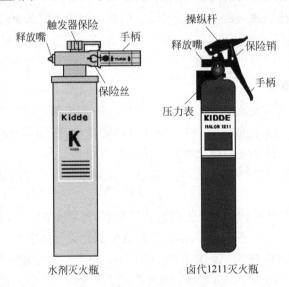

图 7-10　常用手提式灭火瓶

　　手提式灭火瓶的使用方法与一般民用灭火器类似。水剂灭火瓶外表一般为绿色,内部充有二氧化碳压缩气体和水剂,手柄处有保险丝。使用时先去掉保险,顺时针转动手柄,二氧化碳进入灭火瓶对水加压,按压触发器即可释放水灭火剂。卤代 1211 灭火瓶外表通常为红色,手柄处有带拉环的保险销。使用时先拔出保险销,下压操纵杆即可释放灭火剂。灭火时,应对准火源底部,在距离火源 2～3m 处喷洒灭火剂。

2. 手提式灭火瓶的安装要求

用于飞机上的手提式灭火瓶必须经过适航部门批准。灭火瓶通常安装在其厂商提供的安装托架内,能够承受飞行中或发生事故时产生的冲击力。安装灭火瓶时应注意以下事项:

(1) 灭火瓶安装部应避免温度过高,以防止灭火瓶因过热而爆裂。

(2) 手提式灭火瓶应尽量安装在靠近需要防火的区域。如果没有明显的危险区,则应安装在旅客登机门附近或乘务员工作位。

(3) 如果要安装两个或更多灭火瓶,其中一个应位于客舱一端,其余的应按均匀间隔布置。

(4) 灭火瓶应安装在方便取用和容易看到的位置。如果这样布置有困难,则应在安装灭火瓶位置设置标识牌,指示灭火瓶位置。

(5) 遵循灭火瓶安装程序,记录空重及空重重心,以及设备清单和持续维护档案。

3. 手提式灭火瓶的维护

大多数手提式灭火瓶由其厂商提供零配件,飞机制造商的维护手册中很可能没有涉及灭火瓶的维护说明。在这种情况下,最好直接从灭火瓶生产商那里获得维护资料。但对那些用于商业运行飞机的手提式灭火瓶,通常在单独的维护说明书中列出了其详细的维护要求。

有些灭火瓶表面的识别标签上注明了基本维护信息,在检查灭火瓶时应特别注意查看。检查项目主要包括对灭火瓶称重和检查压力表指示,以确定瓶内灭火剂分量以及释放动力是否符合要求。标签上还可能标注有灭火瓶的使用时限或者静力水压试验要求。对灭火瓶进行的所有检查维护工作必须记录在飞机的持续维护档案中,并同时直接标注在灭火瓶的标签上。

其他检查工作包括灭火瓶是否容易从安装托架上取下,以及保险销是否安装可靠。如果发现灭火瓶存在不正常情况,则必须更换,或者送到经适航部门批准的手提式灭火瓶的专业维修站做全面维护。

7.3.2 固定式灭火系统

在飞机上采用哪种灭火系统取决于可能失火的种类。固定式灭火系统有两种基本类型:二氧化碳系统和卤代烃高速喷射(HRD)系统,通常用于发动机舱、辅助动力装置舱和货舱等灭火。两种系统都是由 1 个或 2 个固定安装的灭火瓶、灭火剂释放管路和灭火控制开关和电路等组成。

1. 固定式二氧化碳灭火系统

活塞发动机飞机上如果装设固定式灭火系统,则多采用传统的二氧化碳灭火系统。这种系统由灭火瓶和用于释放灭火剂的远程控制活门组成。灭火瓶(图 7-11)由不锈钢丝层叠缠绕而成,可防止爆裂。根据灭火瓶在飞机上的安装位置,瓶内设有垂直虹吸管或水平虹吸短管。瓶内正常气体压力范围为 700～1000psi。与灭火瓶用管道连接的机身一侧蒙皮上装设有红色热释放指示膜片,当瓶内压力过高(2200～2800psi)时,灭火瓶会自动向机外释放灭火剂,红色膜片被冲破。通常在红色膜片旁边还并排装设一个黄色膜片,当灭火瓶正常释放灭火剂时,黄色膜片被冲破,表示灭火瓶已空。

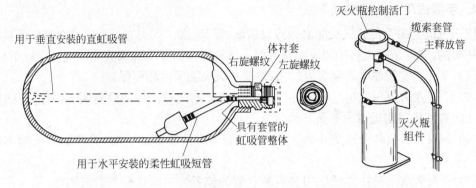

图 7-11　二氧化碳灭火瓶构造及其安装简图

　　灭火瓶控制活门通过带套管的钢索或电缆与驾驶舱内的灭火控制手柄连接,而灭火剂则通过主释放管路输送至发动机失火区域。发生火警时,拉动灭火手柄,机械地或电动地打开连接在灭火瓶头部的控制活门,灭火剂通过主释放管向失火区域喷洒灭火。

　　图 7-12 所示为某活塞发动机飞机上安装的二氧化碳灭火系统及灭火瓶爆炸帽结构。火警探测敏感元件是热敏开关,当发动机周围温度上升到规定值时,火警电路接通,火警灯亮。灭火瓶内装有二氧化碳灭火剂,头部有爆炸帽。接通灭火电门时,爆炸帽内由飞机电源系统供电的电阻丝通电发热,引发传爆管里的火药燃烧,产生高压气体,推动带针杆的活塞向下运动,刺破灭火瓶瓶口密封膜片,瓶中的二氧化碳灭火剂经导管和灭火喷管,喷到发动机周围灭火。飞行前可通过按压火警测试电门检查火警探测电路的完好性。按下测试电门时,火警灯因通电而燃亮,表明电路工作正常。

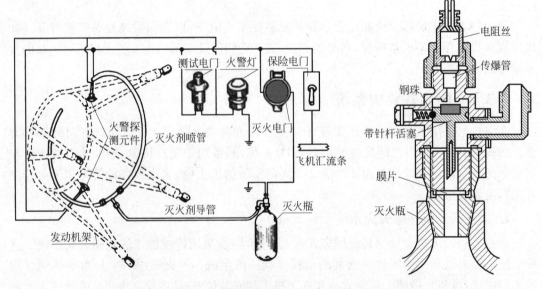

图 7-12　电作动的固定式二氧化碳灭火系统

2. 系统检查与维护

对固定式灭火系统的检查项目包括灭火瓶保养、拆卸和重新安装爆炸帽、检查释放管路的密封状况以及检查控制电路的完好性等。详细的检查维护项目和程序应遵循制造商的维护手册规定。

同时,还应当对灭火瓶压力进行定期检查,确定其是否符合制造商规定的压力范围。飞机维护手册中给出了灭火瓶压力/温度曲线或数据表,压力表读数可根据环境温度来进行修正。如果压力不在规定的范围之内,则必须用灌充压力正常的灭火瓶更换。确定灭火瓶正确灌充后,必须检查压力表玻璃面是否破损,并将灭火瓶可靠安装到机体上。检查灭火剂灌充量是否正确的唯一方法是对灭火瓶进行称重,所以大多数灭火瓶都需要定期重新称重。此外,灭火瓶还必须每隔 5 年进行一次水压试验。

第8章

飞行操纵系统

飞行操纵系统是飞机上用来传递飞行员的操纵指令,驱动舵面按要求运动的所有部件和装置的总和,其作用是控制飞行姿态、飞行轨迹、气动外形和乘坐品质。飞行操纵系统通常分为主操纵系统和辅助操纵系统两大部分,前者供飞行员操纵飞机的各主操纵面,使飞机绕自身三轴(图8-1)旋转,改变或保持飞机的飞行姿态;后者主要是飞行员通过对增升装置、扰流板、调整片等辅助操纵面的控制,改善飞机的飞行性能,减小飞行员操纵负荷。飞行操纵系统是飞机的重要组成部分,其工作是否正常可靠,直接关系到飞机的飞行安全,并影响飞机性能的发挥。因此,飞行操纵系统除了应满足强度、刚度足够和重量轻等一般要求外,还要求其工作安全可靠,操纵轻便、灵敏、准确。

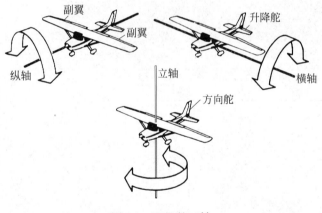

图 8-1　飞机的三轴

活塞式发动机飞机的飞行主操纵系统一般采用人力操纵的无助力机械传动式系统,即由飞行员的体力克服舵面气动力矩形成的铰链力矩;而其辅助操纵系统则可能是机械传动或电动。飞行操纵系统一般由操纵机构、传动机构和操纵面(舵面)3大部分组成。

8.1　飞行主操纵系统

飞机的飞行主操纵系统的功用是:操纵主舵面偏转,改变机翼或尾翼的气动外形,产生附加气动力,对飞机纵轴、横轴或立轴形成气动力矩,改变飞机的滚转、俯仰和航向姿态,使飞机按照飞行员希望的轨迹飞行。人工操纵的飞行主操纵系统由操纵机构、机械传动机构和操纵面组成。

8.1.1　飞行主操纵面

飞机飞行主操纵面包括副翼、升降舵(或全动平尾)和方向舵,分别控制飞机绕纵轴、横轴和立轴转动。飞行主操纵面安装于机翼和尾翼的后缘。它们偏转后改变了机翼、尾翼的气动特性,从而达到操纵飞机的目的。通常将飞行操纵面按功能分为主操纵面和辅助操纵面两大类(图 8-2)。

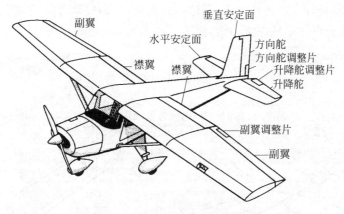

图 8-2　飞行操纵面的位置

副翼铰接于两边机翼外侧的后缘。两边副翼相对反向偏转时产生对飞机纵轴的力矩,即横滚力矩,实现对飞机的横滚操纵,并与方向舵配合使飞机协调转弯。副翼上偏一侧机翼的升力减小,副翼下偏一侧机翼的升力增大,因此飞机会向副翼上偏一侧进行滚转。飞机转弯时,副翼产生的滚转力矩可以抵消方向舵偏转造成的附加滚转力矩,使飞机向方向舵偏转的方向转弯,防止出现反向侧滑。

升降舵铰接于水平安定面之后,向上或向下偏转时会产生附加气动力,从而形成对飞机横轴的力矩,即俯仰力矩,实现对飞机的俯仰操纵。某些小型飞机将水平安定面和升降舵做成整体,称为全动平尾,主要是为了提高俯仰操纵的效率。升降舵上偏时飞机抬头,反之则低头。

方向舵铰接于垂直安定面之后,它向左或右偏转时会产生附加气动力,从而形成对飞机立轴的力矩,即偏航力矩,实现对飞机航向的操纵。

活塞发动机飞机的结构尺寸一般较小,绕机体坐标系纵轴、横轴、竖轴的惯性矩相对较小,正常飞行时操纵舵面偏转时所受的局部气动力不大。目前操纵面主要有金属结构和复合材料结构两种类型。采用复合材料制造的舵面一般是单梁式结构或蜂窝夹芯硬壳式结构,舵面重量轻、刚度大,但应注意对螺旋桨吹拂导致的小石子等异物撞击损伤进行检查。

8.1.2　飞行主操纵

1. 横滚与航向操纵

飞机在飞行中转弯时,必须由副翼和方向舵协同操纵才能完成。若只有方向舵偏转,则会出现反向侧滑,飞机无法向方向舵偏转的一侧转弯。这是因为当方向舵偏转时,由于垂尾产生的气动力作用线不经过机身轴线,因此会对机身产生扭矩,该扭矩的方向总是与偏航方向相反,此时飞机会反向侧滑,无法向希望的方向转弯。副翼的协同偏转可以抵消垂尾对机身的扭矩,并产生与偏航方向同向的滚转力矩,帮助飞机实现空中转弯。因此飞机转弯时需要同时使用副翼和方向舵。许多现代小型飞机上,副翼和方向舵操纵系统之间存在某种形式的机械联动关系,这就使得副翼随操纵方向舵脚蹬的运动而偏转,实现协同转弯。

图 8-3 所示为某飞机副翼操纵系统。该系统采用硬式传动,主要由传动杆和摇臂等组成传动机构。转动驾驶盘(操纵机构)时,通过中央传动机构、扭力管、摇臂和传动杆等,最终由输入杆作动副翼偏转。左转驾驶盘,左边副翼上偏,附加气动力向下,右边副翼下偏,附加气动力向上,对飞机纵轴形成左滚力矩,使飞机向左倾斜;右转驾驶盘则使飞机向右倾斜。

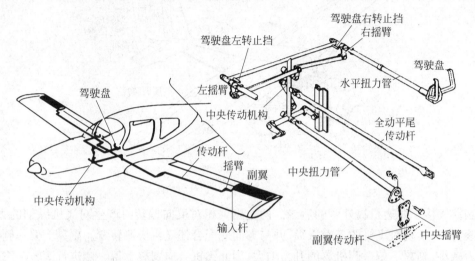

图 8-3　副翼操纵系统(硬式传动)

许多活塞式发动机飞机的主操纵系统采用软式传动,传动机构由钢索、滑轮(扇形轮)以及摇臂等组成。图 8-4 所示为某飞机副翼操纵系统采用软式传动的副翼操纵机构。转动驾驶盘,通过水平扭力管和万向接头,驱动链轮转动,带动链条运动。链条的两个端头与操纵副翼的钢索连接。因此,驾驶盘的转动转换成两条副翼传动钢索的反向运动,最终使两边副翼相对反向偏转,实现对飞机横侧的操纵。

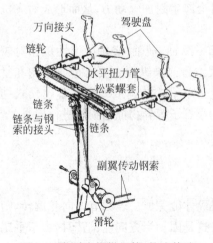

图 8-4　驾驶盘操纵机构(软式传动)

副翼偏转后产生的阻力是一个很麻烦的问题。由于下偏一边副翼产生较大升力的同时,也产生较大阻力,而向上偏转同样角度的另一边副翼所产生的阻力较小,这就导致两边机翼的阻力不平衡,并且阻力力矩与预期的飞机偏航方向相反,可能导致"副翼反向偏航"现象,恶化了飞机的飞行性能。解决该问题的途径有几种:第 1 种方法是采用"差动摇臂"(将在本章后面部分介绍),使上偏副翼的角度大于下偏副翼,产生足够的阻力,与下偏副翼的阻力相平衡;第 2 种方法是使用"阻力副翼"(图 8-5),就是将副翼铰链轴后移,以及将副翼前缘配重前伸并增大其迎风面积,使得副翼上偏时其前缘及其配重突出于机翼下表面,增大阻力,与下偏副翼的阻力相平衡;第3种方法是采用"方向舵—副翼互连弹簧",就是将驾驶盘与方向舵操纵系统通过互连弹簧连接起来,操纵副翼时,方向舵随之少量偏转。例如,向右转动驾驶盘时,互连弹簧和钢索向前拉动方向舵右脚蹬,使方向舵右偏,产生的右偏航力矩恰好抵消因机翼两边副翼偏转后阻力不平衡所产生的左偏航力矩。

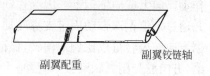

副翼配重　副翼铰链轴

图8-5　阻力副翼示意图

图8-6所示为采用钢索传动的方向舵操纵系统。脚蹬通过摇臂和操纵钢索与方向舵操纵摇臂相连接。飞行中蹬左脚蹬,方向舵左偏,附加气动力向右,对飞机立轴形成左偏航力矩,使飞机向左偏航;蹬右脚蹬则使飞机向右偏航。

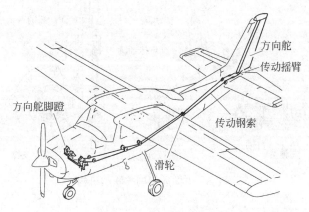

图8-6　方向舵操纵系统

图8-7所示为方向舵脚蹬机构。蹬左脚蹬时,内扭力管转动,通过摇臂带动钢索运动,传动方向舵向左偏转;蹬右脚蹬时,外扭力管转动,通过摇臂带动钢索运动,传动方向舵向右偏转。每个方向舵脚蹬还分别连接一个刹车控制筒。将方向舵脚蹬顶部踩下,刹车控制筒内的活塞挤压油液,通过刹车管路流入刹车装置而实现刹车。某些飞机的方向舵脚蹬还与前轮转弯机械机构关联或连接。只要起落架在放下位置,蹬脚蹬不仅可以使方向舵偏转,同时也会使前轮偏转,以便于控制飞机在地面运动的方向。

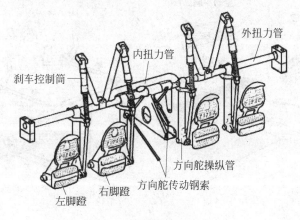

图8-7　方向舵脚蹬机构

　　某些小型飞机在方向舵和副翼操纵系统之间设置互联机构(图 8-8),用来保证蹬舵时飞机能够协调转弯。蹬舵时,固定在方向舵水平扭力管上的一个摇臂传动作动筒轴做自由移动。当蹬舵位移量(方向舵偏角)达到一定值时,作动筒轴压缩作动筒内的校准弹簧,推动作动筒向上或向下运动。因为作动筒与悬挂支撑固定连接,所以悬挂支撑绕自身转轴转动,并通过定位钢珠带动固定支撑转动。因固定支撑与副翼传动轴固定连接,所以副翼就会根据方向舵偏转量成比例地偏转,保证协调转弯。当蹬舵量(力)较大时,定位钢珠滑出其定位槽,方向舵与副翼联动关系解除。

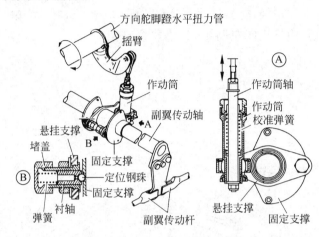

图 8-8　方向舵与副翼联动机构

2. 俯仰操纵

　　常规布局的水平尾翼包括固定于机身后部的水平安定面,以及铰接于固定水平安定面后缘的升降舵。在升降舵后缘通常铰接安装配平调整片,用于在所有允许飞行速度下对飞机尾部下沉载荷进行调整,以便飞行员能够松手飞行。

　　某些小型飞机因其飞行速度较低、升降舵尺寸较小,仅靠升降舵不能完全满足俯仰操纵的要求,故将水平安定面和升降舵设计成整体,称为全动平尾。

　　图 8-9 所示为升降舵(或全动平尾)操纵系统及其操纵机构和传动机构示意图。驾驶盘

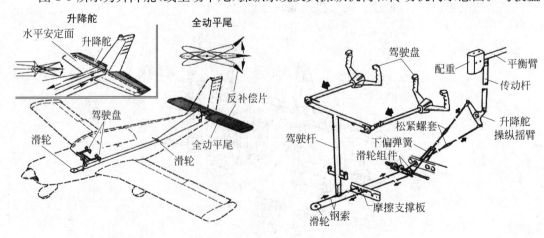

图 8-9　俯仰操纵系统及其操纵和传动机构示意图

（杆）通过钢索、滑轮、操纵摇臂和传动杆与升降舵相连。飞行中向前推驾驶盘，通过钢索传动，升降舵传动摇臂反时针转动，传动杆向上移动，推动配重和平衡臂上移，使升降舵（或全动平尾）后缘下偏，产生向上的附加气动力，对飞机横轴形成低头力矩，使机头下俯；后拉驾驶盘则使机头上仰。

　　某些重心范围较大或重心比较靠后的飞机在进近着陆等低速状态下，升降舵（或全动平尾）实际上处于微微下偏的位置。如果这时飞机因遇到紊流而减速，则升降舵将回到中立位。在这样的低速下，配平调整片不足以保持飞机低头。飞机进一步上仰则可能导致失速。为了解决这一问题，通常在这类飞机的俯仰操纵系统中加装升降舵下偏弹簧（图8-10）。该弹簧的弹力与配平调整片上的气动力平衡，其作用方向是拉动钢索操纵升降舵向下偏。当飞机在进近中遇到紊流而减速时，俯仰配平调整片效率急剧下降，这时下偏弹簧将通过钢索、摇臂和传动杆拉动升降舵下偏，使机头下俯，保持飞行速度，防止失速。

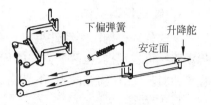

图8-10　俯仰操纵系统中的下偏弹簧

8.1.3　舵面锁定机构

　　小型飞机在地面停放期间，必须用舵面锁定装置将舵面固定，以防止阵风或大风吹动舵面来回偏转摆动而损坏舵面及其传动机构。舵面锁定机构常见种类包括内部（操纵机构）舵面锁、外部舵面锁、传动机构锁或舵面阻尼器等。小型飞机则常使用内部舵面锁或外部舵面锁。

　　内部舵面锁是通过一定方式将主操纵机构（驾驶盘、驾驶杆、脚蹬）固定，从而也就把操纵系统的传动机构和舵面都固定在规定位置。图8-11所示是一种典型的操纵机构锁。把驾驶盘水平扭力管上的锁孔与锁支架上的锁孔对准，将锁销插入锁孔，即对舵面上了锁。这时由于驾驶盘既不能转动，也不能前后移动，所以该锁定机构将副翼和升降舵锁定。至于方向舵，如前所述，多数小型飞机的方向舵操纵系统与脚蹬相连，同时脚蹬又与前轮转弯机构机械连接或关联，所以当飞机在地面时，方向舵如果要在非操纵条件下偏转，前轮势必随之偏转。飞机停机后，地面对前轮的摩擦力正好阻止了方向舵意外偏摆，起到了方向舵锁的作用。有的小型飞机在机身尾锥部

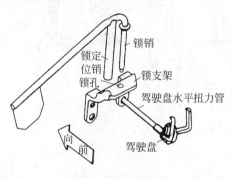

图8-11　操纵机构锁

分安装了方向舵阵风锁，通过人工扳动进行锁定和解锁。

　　外部舵面锁是将专门开槽的木制挡块插入飞机固定结构与活动舵面之间的开缝处，从而将舵面固定在中立位置。

　　飞行前必须将舵面锁解除，以防止锁住舵面，起飞发生事故。为避免这种情况的发生，在设计上采取了一些安全措施，如舵面锁手柄与油门杆连锁，未开锁前发动机油门杆只能前推到慢车位而达不到起飞功率；或者舵面锁住时发动机启动电门或磁电机钥匙孔被挡住而不能启动发动机等。如果使用的是外部舵面锁，在飞行前检查时必须将这些挡块取下，或将

锁定机构解锁。

8.1.4　主操纵系统的机械传动机构

如前所述,小型飞机的操纵系统,特别是主操纵系统的操纵力和操纵位移信号都采用无助力机械传动机构来传递(即人工操纵)。因此,传动机构是否正常工作,直接关系到飞行安全。根据操纵系统组成和工作特点,将机械传动机构分为硬式传动、软式传动及这二者的组合,即混合式传动。

1. 硬式传动机构

硬式传动机构由刚性件组成,主要构件包括传动杆、摇臂和导向滑轮等,其特点是单条传动路线可实现推、拉两个方向的传动。硬式传动具有刚度大、操纵灵敏性好等优点,但其重量相对较大、所需空间大、不易绕过障碍。

1) 传动杆

传动杆(图 8-12)一般用铝合金管或钢管制成,其长度一般不超过 2m,以防止其失稳或与机体产生共振。如果必须使用长杆,则应在长杆中间加导向滑轮。传动杆两端装有接头,其中一端的接头通常是可调的。在调整拉杆的长度时,为了防止接头的螺杆调出过多,而使螺纹结合圈数过少,在管件端部设有检查小孔。调长传动杆时,接头螺杆的末端不应越过小孔。传动杆的支撑件主要是摇臂,它与传动杆之间的连接均采用铰接方式。在传动过程中,传动杆不仅要作往复直线运动,而且还要相对于摇臂转动,所以其接头内通常都安装有滚珠轴承。此外,有的传动杆的端部采用旋转接头,以便能绕自身轴线转动;有的采用带有球形轴承的接头,以便能够向两侧摆动。

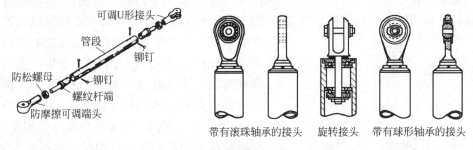

图 8-12　传动杆的结构

2) 摇臂

摇臂通常用铝合金制成,按其功能分为单摇臂、双摇臂、复摇臂等几种(图 8-13)。单摇臂有的仅起到支撑传动杆的作用(图 8-13(a)),有的还可以改变力的大小(图 8-13(b));一端固定在舵面转轴上的单摇臂(图 8-13(c))用来传动舵面偏转,习惯上将其称为操纵摇臂;双摇臂两臂之间的夹角有的是 180°(图 8-13(d)),有的小于 180°(图 8-13(e)),它们除了用来支撑传动杆外,还可以改变传动杆的运动方向和力的大小;复摇臂(图 8-13(f))除了具有与双摇臂相同的作用外,还可以用来同时传动几根传动杆运动。在上述各种摇臂中,仅起支撑作用的单摇臂在传动时不受弯矩,其他摇臂都要承受弯矩。因此,为了使摇臂在传动时不致产生显著的弹性变形,承受弯矩的摇臂刚度都较大,维护、修理工作中不得任意改换。

飞控系统中可使用差动摇臂防止副翼偏转时出现反向偏航。所谓差动摇臂,实际上是

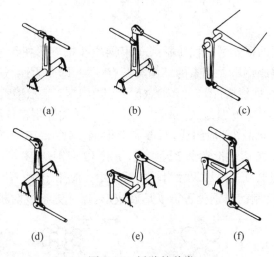

图 8-13　摇臂的种类

经过专门设计的一种双摇臂(图 8-14)。当驾驶盘在中立位置时,双摇臂的两个臂中至少有一个与传动杆不垂直。在此前提下,由几何分析可知,当输入杆 AC 左右移动同样距离($a_0 = b_0$,相当于驾驶盘向左或向右转动同样角度)时,OA 臂左右转角是相等的($\alpha_1 = \alpha_2$),因而 OB 臂左右转角也相等。但这时传动杆 BD 向右移动的距离却大于向左移动的距离($b > a$),所以舵面向上的偏角就大于向下的偏角($\delta_1 > \delta_2$)。如果将这种摇臂应用于副翼操纵系统中,则可实现副翼的差动,即副翼上偏角度大于下偏角度,实现机翼两边的阻力平衡。在维护中,尤其是在调整操纵系统时,必须注意保持摇臂与传动杆连接关系的准确性,以免改变舵面的差动角度,影响飞机的操纵性能。

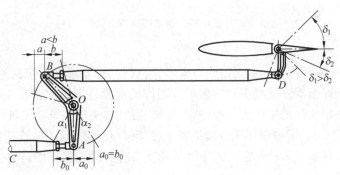

图 8-14　差动摇臂原理

2. 软式传动机构

软式传动机构由钢索、滑轮、扇形轮(摇臂)、导向装置、松紧螺套或张力调节装置等组成。因为钢索只能承受拉力,所以必须构成钢索回路,以实现对操纵面的双向传动。软式传动具有重量相对较轻、容易布局和安装、便于绕过障碍等优点。

1) 操纵钢索

飞行操纵系统使用的钢索由碳素钢或不锈钢制成。不锈钢价格较贵,强度稍低于碳钢,但其使用寿命较长,如农用飞机或水上飞机这些在腐蚀条件下运行的飞机,常采用不锈钢钢索。

(1) 钢索构造

飞行操纵系统使用的钢索通常以 1 根或 1 束钢丝按螺旋形扭织成股,然后以 1 股为中心,其余数股汇合,扭编成钢索。钢索的结构类型有 3 种,即非柔性、柔性和特柔性。非柔性钢索有 1×7 和 1×19 两种规格(图 8-15(a)、(b)),其中 1×7 表示钢索由 7 股组成,每股仅 1 根钢丝;1×19 表示钢索由 19 股组成,每股 1 根钢丝。非柔性钢索仅用于直线传动,并且不能绕过滑轮;柔性钢索通常由 7 股组成,每股有 7 根钢丝(图 8-15(c))。柔性钢索用于直线传动,且滑轮尺寸较大;特柔性钢索由 7 股组成,每股 19 根钢丝(图 8-15(d))。特柔性钢索用于需要改变传动方向,且必须通过小尺寸滑轮的系统中。应用于飞行操纵系统的钢索都经过预成形处理,即在钢索绕制前对钢丝进行了螺旋成形,保证钢索被切断时没有钢丝冒头。

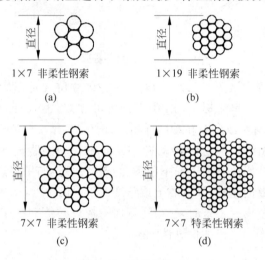

图 8-15　钢索的构成

(2) 钢索接头

安装在飞行操纵系统中的钢索需要与扇形轮、摇臂、松紧螺套等机构连接,并且钢索之间也需要连接,所以钢索连接接头是钢索正常工作的重要环节。钢索接头的类型有编结接头、铜镍套环压合接头和模压接头 3 种(图 8-16)。编结接头用于早期飞机,其连接强度仅为钢索本身强度的 75%;铜镍套环压合接头理想连接强度达到 100%;模压接头在飞行操纵系统中应用最广,且形式多样(图 8-16 右边一列)。钢索插入接头中,经过模锻挤压,达到 100% 的连接强度。

(3) 松紧螺套

钢索传动的主要缺点是钢索弹性变形会降低操纵的灵敏性,特别是在环境温度变化较大的条件下更是如此。因为机体材料与钢索的热膨胀系数不同,温度变化使机体和钢索之间的热胀冷缩量不一致,导致钢索过松或过紧,出现所谓的"弹性间隙"问题。因此,在活塞发动机飞机的钢索系统中设置松紧螺套,根据环境温度的变化对钢索长度进行调节,从而调节钢索的张力。小型飞机通常情况下是在季节变换时调整钢索张力,每年 2 次。

松紧螺套的结构如图 8-17 所示。螺套一端为右旋螺纹,另一端为左旋螺纹,与螺套两端装配的钢索接头也相应地分别为右旋和左旋螺纹。正向或反向转动螺套,可使两端的接

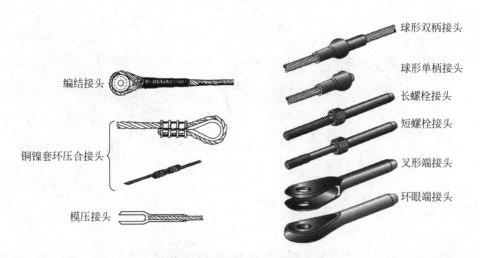

图 8-16　钢索接头种类

头同时旋入或旋出螺套,使钢索绷紧或放松,从而调节钢索张力的大小。为便于区别,螺套内为左旋螺纹的一端刻有一道槽或滚花。在安装松紧螺套时,必须同时拧紧螺套两端的接头,保证两端螺纹啮合长度相同。另外还要求每个接头的螺纹有足够的旋入深度,螺套上通常有检查小孔,旋出接头时,接头末端不应超过小孔位置,以保证钢索的连接强度。安装或调整工作完成后,要对松紧螺套打保险(图 8-18),以防止接头意外松脱。

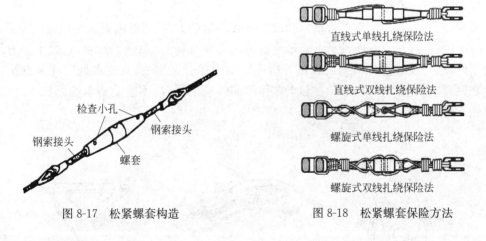

图 8-17　松紧螺套构造　　　　　　　　图 8-18　松紧螺套保险方法

（4）钢索的安装

飞机制造厂在铺设钢索时尽可能使其成直线。需要改变方向时使用滑轮。在钢索通过的路线上如果存在与结构接触的地方,则需要使用钢索导向装置。钢索导向装置通常由软质的非金属材料或金属材料制成。图 8-19 所示为导索环的安装。导索环能够隔离钢索与结构,防止钢索磨损和损伤结构。钢索形成的直线与导索环轴线之间的夹角不得大于 3°。

滑轮与钢索必须方向一致,以保证钢索正好处于滑轮槽内,且在钢索全行程中能够自由转动。所有滑轮必须有钢索护挡(图 8-20),保证钢索松弛时不会从滑轮槽中跳出,导致钢索卡阻。在对钢索系统进行检查时,最好在钢索正常行程范围内,不要让滑轮转过一整圈,以使钢索能与滑轮的不同部位接触,从而防止钢索磨损。

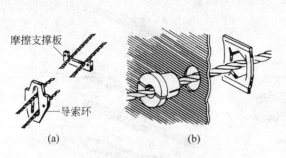

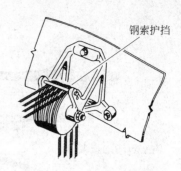

图 8-19   导索环的安装   图 8-20   钢索护挡的安装

(a) 固定式导索环;(b) 滑动导索环

（5）钢索的检查

由于钢索是飞行操纵系统中至关重要的传动元件,必须按照要求认真对其进行检查。钢索容易出现的问题包括磨损、断丝、腐蚀和接头连接强度降低等。

钢索最容易发生磨损、断丝的部位是通过滑轮或导向器的地方,应重点检查。检查钢索断丝时,可手持抹布沿钢索双向擦拭,断丝处会出现阻碍抹布运动的现象。如果存在腐蚀情况,则应拆下钢索,将腐蚀部位弯曲成环状,断丝将突出钢索。注意不要让有机溶剂或其他腐蚀性液体洒落到钢索上,以免破坏钢索的保护层,造成钢索腐蚀。一旦检查出操纵钢索有磨损、断丝、锈蚀或其他损伤,就应当更换。

2）滑轮与扇形轮

滑轮(图 8-21(a))用来支持钢索和改变钢索的运动方向,通常由铝合金制成。为了减小摩擦,在其支点处装有滚珠轴承。扇形轮也称扇形摇臂(图 8-21(b)、(c)),它除了具有滑轮的功用外,还可以改变传动力的大小。扇形轮也由铝合金制成,其支点处同样装有滚珠轴承。在钢索传动过程中,扇形轮在起支撑作用而转动的同时,不改变钢索的总长度,因而不会使钢索受到额外张力。

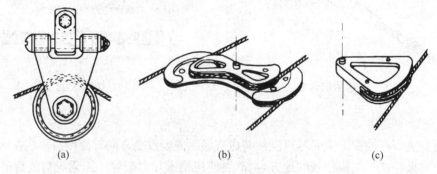

图 8-21   滑轮和扇形轮

8.2   辅助操纵系统

小型飞机的辅助操纵系统一般包括襟翼操纵系统和配平操纵系统两部分,前者用于改善飞机的低速性能,使飞机安全起飞和着陆;后者用于减小飞行员操纵负荷,调整飞机姿态平衡等。

8.2.1　飞行辅助操纵面

1. 襟翼

襟翼是连接在机翼后缘的一种操纵面。飞行员在驾驶舱中通过襟翼操纵机构对襟翼实施操纵。放下襟翼可增加机翼的弯度甚至面积，一方面可增大升力系数，使飞机临界迎角增大，降低失速速度；另一方面，放下襟翼同时也增大了阻力系数。这就允许在进近着陆时获得较大的下滑角。襟翼收回后，与机翼形成平滑的气动表面。襟翼在飞机起飞和着陆阶段使用，起飞时一般放小角度襟翼，以免阻力增加过多；着陆时放大角度襟翼，最大限度地增大升力，也尽可能增大阻力帮助减速。

飞机上所应用的襟翼包括简单式襟翼、分裂式襟翼、富勒（后退）式襟翼和开缝式襟翼等几种类型（图8-22）。

（1）简单襟翼与副翼形状相似，铰接于机翼后缘。放下简单襟翼，改变了翼型的弯度，使机翼更加弯曲而上、下翼面压强差增大，升力系数增大。

（2）分裂式襟翼铰接于机翼下表面靠后缘处，可相对于上方固定的机翼部分向下偏转而达到增大升力的效果。

（3）富勒式襟翼通常与机翼后缘专门的机构连接，如滑轮滑轨机构或悬挂铰接。当操纵襟翼放下时，襟翼沿预设的轨迹向后并向下运动。这一运动的结果不仅增大了机翼的弯度，同时也增大了机翼的面积，因而在没有过多增加阻力的情况下，提供了附加升力。

（4）开缝式襟翼的外形与简单式襟翼相似，在运动动作上又与富勒式襟翼类似。这种襟翼安装在滑轨和滚轮上，或安装在专门设计的铰链上。工作时，襟翼向后和向下移动，在机翼后缘与襟翼前缘之间打开了一道"狭缝"，下翼面的高压气流，通过缝隙高速流向上翼面后缘，使上翼面后缘附面层中

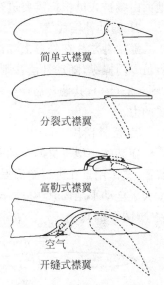

简单式襟翼

分裂式襟翼

富勒式襟翼

空气

开缝式襟翼

图8-22　后缘襟翼的种类

空气流速加快，能量增大，将分离气流吹向翼面后缘，理想情况下可以将上翼面后缘的紊流区恢复为平流状态，减小了机翼后缘的逆压梯度，延缓了气流分离，提高了失速临界迎角和升力系数。另一方面，放下开缝襟翼使机翼弯度和面积增大，也有增大升力效果。所以，开缝式襟翼的增升效果比较好。

2. 调整片

飞机本身具有的稳定性能够在一定程度上使飞机保持相对稳定的飞行轨迹，并能够从各种干扰中恢复到原有状态。但飞行条件是千变万化的，如气象条件和飞行速度的变化，装载及其分布情况，两边机翼燃油消耗不对称等，都会对飞机的稳定飞行产生明显影响，导致飞机不能按预定的轨迹飞行。在这种情况下，必须不断地对飞机进行操纵，以修正飞机姿态。飞机爬升或下滑时，也必须对飞机进行操纵，以保持飞机在所需姿态上。

为了抵消飞机在飞行中产生的不平衡力，在副翼、升降舵和方向舵上装有辅助操纵装

置,即通常所说的调整片。它们是铰接于主操纵面后缘的小翼面,其种类有配平调整片、随动补偿片和反补偿片等。

1) 配平调整片

飞机在飞行中利用配平调整片对姿态进行配平。配平意指对飞机的某些不需要的姿态变化趋势进行修正。配平调整片能够控制飞机的平衡,在不对驾驶杆、驾驶盘和方向舵脚蹬施加操纵的情况下,通过对配平调整片的操纵,也能保持飞机的原有姿态。

配平调整片(图8-23(a))一般是通过独立的钢索系统与驾驶舱相应操纵机构相连,但有些飞机的配平调整片采用电力传动。在驾驶舱内通过配平操纵器件(电门、手轮或摇柄等)机械或电动地操纵配平调整片,使其后缘向上或向下偏转(副翼、升降舵配平调整片),或向左或向右偏转(方向舵配平调整片)。调整片偏转后,所产生的附加空气动力可带动相应主操纵面相对反向偏转,从而对飞机姿态进行修正。

某些小型飞机的部分主操纵面(如副翼)后缘安装有固定式调整片。这种调整片只能在地面由维护人员根据需要进行调整,称为修正片或固定调整片。

2) 随动补偿片

随动补偿片在外形上和作用上与配平调整片非常相似,所不同的是配平调整片需要飞行员专门操纵,随动补偿片则不需要单独操纵,而是随着主操纵面的偏转自动相对反向偏转(图8-23(b)),其偏转后产生的附加空气动力帮助主操纵面运动,减小了操纵主操纵面所需要的力。

3) 反补偿片

在某些小型飞机的全动平尾(升降舵和水平安定面为一块整体结构)后缘铰接有一块小翼面,其作用是在进行俯仰操纵时,随着全动平尾的偏转,该调整片自动同向偏转,且偏转角度大于全动平尾,起反补偿作用,适当增大所需俯仰操纵力,防止飞行员操纵过量,保证飞行安全(图8-24)。

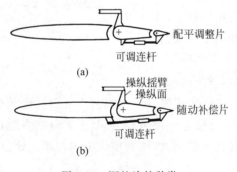

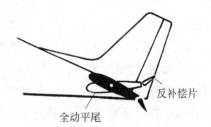

图8-23　调整片的种类
(a) 配平调整片;(b) 随动补偿片

图8-24　反补偿片工作原理示意图

8.2.2　襟翼操纵

小型飞机的后缘襟翼操纵有多种方式。最简单的襟翼操纵方式是驾驶舱的襟翼操纵手柄通过钢索或传动杆直接传动襟翼收放。

图8-25所示为某飞机的襟翼人工机械操纵系统。飞行员根据需要放襟翼的角度向上扳动襟翼操纵手柄到相应卡位,通过钢索、链条带动链轮转动。因为链轮偏心固定安装在襟

翼传动扭力管上,所以链轮相当于一个摇臂,带动扭力管转动,再通过摇臂和传动杆传动襟翼按飞行员的操纵而放下。链轮转动的同时还拉伸与链条上端连接的复位弹簧,储存能量。当下扳手柄收襟翼时,钢索松弛,复位弹簧拉动链条,使链轮带动扭力管反向转动,从而收上襟翼。当襟翼完全收上时,链条下端连接的拉伸弹簧力与上端的复位弹簧力正好平衡,使襟翼保持在收上位置。

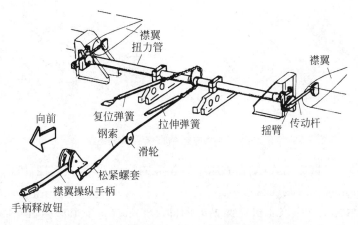

图 8-25　襟翼人工机械操纵系统

单发飞机常采用电机传动襟翼收放。图 8-26 所示为某小型飞机电动襟翼操纵系统。襟翼收放操纵电门控制襟翼电机的工作。电机运转带动摇臂和传动杆运动,传动襟翼放下或收上。当襟翼运动到全放下位、中间(起飞)位或全收上位时,相应的终点微动电门使驱动电机断电,从而使襟翼的位置与飞行员选择位置一致。图 8-27 所示为另一种电机传动的襟翼操纵系统,与前一种的区别在于电机通过螺旋机构传动襟翼收放。图 8-28 所示为典型的电机蜗杆襟翼驱动系统。

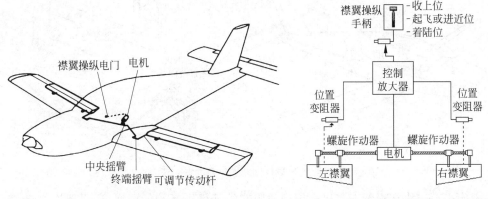

图 8-26　电动襟翼操纵系统　　　　图 8-27　采用螺旋传动机构的电动襟翼

起飞前应将襟翼放下到规定的起飞位置;着陆前按规定分数次放襟翼到着陆位置。操纵襟翼收、放时应注意遵守操纵襟翼速度限制,并通过襟翼指位表判断襟翼的位置。

8.2.3　配平调整片操纵

调整片的操纵通常有电动式和机械传动式两种方式。电动式配平调整片由专门的配平

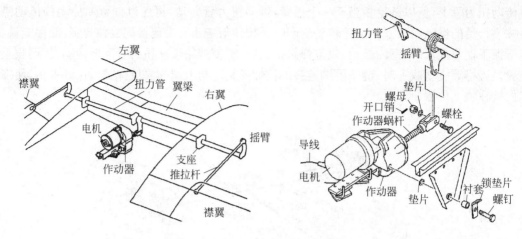

图 8-28　典型电机蜗杆襟翼操纵系统

电门操纵。如果是机械传动式,则驾驶舱中有相应的配平手轮(或摇柄)机构实施配平操纵,其位置由调整片指位表或刻度盘指示。

图 8-29 所示为某飞机人工机械操纵的俯仰配平系统。中央操纵台一侧的俯仰配平手轮通过钢索、滑轮等传动机构与安装在飞机尾部的螺旋作动器相连。螺旋作动器由螺母和螺杆组成,其中螺母由钢索带动旋转,而螺杆的一端与传动俯仰配平调整片的传动杆连接。转动手轮时,螺母在钢索带动下旋转,但不能轴向移动,迫使螺杆沿其轴向移动。螺母每旋转一周,螺杆轴向移动一个螺距,并通过传动杆作动调整片偏转。

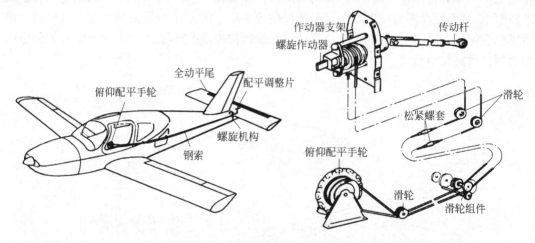

图 8-29　机械传动式俯仰配平操纵系统

现代小型飞机在设置人工机械传动式俯仰配平操纵系统的同时,还设置有电动俯仰配平操纵系统(图 8-30)。俯仰配平电门通常位于两个驾驶盘外侧端部,属于分裂式双电门。需要俯仰配平操纵时,向前(上)或后(下)同时扳动两电门,配平电机运转,并通过机械传动机构(传动杆和摇臂机构,或螺旋作动器)传动升降舵调整片上偏或下偏,达到俯仰配平的目的。这两个位于驾驶盘端部并排在一起的电门作用不同,一个控制电机传动离合器,另一个控制电机的电源。需要做配平操作时必须同时拨动两个电门,这样可以防止无意识触动电门导致误操作。

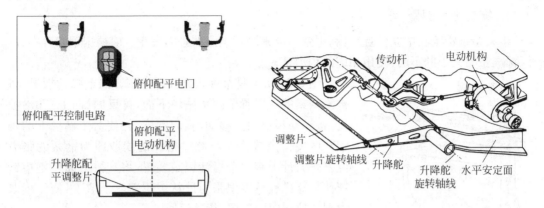

图 8-30　电动式俯仰配平操纵系统

　　无论是机械式还是电动式,对飞机进行配平操纵时,操纵动作的方向应与相应的主操纵方向一致。例如,向后拉杆操纵飞机抬头,保持抬头的配平操纵方法是向后扳动升降舵配平电门或向后转动升降舵配平手轮。再如,蹬左舵时,应向左扳方向舵配平电门或左转方向舵配平手轮,直至蹬舵力消失。

　　当飞行主操纵系统发生故障时,配平调整片还具备一定的应急操纵飞机的能力。例如,当飞机主操纵系统的传动机构(如钢索或传动杆系统)松脱或断裂时,可单独操纵调整片对飞机姿态进行控制,此时需要配平操纵动作的方向与正常配平操纵方向一致。再如,当飞机主操纵系统传动机构卡阻时,单独操纵调整片可对飞机姿态进行一定程度的控制,但此时对调整片操纵动作的方向与正常配平操纵时相反。

8.3　操纵面校装及其质量平衡

　　在操纵系统安装或维护后,为了使系统能够正常、准确和灵敏地工作,必须对系统进行正确的调整。经过校装后,操纵面应当偏转到规定的角度,并且与驾驶舱中操纵机构的运动协调一致。另外,在完成操纵面的维护修理之后,必须对操纵面进行质量平衡检查,必要时还应进行质量再平衡。

8.3.1　操纵面校装

　　飞行操纵面都要向两个相反的方向运动一定距离,并且这些运动必须与在驾驶舱中的操纵动作保持一致。在完成飞行操纵系统安装维护后,必须对系统进行校装调节。

　　操纵系统的校装工作必须按照飞机维护手册所规定的步骤或程序进行,其基本方法和步骤通常包括:①将操纵机构、传动机构和操纵面用校装销或校装块锁定在中立位置;②保持方向舵、升降舵或副翼在中立位置时,调节钢索的张力或传动杆长度;③调整操纵系统的限动点,以限制舵面行程,使其符合飞机维护手册所规定的舵面偏角。

　　校装飞行操纵系统时,必须使用某些校装设备,主要包括张力计、钢索校装张力图表、量角器、校装夹具、外形样板和直尺等。其中许多工具都是由飞机制造厂家提供,并且是针对特定机型设计的专用工具。

1. 钢索张力测量

将某系统锁定在中立位置后,利用张力计来测量钢索的张力大小。应根据钢索种类、尺寸、标准张力大小的不同,使用相应的张力计。

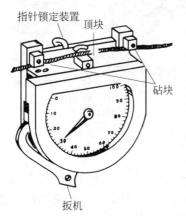

图 8-31 钢索张力计

图 8-31 所示是某种张力计示意图。向下扣动扳机,将被测钢索的一段置于两个砧块下面,再反向(向上)扣动扳机,将推动顶块向上移动,顶起钢索,并使两个砧块下的钢索与两夹持点成直角。此时指针的读数即为钢索的张力值。张力计上有一个指针锁定装置,将其按下即可把指针锁住。这样就可以把张力计从被测钢索上取下,便于读取数据。拉出锁定装置,指针返回零位。

钢索校装张力图表(图 8-32)是用于校正温度变化时张力值的图解工具,用来修正飞行操纵系统、起落架系统,或者任何其他使用钢索的操纵系统随环境温度变化的钢索张力值。使用该图表时,首先应确定钢索的规格和尺寸,以及环境温度。然后根据图表,确定在此条件下钢索应具备的标准张力。例如,被测钢索直径为 1/8in,规格为 7×19,环境温度为 85°F。沿图表横轴 85°F 线向上,与 1/8in 钢索的曲线相交于一点。从交点作水平线,与图表右纵轴相交于 70lb (1lb=0.453 59kg),即为该钢索在环境温度 85°F 时应该具有的标准张力。此时钢索张力就应按 70lb 来调整。小型飞机的钢索张力通常按飞机运行环境的平均温度调节,如季节变换时,对钢索张力应进行相应调节。

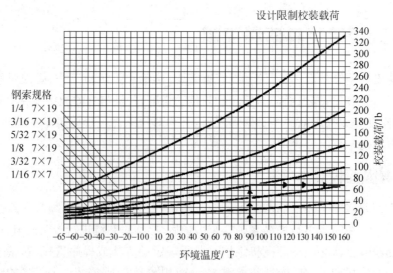

图 8-32　典型的钢索校装图表

2. 操纵面行程测量

操纵面行程测量工具包括量角器、直尺规、校装夹具、外形样板等,其中后 3 种通常由飞机制造厂家为具体机型专门设计,只能在厂家指定的范围内使用,而量角器则多为通用工具。

图 8-33 所示是万能螺旋桨量角器,可用于测量副翼、升降舵或襟翼行程(偏角)。这种量角器由机座、表盘、表环和 2 个气泡水平仪组成,表盘、表环可自由转动且互不干涉。中央水平仪用于在测量操纵面行程时将表盘定位。当表环游标零刻度与表盘零刻度对准时,用表盘-表环锁将它们固定。表环-机座锁用来防止表盘转动时,表环随着转动。该量角器的使用方法应遵照其使用说明书。

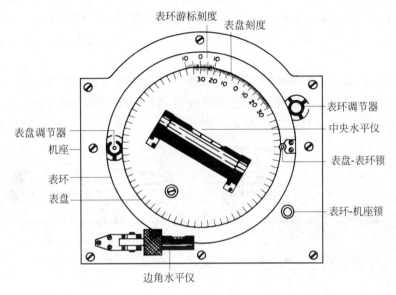

图 8-33 万能螺旋桨量角器

测量操纵面行程时,首先使副翼、升降舵或襟翼处于中立(水平),将量角器置于规定舵面规定位置,并旋转表盘调节器,使表盘-表环锁定器处于深槽中锁定。当舵面处于精确气动外形位置时,转动表环调节器,使中央水平仪的气泡处于中间位置而调零位。操纵舵面向某方向偏转,直至其限动点。解除表盘-表环锁定器,转动表盘调节器,使中央水平仪的气泡再次处于中间位置。读出表盘上的舵面行程度数,同时在游标刻度上读出小数点后读数。然后,操纵舵面反向偏转,重复上述程序,测得舵面另一方向的行程。

3. 操纵面校装检查

对操纵系统的调整工作完成后,应当仔细检查系统运动的全行程是否协调一致。在检查操纵面运动行程时,应从驾驶舱通过操纵机构来操作操纵系统,而不应该采用扳动操纵面的方法。当操纵面运动到各自的限动点时,要确保操纵机构及传动机构还没有达到它们的运动极限点,否则应调整操纵面行程限动点。要特别注意检查操纵机构运动方向与对应舵面运动方向的一致性。

经过检查确定操纵系统调整准确且工作正常后,应彻底检查系统的装配是否正确,能在规定的运动范围内灵活操纵。同时还要检查所有松紧螺套、传动杆端头、连接螺栓组件是否都进行了可靠保险,摇臂与传动杆铰接轴承以及钢索滑轮轴承等处是否上了润滑脂等。

8.3.2 操纵面质量平衡

由于操纵面大多数的检修工作是在转轴之后的部分进行的,通常这会使后部质量增加,破坏了操纵面原有的平衡状态。在飞行中这种不平衡状态会引起具有破坏性的颤振或抖振问题。所以,操纵面检修后都必须进行质量再平衡,即在转轴之前操纵面前缘部分另加配重。至于新加装的配重质量和装配位置,则必须经过精确计算或测量后才能确定。

1. 操纵面质量平衡原理

操纵面的质量平衡实际上指的是以操纵面转轴(铰链中心线)为支点的质量力矩平衡。假设将一个没有安装配重的操纵面支撑于转轴处,则该操纵面后部的质量力矩通常会大于前部的质量力矩,即 $W_后 \times L_1 > W_前 \times L_2$,必然发生后部下沉现象(图 8-34(a)),亦称静欠平衡。

为了达到使操纵面平衡的目的,通常是在操纵前缘的内部或上面适当位置加装一个配重。如果配重的位置和重量适当,就会使操纵面转轴后面部分的质量力矩与前面部分的质量力矩相等,即 $W_后 \times L_1 = W'_前 \times L'_2$,从而达到平衡状态(图 8-34(b)),亦称静平衡。

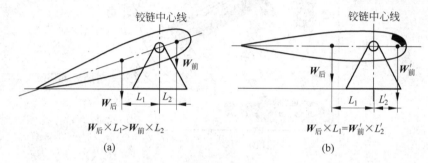

$$W_后 \times L_1 > W_前 \times L_2$$

(a)

$$W_后 \times L_1 = W'_前 \times L'_2$$

(b)

图 8-34　操纵面的平衡原理示意

(a) 不平衡状态;(b) 平衡状态

2. 操纵面质量平衡状态的检查

图 8-35　外场用平衡支架

对操纵面进行静平衡检查时,必须从飞机上拆下需要再平衡的操纵面,并利用其自身的转轴作为支点,安装在适当的支架、装配架或夹具上(图 8-35)。在进行质量平衡工作期间,安装在操纵面上的所有调整片或部件都应保持在原位,包括原有的配重、放电刷、螺栓等紧固件都应安装到位,若操纵面需要做喷漆等表面处理,则应在表面处理完成后再进行平衡状态检查。如果在平衡前某些部件或零件应当拆卸下来,则必须拆下。总的原则是,做平衡检查时操纵面的状态应该和它安装到位时的状态一致。

当操纵面安装在支架上时,支架应保持水平状态,并放在无风的场所。操纵面上的调整片应保持在中立位置。操纵面必须能够绕转轴(铰链接头)自由转动,不能有任何紧涩或摩擦现象,否则会使本来不平衡的操纵面产生虚假平衡。

操纵面在支架或装配架上装好后,首先应利用万能量角器使操纵面的弦线处于水平位置,以便确定其中立位置(图 8-36)。

3. 质量再平衡的方法

这里仅对操纵面质量再平衡进行一般性描述,以便于了解和熟悉该工作的基本要点,但不能将其作为具体进行操纵面质量再平衡工作的程序。每种飞机的使用维护手册中都有关于操纵面质量平衡的明确规定,必须严格执行。

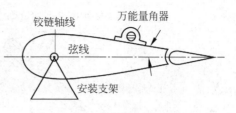

图 8-36 中立位置的确定

对操纵面进行质量平衡或再平衡常采用 4 种方法,即计算法、磅秤法、重量试验法(逐次逼近法)和分力法等。计算法比其他方法的优越之处是不用从飞机上拆下操纵面就能完成。更简单的质量再平衡方法是用专用工具通过测量得到所需平衡力矩数据,然后进行配重。

1) 计算法

应用计算法时,首先必须确定在修理区域内所去除材料的质量,以及为完成修理所使用材料的质量。使用材料质量与去除材料质量之差,就是操纵面修理后净增的质量。

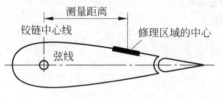

图 8-37 计算法测量距离

测量从铰链中心线到修理区域中心的距离(图 8-37)。将测得的距离与修理后净增质量相乘,得到一个质量力矩增量数据。如果该数据在机型维护手册或修理手册规定的允许范围之内,则认为操纵面是平衡的,不需进一步做再平衡处理。如果该数据超过了允许值,则应根据手册规定,找到所需的配重质量数据及其材料,以及厂商的设计和配重应该安装的位置。

2) 测量法

有些飞机制造厂家会提供专用的质量平衡规(图 8-38(a)),可直接测量所需平衡力矩。平衡规由导槽、铰链定位支脚、滑动游尺、气泡水平仪和滑动配重等组成。检查操纵面平衡状态时,首先应确保操纵面连接的放电刷、配平调整片及其传动杆、补偿片等所有部件均应处于原位,且调整片应在中立位置,然后进行测量。测量步骤如下:

(1) 对平衡规进行平衡。首先将操纵面安装在专用工作台的支架上(图 8-38(b)),使操纵面处于飞行中未操纵的良好气动外形位置。再将平衡规安放到操纵面上,并保证平衡规上的定位线(支脚)正对操纵面铰链中心线。沿弦向调整游尺后缘支撑,使之与操纵面宽度(弦长)一致,并旋紧定位螺钉。垂直调节后缘支撑,使横梁与弦线平行。最后,取下平衡规,将滑动配重置于零刻度,通过增减平衡规端部平衡螺栓垫圈数量,使平衡规自身达到平衡状态。

(2) 测量操纵面的平衡状态。先将平衡规再次放置到操纵面上,再通过移动配重块测量操纵面的平衡情况。当操纵面达到平衡状态时,滑动配重块的质量与配重块中心线对应的刻度读数的乘积,即为该操纵面所需质量平衡力矩。

如果该数据在机型维护手册或修理手册规定的允许范围之内,则认为操纵面是平衡的,不需进一步做再平衡处理。如果该数据超过了允许值,则应根据手册规定,找到所需的配重质量数据及其材料,以及厂商的设计和配重应该安装的位置。

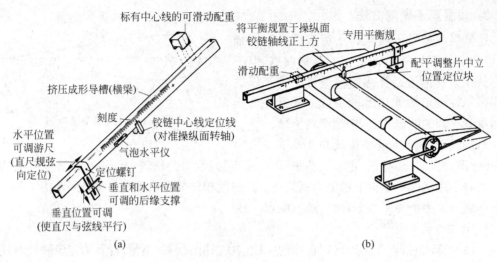

图 8-38　测量法求得所需平衡力矩
(a) 专用质量平衡规；(b) 平衡规的安装

第9章

飞机燃油系统

飞机燃油系统指从飞机燃油箱到发动机驱动泵之间的管路系统,其主要功用是保证在所有飞行阶段和各种飞行状态下,向发动机连续输送具有一定压力和适当流量的洁净燃油。燃油系统同时还具备储存燃油、加油、放油、油箱通气和工作指示等功能。

航空燃油主要包括航空汽油和航空煤油两大类,传统航空活塞发动机一般使用航空汽油作为燃料,涡轮发动机采用航空煤油作为燃料。由于柴油的抗凝冻能力差,燃烧时需要较高的压力,因此柴油活塞发动机很少应用在航空领域。但近年来也出现了采用柴油作为动力的航空活塞发动机,例如,TAE125 柴油发动机就被安装在了 DA40 飞机上,该发动机采用了涡轮增压器来提高缸内压力,采用了 FADEC 技术对发动机进行控制。由于柴油发动机采用压燃方式工作,该发动机没有点火系统。尽管如此,目前航空汽油活塞发动机仍然是主流。

9.1 航空汽油的特性

航空汽油通过燃烧将内部蕴含的化学能转化为热能,通过活塞驱动发动机曲轴转动,为飞机提供动力。航空汽油是用蒸馏法从原油中分馏出来的,几乎包含所有碳氢化合物,同时也不可避免地含有某些杂质,如硫和溶解水。由于飞机重量是飞机运行需要考虑的首要问题,机体和发动机每增加 1kg 重量,商载就要减少 1kg,因此航空燃油必须具有最大能量或单位热值。从燃烧循环热力学角度看,要求航空汽油必须具有良好的挥发性,另外还要求具有抗爆震特性,物理化学性能稳定,不生成沉积物和积碳,不腐蚀管路和发动机机件,不含水分和其他固体物质。

航空维修人员应弄清楚燃油系统的燃油种类选择方法,燃油管路及其垫片、密封装置的安装方法,以及影响发动机可靠、高效率工作的各种因素,这对于正确地维护燃油系统是非常重要的。

9.1.1 航空汽油的物理指标

1. 挥发性

挥发性是液体在给定条件下蒸发趋势的度量。汽油是一种易挥发碳氢化合物的复杂混合液体,其沸点和蒸发压力范围大,而不同的沸点促成了汽油在不同温度下的连续汽化反应。发动机起动、加速、产生功率和燃油混合特性要求燃油必须具备这样的挥发性。如果燃油汽化程度不足,可能会导致发动机起动困难,加速性变差,进入气缸的混合气不均匀,机匣内滑油过分稀释等问题。但如果汽化过于容易,则燃油管路可能会由于充满油蒸气而发生"气塞"现象,导致发动机供油量减少,甚至引起发动机停车。

2. 纯度

航空汽油不能含有杂质,否则会影响发动机及其燃油系统和进气系统的正常工作。但在飞机燃油系统中不可避免地存在微量的水和沉淀物,它们通常残留在燃油系统的油滤中,只要经常排放和清洗油滤,便不致构成较大危害。然而,水分可能会积聚在油箱底部并通过燃油系统循环,导致严重问题。如果有过量的水取代汽油通过喷油嘴喷出,则会降低发动机功率,甚至导致发动机停车。

在一定温度和湿度条件下,来自大气中的水分会凝结在油箱内壁上。由于这种凝结发生在油面上方,凝结水会沿油箱内壁流到燃油中,所以飞行后应立刻加满油箱,将这种危害降至最低。

9.1.2　航空汽油的识别

航空汽油通常以颜色加以区分,80 号汽油为红色,100 号汽油为绿色,100 号汽油为蓝色。如果航空汽油的颜色发生改变,则表明含有其他污染物或品质下降。识别燃油种类和等级的正确方法是:

(1) 软管标记。用于分配燃油的软管两端靠近接头处涂有不短于 1ft 的色带。该色带环绕软管,并在其上用对比色以 1in 字体纵向标示出燃油产品名称和等级。

(2) 油车和加油栓两侧、油车挡泥板、油车加油管,以及油罐盖和加油栓盖的固定环上都贴有或涂有与燃油分配管同颜色的燃油识别标记。

(3) 除了给燃油着色外,根据被处理燃油的种类和等级,采用专门的标记和编码系统,对相应的燃油处理工具和设备进行识别。例如,所有航空汽油可根据红底白字标出的名称加以识别。而航空煤油则是黑底白字。

9.1.3　燃油污染

燃油污染源包括溶解或悬浮于燃油中的水、外来微粒、其他类别或等级的燃油混入、微生物滋生等。燃油受到不同种类和不同程度的污染后,轻者影响油量表指示的准确性,或导致系统控制活门、燃油泵和喷油嘴卡阻,或者是燃油流动性变差。严重时会导致发动机功率下降、爆震,甚至停车。

9.2　燃油系统布局

燃油系统布局主要指燃油箱在飞机上的分布和发动机供油管路的路线设计。几乎所有活塞发动机飞机的燃油箱都配置在机翼中,通常在每边机翼的部分隔舱内至少安装有一个硬壳式或软油箱,或者将该隔舱密封作为整体油箱。

9.2.1　单发燃油系统布局

图 9-1 所示为某下单翼单发活塞发动机飞机燃油系统的油箱配置和供油管路安排。两个油箱分别位于两机翼的内部。每个油箱都有单独的供油管路,并会合于燃油选择活门。选择活门有"左"、"右"和"关断" 3 个位置,可分别选择左油箱或右油箱供油。电动燃油泵

主要用于在发动机起动时向发动机驱动泵供油,保证起动时的供油压力。

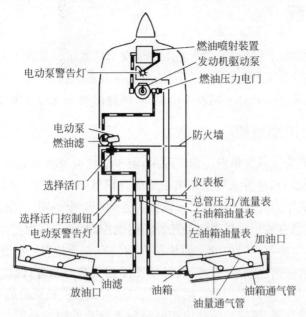

图 9-1 单发燃油系统布局

9.2.2 双发燃油系统

图 9-2 所示为某双发活塞发动机飞机的燃油系统安装示意图。两个油箱分别位于两边机翼的发动机短舱内,每个油箱单独的供油管路都与左、右燃油选择活门相连。选择活门有"接通"、"关断"和"交输"3 个位置。选择"接通"位置时,油箱向同侧发动机供油;选择"交输"位置时,本侧发动机由另一侧油箱供油。交输供油方式可以提高系统的供油可靠性,在两侧燃油箱重量不平衡时,可以由重量较大一侧的油箱同时向两台发动机供油,直至两侧油箱燃油平衡后,恢复独立供油。

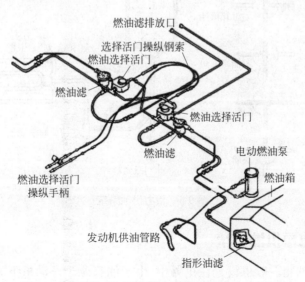

图 9-2 双发燃油系统安装图

9.3　供油系统

活塞发动机飞机供油系统的类型主要取决于发动机数量。单发飞机的燃油系统有重力供油系统、燃油泵供油系统和上单翼喷射供油系统等几种。多发飞机则常采用交输供油系统,任意一侧的油箱都可以向另一侧发动机供油,提高供油系统的可靠性。

9.3.1　重力供油系统

这种燃油系统常为上单翼单发飞机所采用,由于油箱位置在发动机上方,燃油在重力作用下供向发动机(图9-3),这种系统主要用于早期汽化器供油的活塞发动机,现在缸内直喷燃油的发动机也将其作为应急供油方式。该系统通常有两个油箱,分别设置在左、右机翼内部,故可称为左油箱和右油箱。通过燃油选择活门的控制,可选择由左油箱或右油箱分别向发动机供油,也可两个油箱同时供油。燃油选择活门有4个位置:左油箱、右油箱、双油箱和关断。由于可以双油箱供油,所以左、右油箱顶部必须有连通管,以使两油箱内油面压力一致,并且油箱必须与环境大气相通。油箱通气口通常设置在机翼外侧较高的位置,有的在上翼面设置有专用通气塔,可有效防止由于虹吸现象导致的燃油外漏。燃油流出选择活门后,通过一个主油滤进行过滤,随后进入汽化器,燃油与空气混合后通过进气门进入发动机气缸。启动注油器与主油滤相连,用于发动机起动时提前向发动机气缸缸头上的进气门注油,帮助发动机正常起动。有的上单翼飞机为了提高供油的可靠性,在燃油系统中设置有电动泵或发动机驱动泵进行供油。

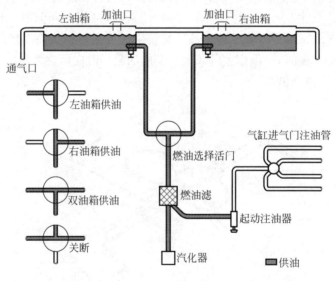

图9-3　重力供油系统

9.3.2　燃油泵供油系统

下单翼飞机的油箱一般也设置在机翼中,由于油箱位于发动机下方,无法利用重力供油,所以这类飞机的燃油系统中设置了发动机驱动泵或电动泵,以提供足够的燃油压力(图9-4)。该系统通常采用的是容积式燃油泵供油,保证足够的燃油流量。该系统的燃油选择活门可单独选择左或右油箱供油,以及关断燃油,但没有"双油箱"位,因为如果在两侧油箱同时供油的情况下,某油箱用空,则燃油泵将从空油箱吸入空气,而不会从有油的油箱吸入燃油,这将导致发动机停车。燃油流出选择活门后,通过主油滤进入电动燃油泵。发动机驱动泵与电动泵并联,可同时抽油。为了确保两个泵工作正常,可在发动机起动前接通电动泵,观察由电动泵产生的燃油压力是否正常。在发动机起动后,关断电动泵,再观察发动机驱动泵产生的燃油压力是否正常。有的飞机在起动完成后可将电动泵电门置于"STAND BY"位置,若飞行中出现供油压力过低的情况,电动泵将在压力电门低压信号驱动下再次工作,保障正常供油。供油压力正常后,电动泵会自动停止工作。

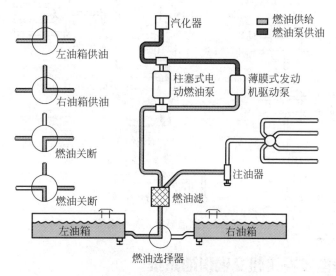

图 9-4　燃油泵供油系统

9.3.3　用于上单翼飞机的燃油喷射式供油系统

这种系统可以将来自发动机驱动泵的部分燃油导回油箱。这部分燃油中可能含有油蒸气,会导致系统气塞,影响发动机的正常工作。燃油靠重力通过两边机翼油箱内侧一前一后两个供油管,流入两个对应的较小储油箱,然后从储油箱的底部流向选择活门(图9-5)。选择活门有 3 个位置,即"左"、"右"和"关断"。当选择活门选择"左"位时,左储油箱直接向发动机供油,同时来自发动机驱动泵的油蒸气被导回左储油箱。这些油蒸气最终通过左侧的供油管被导回左机翼油箱。

电动辅助燃油泵从选择活门出口抽油,并迫使燃油通过燃油滤流到发动机驱动泵进油口。发动机驱动泵将具有较高压力的燃油输向燃油喷射控制装置。燃油喷射控制装置将空气和燃油按发动机工作所需比例混合,并将油气混合气输入发动机气缸,同时将多余的燃油导回发动机驱动泵的进油口。这股回油中所含油蒸气通过回油管和回油单向活门流回选择活门,再通过储油箱最终回到机翼油箱,并与大气相通。

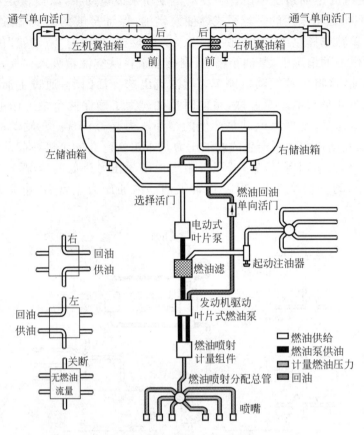

图 9-5　燃油喷射式供油系统

9.3.4　小型多发飞机交输供油系统

多发活塞发动机飞机常采用可交输供油系统(图 9-6)。采用该系统的飞机每边机翼至少有一个燃油箱,或多个相互连通的燃油箱。以双发飞机为例,该系统有左、右两个选择活门,每个选择活门有"接通"、"交输"和"关断"3 个位置。正常情况下,左、右选择活门置于"接通"位,左、右机翼油箱向同侧的发动机独立地供油。但必要时也可选择"交输"位,使其中一侧的机翼油箱向另一侧发动机供油。例如,当左发动机因故障空中停车后,应首先关断左选择活门。随着飞行的持续,左侧机翼油箱的燃油量必将大于右侧,使飞机姿态发生异常变化。这时可将右选择活门置于"交输"位,使右边工作着的发动机消耗左机翼油箱的燃油,从而使两边机翼油箱的油量达到平衡状态。

来自选择活门的燃油通过燃油滤流到电动燃油泵,之后流到发动机驱动泵,最后进入燃油喷射系统,喷入气缸。

这种燃油系统工作指示包括燃油量表、燃油压力表和燃油流量表。燃油量表指示的是每边机翼油箱总燃油量;燃油压力表显示燃油计量装置入口压力;燃油流量表指示喷油嘴前后的压降,以 gal/h(1gal＝3.79L)油耗或 lb/h 油耗指示读数。

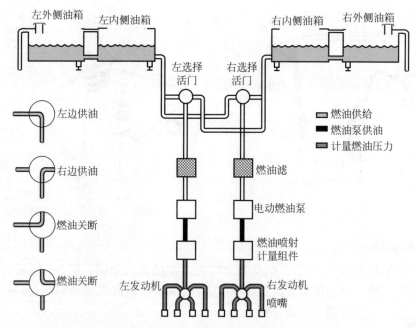

图 9-6 多发活塞式发动机飞机燃油系统

9.4 飞机燃油系统主要附件

飞机燃油系统的附件主要有燃油箱、燃油滤、燃油泵、选择活门、注油器及管路等。这里重点介绍燃油箱、燃油泵及选择活门。

9.4.1 燃油箱

飞机燃油箱的位置、尺寸、形状和结构根据不同种类的飞机而变化。常见的活塞发动机飞机的燃油箱有硬壳式油箱、软油箱和结构油箱 3 种。制造油箱的材料必须具备不与燃油发生任何化学反应的特性。油箱底部的最低处通常设有收油池和放油活门。油箱内一般都设有隔板,可防止因飞机姿态变化引起油箱内燃油晃荡。许多燃油箱内还装有瓣状活门,起单向活门的作用,可有效防止当飞机剧烈机动飞行时燃油从供油口或增压泵附近流走而导致供油中断。

1. 硬壳式油箱

硬壳式油箱用薄铝合金板焊接或铆接而成(图 9-7)。将制成的油箱用箍带固定在机翼内部结构上。安装油箱时必须垫上某种毡衬垫,防止飞机结构擦伤油箱。硬壳式油箱不能充分利用机翼结构空间,且重量相对较大,但这种储油方式可降低对机翼结构的密封要求,目前应用依然较广。油箱通气管主要用于防止加油或用油时油箱内外产生较大的压差。

2. 软油箱

软油箱是硬壳式油箱的理想替代品,已经成功应用于小型飞机和大型飞机上。首先准备一个安装腔室,该腔室的所有锐角边均使用带有防磨带的金属结构包裹。然后将储油软袋安装进去。储油软袋用经过氯丁橡胶灌注的薄尼龙布制成,氯丁橡胶具有耐燃油特性(图 9-8)。

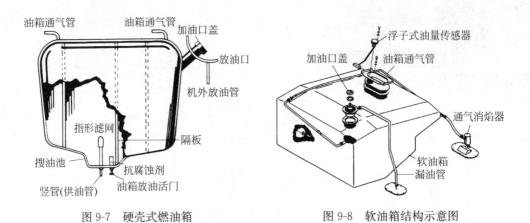

图 9-7　硬壳式燃油箱　　　　　　　　图 9-8　软油箱结构示意图

3. 结构油箱

结构油箱又称为整体油箱,其结构特点在第 2 章已做过介绍。图 9-9 所示为某小型飞机的结构油箱。该油箱利用机翼翼梁腹板前表面、端肋和蒙皮围成的空间,将所有检修口、接缝、铆钉、螺栓和螺钉用密封剂密封。

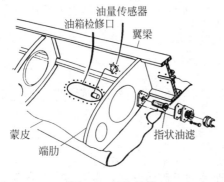

图 9-9　结构油箱

4. 油箱加油口盖

绝大多数加油口盖位于机翼上表面,它是燃油系统中非常重要的附件之一,在安装燃油箱和飞行前绕机检查时要特别注意。如果口盖安装不当或没盖好,会使燃油泄漏。有些燃油箱的加油口盖具备通气功能,必须保持通气口的清洁。有些油箱的鹅颈形通气管从口盖上方伸出,安装时应注意将通气管口指向前方,以便在飞行中冲压空气增大油箱内油面压力,有利于向发动机供油。

现代飞机上使用的油箱口盖种类繁多,但具体飞机只能使用被批准(适航)的油箱口盖。口盖实际上是油箱加油组件的组成部分,通常只有相同型号的组件具有互换性。如果用另一型号的加油组件来更换,则构成重大变更事项,必须经制造商或民航局批准。图 9-10 所示为典型的油箱加油口盖。

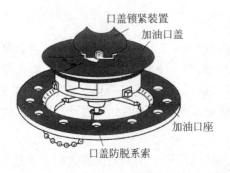
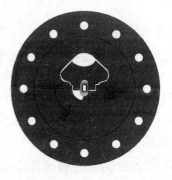

图 9-10　典型的油箱加油口盖

加油后必须盖好并锁紧口盖,以防止无关人员随意打开,使外来杂质进入油箱。杂质混入燃油会大大增加维护成本。

在全天候飞行的飞机上通常安装具有闪电防护功能的油箱口盖。这种口盖面向油箱一侧的内表面没有裸露的金属物,因而不会将闪电导向燃油。即使是防止口盖脱离加油口的系索,都是用强度较大而不导电的塑料制成。

防虹吸油箱口盖适配器内有一个弹簧加载的瓣状活门。加油时,油枪顶开该瓣状活门向油箱内加油。撤出油枪时该活门关闭。即使这时口盖没有盖上,燃油也不会被虹吸出油箱。

5. 燃油箱通气

飞行中,随着发动机消耗燃油,油箱内油面必然下降。如果燃油箱是完全封闭的,则油箱内就会形成负压,不仅使燃油泵吸油困难,油箱还会因其内外形成气压差而受到挤压,最终导致油箱和机翼结构(如果是结构油箱的话)损坏。另外,向油箱内加油时,如果油箱密封,则会在油箱内形成正压,阻碍加油。因此,所有燃油箱必须以一定方式与外界大气相通,以保证向发动机正常供油以及顺利加油。燃油箱通气的另一个好处是飞行中可利用冲压空气提高油箱内空气的压力,帮助向发动机供油。

燃油箱通气方式多种多样。因为大多数小型飞机每边机翼仅安装一个油箱,所以多采用左、右油箱顶部各自安装通气管的方式。如果一边机翼内装有多个油箱,则用一根通气总管将各油箱顶部连通,再通过位置较高的外侧油箱与大气相通。

通气口通常安装在机翼下表面,其形状有勺形或标准的埋入式 NACA 进气口(图 9-11)。冲压空气进入通气口后,首先通过一个通气保护装置,然后进入燃油箱。通气保护装置内部结构类似蜂窝,具有防止外物进入、防结冰、防虹吸和隔离火焰的功能,故有时又称其为通气消焰器。

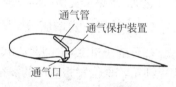

图 9-11 燃油箱通气系统

9.4.2 燃油滤

飞机燃油系统装有一系列燃油滤,用来将燃油中的杂质及水分过滤掉,防止杂质进入发动机。油箱内供油管的进油口处通常设有网状指形油滤;如果在油箱内安装增压泵,则滤网包围在增压泵抽油口周围。这些滤网的功用是增大油箱出油口面积,防止污染物阻断燃油流动。

活塞式发动机飞机燃油系统的主油滤通常设置在燃油泵的前后,不仅有过滤固定杂质的作用,而且因为它位于燃油系统的底部,还具有收集系统中杂质和水分的功用。在多发飞机上,每个发动机短舱都装有一个主油滤。应定期打开油滤排放口的堵塞,放出沉淀和杂质。

主油滤一般由金属滤体、滤杯、滤芯和紧固件组成。滤芯则是由多层金属滤网或经特殊处理的纤维纸,呈竖直褶皱层叠而成(图 9-12(a)),或由多层圆盘滤网叠积而成(图 9-12(b))。燃油通常由进油口进入滤杯,从滤芯外部进入滤芯内部,然后从出油口流出。这样的流动方向不仅可起到过滤作用,而且燃油的压力正好使滤芯紧贴保持架,防止滤芯受损。在主油滤的进、出口之间通常设有旁通活门,当滤芯堵塞导致进、出口压力差上升时,旁通活门自动打开,保证燃油连续供向发动机。

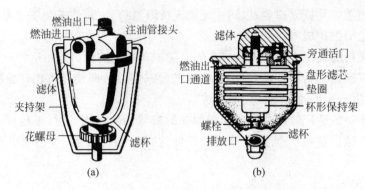

图 9-12　小型飞机典型的燃油滤
(a) 层叠滤芯式油滤；(b) 盘形滤芯式油滤

必须按规定时间间隔检查和清洗燃油滤，排放滤杯中的沉淀。纸质滤芯可直接更换；金属网状滤芯则须采用专门设备(如超声波清洗机)进行清洗，并用干燥压缩空气吹干。

9.4.3　燃油泵

发动机驱动的燃油泵用于产生适当的燃油压力，以保证发动机的工作期间连续供油。有时在燃油系统中还安装辅助性燃油泵，如安装在发动机驱动泵上游，或与发动机驱动泵并联安装的电动燃油泵。有些飞机还在燃油箱出口处安装有离心式电动增压泵，用来帮助发动机起动，并确保发动机驱动泵进口的燃油具有正压力。

1. 电动离心式增压泵

在有些飞机上，电动离心式增压泵是作为燃油系统的辅助性燃油泵。电机通常安装在与燃油箱较低位置相对应的翼梁上，而泵体则浸没在油箱底部的燃油中。在泵叶轮与电机之间采取密封措施，防止燃油或油蒸气漏入电机。当燃油进入泵体时，高速旋转的叶轮沿径向将燃油向外抛射，产生离心力，提高了燃油压力，并将燃油输向系统。泵的旋转搅动还具有将空气和油蒸气从燃油中分离出来的作用，使供向发动机的燃油不含油蒸气(图 9-13)。

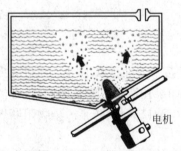

图 9-13　电动离心式增压泵

2. 柱塞式电动燃油泵

由于电动离心式增压泵成本较高，所以许多小型下单翼飞机的燃油系统采用电动柱塞泵作为燃油系统辅助燃油泵。柱塞泵通常与发动机驱动的膜片式燃油泵并联安装，以使它们单独或共同向发动机供油。

柱塞式燃油泵属于脉动泵，它由电磁线圈、柱塞、校准弹簧以及 2 个单向活门等组成(图 9-14)。电磁线圈绕制在连接 2 个油腔的黄铜管上。校准弹簧的弹力向上推柱塞，线圈电磁力向下推柱塞。一个单向活门安装在柱塞底部中间，另一个安装在进油腔内的黄铜管延伸段底部中间。

当柱塞泵未通电时，校准弹簧力将柱塞沿黄铜管向上推，柱塞将吸引磁铁，通过枢轴使触点接触。通电后，电流通过触点流过电磁线产生电磁力，将柱塞向下吸入线圈部分。此时

B腔内的燃油通过单向活门向上流入柱塞。当柱塞下移到电磁线圈中间时,将不再吸引磁铁,触点跳开,电磁线圈断电,电磁力消失。这时校准弹簧上推柱塞,C腔燃油被挤出,供向发动机。同时,来自油箱的燃油被抽入A腔,再通过底部单向活门进入B腔,为下一个供油循环做好准备。

如果发动机接收该泵的全部输出油量,则该泵的脉动频率很高;但如果发动机汽化器慢车活门关闭,或在汽化器和泵之间的燃油存在压力,则该泵将处于低速脉动状态。

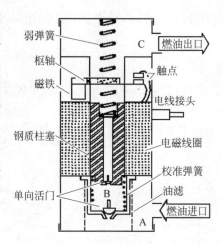

图 9-14　柱塞式电动燃油泵原理图

3. 叶片式燃油泵

图 9-15 所示为一种典型的叶片式燃油泵的工作原理。4 片钢制叶片在转子上开出的滑槽内沿转子径向滑动,叶片的一端紧压泵筒内壁,另一端通过弹簧与浮轴接触。转子内部空腔被叶片和浮轴分成 4 个工作腔。泵筒固定在泵的壳体上,两侧有进、出油口。转子的动力可以是发动机驱动或电机驱动。图中转子工作时为顺时针转动,由于泵筒与转子是偏心的,随着转子的转动,每个工作腔的容积不断变化,叶片转向进口一边时,工作腔容积变大,产生局部低压区,将油箱中的燃油吸入工作腔。而叶片转向出口一边时,工作腔容积变小,将燃油挤出,流向汽化器。

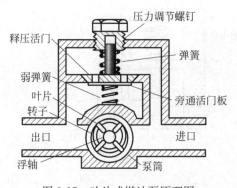

图 9-15　叶片式燃油泵原理图

当泵出口压力大于规定值时,作用在释压活门下表面上的压力克服弹簧力,向上顶开释压活门,将泵出口的多余燃油导回入口,使泵出口到汽化器之间的供油管路中燃油压力始终保持在规定值以内。而当发动机工作期间遇到叶片泵失效的情况时,只要泵进口压力稍微大于出口压力,则作用在旁通活门板上表面的压力克服细弹簧力,向下打开旁通活门板,使燃油全流量流向发动机汽化器。

该泵的头部装有供油压力调节装置,可自动调节泵出口的燃油压力处于规定的范围内。如果泵工作时燃油压力出现异常,应首先检查压力调节装置,并通过调节螺钉用试验的方法进行压力修正。

4. 膜片式燃油泵

膜片式燃油泵也是一种容积泵,图 9-16 所示为一种典型的膜片式燃油泵结构图。凸轮转动时,摇臂带动推杆克服膜片弹簧的张力将膜片向下拉,泵体油腔体积增大形成负压。进油口单向活门在负压作用下打开,燃油进入膜片上方的油腔。吸油行程结束后,凸轮继续转动到与摇臂接触点处于凸轮半径最大位置,在此过程中膜片弹簧推动膜片向上运动,压缩燃油打开出油口单向活门,经高压油出口供向下游。

膜片泵的膜片由特氟龙(Teflon)、聚偏氟乙烯等材料制成,常见故障为膜片磨损或破裂。在发动机停止工作时,膜片泵中的单向活门可以封闭油路,避免空气进入导致发动机启动困难。

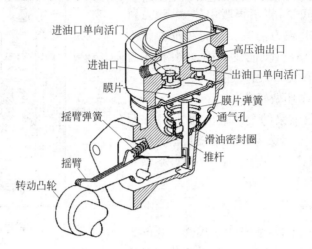

图 9-16　膜片式燃油泵原理图

9.4.4　燃油选择活门

　　燃油选择活门的功用是切断燃油流动或选择某油箱向发动机供油。根据驱动动力的不同,燃油选择活门可分为手动式、电动式和电磁作动式几种。采用活塞式发动机的小型飞机燃油系统中,选择活门通常为手动式。图 9-17 所示是两种较典型的手动式选择活门。

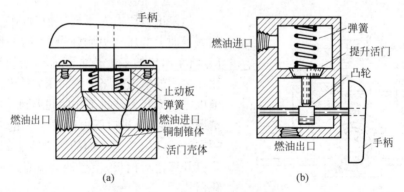

图 9-17　手动式燃油选择活门
(a) 锥形选择活门;(b) 提升式选择活门

　　锥形选择活门(图 9-17(a))由壳体、铜制锥形活门和弹簧等零件构成。铜制活门锥体与活门体同锥度的圆锥凹座配合,可以达到良好的密封效果。在活门锥体上与锥体轴线垂直的方向钻孔,从而在选择接通燃油时,可以使燃油从进口流向出口。在锥体和活门壳体的不同方向钻孔并连接输油管,就可实现 3 位或 4 位选择。

　　锥形选择活门可能会发生难以转动的问题。实际使用中曾发生过因选择活门不到位,不能向发动机提供足够的燃油流量,而使发动机损坏的案例。解决这一问题的方法是,当选择活门正好处于所选位置时,给飞行员提供一个明确的位置感觉。另外,应用提升式选择活门(图 9-17(b))也可避免上述问题。提升式选择活门采用了由手柄操纵的凸轮轴装置,可将提升活门准确顶起再接通,使燃油顺利流过选择活门;而燃油关断则由提升活门上面的弹簧力提供。因此,当活门正好处于选择位置时,可以给飞行员明确的感觉。

9.5 飞机燃油系统工作指示

燃油系统工作指示的主要信息包括燃油量、燃油压力和燃油流量。飞行员在驾驶舱仪表板上通过相应仪表监控燃油系统的工作。本节仅讨论燃油量表、燃油压力表和燃油流量表的指示。

9.5.1 燃油量指示系统

燃油量表是所有动力飞机必备的仪表,可随时为飞行员提供油箱目前剩余可用油量信息。常见的活塞式发动机飞机的油量表有机械式、电动式和电容式 3 种类型(图 9-18)。

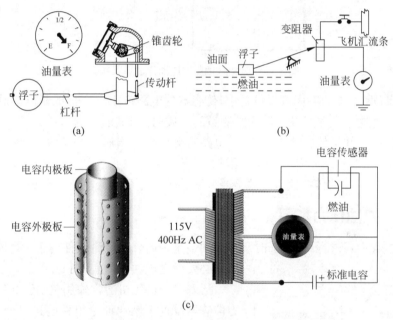

图 9-18 小型飞机油量表工作原理
(a) 机械式油量表;(b) 电动式油量表;(c) 电容式油量表

机械式油量表工作原理较为简单。浮子漂浮在油箱内的油面上,随着油面升降而上下浮动,使与浮子连接的杠杆绕其支点转动,通过传动杆和摇臂驱动锥形齿轮啮合运转,从而带动指针转动,指示油箱的油量。

电动式油量表仍然利用一个漂浮在油面上的浮子,所不同的是杠杆一端与变阻器连接。浮子随油面升降时,变阻器的阻值随之改变,使通过的电流也发生变化,通过驱动电机指示油箱的油量。

电容式油量表利用一个安装于油箱中的电容作为传感器,当油箱中油面从满油位状态逐渐下降时,电容器两个极板之间的电介质最初全部是燃油,随后电容器上部电介质变为空气和燃油蒸气的混合物,油面以下的电介质依然为燃油。电介质的改变导致电容值发生变化,通过电容桥式电路可以探测到油量值。当燃油密度随温度发生变化时,燃油介电系数也随之发生变化,因此电容式油量传感器能够测出质量油量。机械式和电动式传感器则仅能测得体积油量。

除了以上3种传统的油量表外,有些飞机安装的是时域反射(time domain reflectivity,TDR)燃油量显示系统,其原理如图9-19所示。

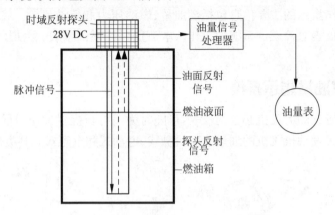

图 9-19　脉冲时域反射燃油量显示系统

在基于 TDR 技术的液面测量设备中,传感器的电路产生一个低能量电磁脉冲,该脉冲由探头发出。当这个电磁脉冲接触到被测量的介质时(如燃油液面),它的部分脉冲能量被反射回传感器探头并被传感器电路接收,电路就会根据发出脉冲和接收到反射脉冲的时间差(ns 量级)计算出液面位置。传感器能够将分析得到的液面位置输出为连续的模拟信号。在 TDR 技术中,脉冲的传播速度主要会受到脉冲传播介质的介电常数影响。

9.5.2　燃油压力指示

在飞行过程中,飞行员需要随时掌握燃油泵是否向燃油计量组件输送了足够的燃油,所以有必要设置燃油压力表(图9-20)。

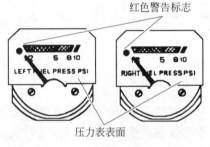

图 9-20　燃油压力表

活塞发动机飞机通常采用包端管式压力表,其压力传感器设置于燃油计量组件的进口处。发动机起动前,该压力表指示增压泵出口压力;发动机运转过程中,该压力表指示发动机驱动泵出口压力。

装有增压型汽化器的大型活塞式发动机采用的压力表指示的并不是燃油泵输出压力,而是汽化器进油压力和进气压力,其压力表的工作原理不是包端管,而是真空膜盒式压力表。

9.5.3　燃油流量指示

使用汽化器的小型活塞发动机飞机通常不需要装设燃油流量表,飞行员可根据发动机转速和进气总管压力来判断燃油流量。而较大型的活塞发动机飞机,特别是多发活塞发动机飞机的燃油系统需要设置燃油流量表,以帮助飞行员监控每台发动机的耗油情况。

该系统由传感器和指示器组成(图9-21)。传感器为一个由游丝弹簧加载的叶片和电磁线圈组成,叶片安装于通往汽化器的管道中。燃油流动的冲击力使叶片克服游丝弹簧的弹力而转动,带动传感器电磁线圈中的铁芯移动。叶片最终位置代表了燃油的流动速率,相应信号被送到指示器。

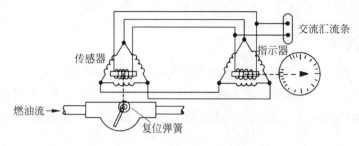

图 9-21　叶片式燃油流量指示系统

9.6　飞机燃油系统地面勤务及注意事项

向发动机输送正确种类和等级的洁净、无水燃油是保证飞机飞行安全的重要内容之一。飞机燃油系统地面勤务工作主要包括加油、放油和对系统的检查。

9.6.1　加油

给飞机加油必须严格遵循专门操作规程。这里描述的仅是对小型飞机重力(翼上)加油时应注意的原则和事项。

(1)检查所需燃油的等级和燃油量,确保加油车所载燃油种类和等级的正确性。

(2)加油前检查加油车的集油槽内是否存在水分。如有必要,应将其放掉。

(3)将加油车小心地移动到适当的位置,以便在发生危险情况时能迅速开走或推走。避免背对飞机;如有必要,安排一名引导员站在靠近加油车后部的位置。给飞机施加刹车及放上轮挡。

(4)按照正确的程序将飞机搭接和接地:先将加油车接地,然后加油车与飞机搭接。在打开翼上加油口盖前,先将油枪与飞机搭接。加油过程中要始终保持翼上油枪与加油口颈部接触。加油结束后,按相反的程序进行。

(5)不要拖着加油管通过除冰带或机翼边缘。上、下机翼要使用专用工作梯,使梯垫平整地靠在机翼前缘。在机翼上必须沿标记区域行走。离开机翼前应清除油渍和污垢(图9-22)。

图 9-22　翼上加油

(6)加油期间不要将油枪扳机支撑在开位或离开油枪无人看管。不能将油枪在地面拖动。加油后立即更换油枪防尘帽。

(7)在没有确定加注哪个具体的油箱之前,不要盲目打开加油口盖。加完油后随手将口盖盖好锁定。离开机翼前,检查每个加油口盖是否盖好。一旦发现口盖不正常,应通知机务人员或飞行员。

(8) 完成加油工作后,检查油车或其他加油设备,以及油滤/分离器搜油槽中是否有水分。如果发现明显有水或其他污染物,通知飞行员,并着手从飞机燃油箱取油样。

(9) 必须首先检查确定机翼上没有遗留任何东西,且所有加油管和接地线都收好,然后才能离开飞机。

9.6.2　放油

因为维护需要或者其他原因,有时需要将飞机油箱中的燃油放出来。放油操作应遵循的基本原则和注意事项与加油有很多相似之处。需要特别注意的是,不要在室内或通风条件不好的条件下进行放油工作,并尽可能地采取预防措施,防止因燃油流动而产生静电跳火。

如果只卸载了少量燃油,且油箱无污染,可将放出的燃油再装回油箱。但如果是因发动机故障而卸载的燃油,则应考虑燃油的质量可能存在问题。如果放油量很大,必须考虑到放出的燃油可能来自燃油箱底部,应将其隔离在单独的容器内,检查其质量。不允许将怀疑被污染的燃油加回飞机油箱,也不能加注给其他飞机。

如果从飞机上放出的燃油注入了汽油桶,则汽油桶注满后应立即盖好。有些飞机制造公司在操作手册中规定,飞机不得使用从飞机上放出并储存在汽油桶中的燃油。这样的燃油只能作为舷梯车、对流加热器或地面动力装置的燃料。

9.6.3　燃油渗漏检查

燃油系统出现微量渗漏时,只要在允许范围内,对飞行安全不致构成大的威胁。一旦渗漏超出允许限度,则可能导致灾难性后果。因此,检查系统渗漏情况,查找渗漏地点,确定渗漏程度,都是非常重要的工作。

查找燃油系统内部渗漏点常常借助于查看系统压力表,并操纵燃油选择活门。观察燃油从油箱到燃油计量组件之间的流动路线,分别注意燃油泵、选择活门等处,有助于发现燃油系统内部的漏油点。在此期间,燃油泵必须处于工作状态,以使系统增压。查找燃油系统外部渗漏点相对较容易。一般来说,油污或新出现的浸湿点,以及闻到强烈汽油味,都可视为有燃油渗漏情况。无论是内部渗漏还是外部渗漏,对飞行安全都是潜在威胁。

燃油渗漏等级以 30min 内燃油浸湿区域面积尺寸的大小来确定。用洁净棉布擦干渗漏区,也可用压缩空气吹干那些很难擦到的区域。用压缩空气吹干渗漏处时,应戴上护目镜。用掺有红色染料的滑石粉均匀撒在渗漏处,当燃油浸湿滑石粉时,浸湿区会变成红色,非常醒目。

30min 后,每一处渗漏可被确定为 4 个渗漏级别之一,即缓慢渗漏、渗漏、严重渗漏和连续淌漏(图 9-23)。燃油在渗漏源周围浸湿的面积直径不超过 0.75in 的渗漏是缓慢渗漏;浸湿面积直径为 0.75~1.50in 的为渗漏;浸湿面积直径为 1.50~3.00in 的为严重渗漏。这 3 级渗漏在 30min 末都没有燃油流淌或滴漏现象,是否允许放飞应按照飞机手册的规定。

最严重的是连续淌漏,这时可能会有燃油从飞机下表面滴落,或顺着检查者触及渗漏区的手指流淌。这种情况下禁止飞机起飞,必须立刻进行地面修理工作。如有可能,在查找确定漏油部位后,就应从漏油油箱放出燃油。如果暂时不能放出燃油,则应将飞机隔离在规定区域,并在飞机周围放置警告标志,直到特许人员对漏油油箱放油。

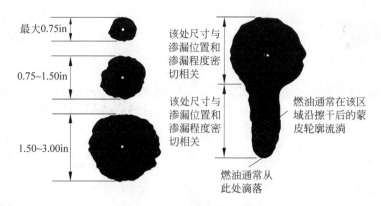

图 9-23 燃油渗漏等级的确定

    防止燃油渗漏最重要的因素是正确安装系统中的所有垫片、密封圈和密封组件。更换这些器件时,必须确保其清洁,同时确保被移除的旧垫片、密封圈等处完全清理干净,没有残留物。更换新密封件后,应检查其清洁性和完整性。许多密封件有其储存寿命,如果它们已超过了时限,则绝不能使用。

    目前有大量的活塞发动机飞机采用了金属焊接的独立油箱,由系留带固定在机翼结构的预留空间中。当独立油箱漏油时,泄漏的燃油有可能会存续在油箱与机翼结构之间的间隙中,这会增大失火的风险。因此当发现采用独立油箱的飞机燃油泄漏时,在按照手册进行检查的基础上,最好打开检查盖板,找到油箱的泄漏点,查看结构间隙中是否存续有泄漏的燃油,消除火灾隐患。

第10章

液压系统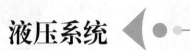

液压系统作为飞机的一种动力源,具有重量轻、效率高、输出功率大、自润滑和便于控制等优点,并可简单、方便地通过管道与所需作动的系统或部件连接。中、小型飞机主要利用液压系统作动起落架收放、刹车,有些还包括襟翼收放。

10.1 液压系统基本工作原理

液压系统的工作原理可由描述封闭容器内液体性质的帕斯卡定律来解释。帕斯卡定律指出:施加在密闭容器内液体任意一个部分的压强,必然按其原来的大小,由液体向各个方向传递,并垂直作用于封闭容器的内壁(图 10-1)。所以,液压系统就是利用密闭管路内不可压缩液体能够传递压力的特性,将具有压力的油液通过管路输送到需要作动的部件处,再利用作动装置(如作动筒或液压马达)将液体内能(压力)转变为机械能输出做功,作动部件运动。

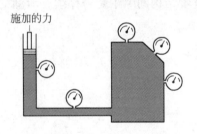

施加的力

图 10-1 帕斯卡定律示意图

飞机液压系统主要由动力元件、控制元件、执行元件和辅助元件组成。其中系统工作时的压力主要取决于外载荷,执行部件的速度取决于液压油的流量。活塞式发动机飞机的液压系统压力与大飞机相比要低一些。

10.2 液压系统工作介质

用于作动飞机各系统的工作介质——液压油应具有对机件良好的润滑性,在较大工作温度范围内具有较低黏性,以及高闪点和良好的化学稳定性。飞机液压系统使用的液压油包括植物基、矿物基和合成基 3 类。由于它们具有不同的性质,所以必须谨慎使用,防止其互相掺混。为了便于辨别,各种液压油以不同颜色加以区别。

10.2.1 液压油的种类及适用范围

植物基液压油主要由蓖麻油和酒精混合而成,主要用于老式飞机上。为了便于识别,将植物基液压油染成蓝色。这种液压油只能用于由天然橡胶密封件和软管构成的系统中。如果植物基液压系统中混入了矿物基或磷酸酯基液压油,则密封件和软管将膨胀、分解,并堵塞系统。该系统可用酒精冲洗。植物基液压油属于易燃液体,目前已很少使用。

矿物基液压油广泛用于通用航空飞机的液压系统和起落架减震支柱中。它基本上属于煤油型石油产品,具有良好的润滑性、低泡沫、抗腐蚀等特性,化学稳定性好,黏度随温度变化小。但它仍属于易燃液压油。为了便于识别,矿物基液压油通常被染成红色。使用这种液压油的系统采用由氯丁(二烯)橡胶制成的密封件和软管。系统可用石脑油(naphtha)、溶剂汽油(varsol)或斯托达德溶剂(Stoddard solvent)冲洗。矿物基液压油不能与植物基或磷酸酯基液压油混用。

合成基液压油是以磷酸酯为盐基,人工合成的液压油。它具有非常好的防火特性,在3300℃的焊枪火焰下仅偶有火花,不会燃烧,故又被称为"防火液压油"。这种非石油基液压油直到20世纪中叶才开始应用到高性能活塞式和涡桨式飞机上。目前常用的磷酸酯基液压油的颜色为亮紫色,其工作温度范围很大,在−54～110℃范围内都能正常工作。磷酸酯基液压油具有低腐蚀性,因此只能用于具有异丁合成橡胶或乙烯—丙烯合成橡胶密封件和软管的系统中,而不能使用矿物基液压油适用的氯丁橡胶或丁腈橡胶密封件和软管。该系统可用三氯乙烯冲洗。由于防火液压油对皮肤和黏膜有伤害作用,所以操作时要戴防护手套和护目镜。一旦粘到眼睛或皮肤上,立即用大量清水冲洗。

10.2.2 液压油使用注意事项

由于植物基、矿物基和磷酸酯基液压油各自的化学成分和特性不同,所以不能相互掺混使用,也不允许将一种液压油加注到使用另一种液压油的系统中,否则会导致系统工作不正常,严重时整个系统将不能继续使用。如果某飞机的液压系统加注了不同种类的液压油,应立即放干净,并用适当的溶液冲洗系统,然后按照飞机生产厂家的规定对密封件和软管进行更换处理。同样,一架飞机液压系统所采用的密封件和软管材料仅适用于规定种类液压油,因此只能用相同材料、相同规格的密封件和软管更换。

磷酸酯基液压油如果没有被污染,通常对飞机常用材料,如铁、铝、镁、锌、银、镉、不锈钢、黄铜、铬等金属不会有明显影响。但某些非金属材料,如乙烯树脂制品、硝基漆、油基漆、油布和沥青等会与磷酸酯基发生化学反应而软化。当这种液压油溢到这些材料上时,应立即用肥皂水洗净。磷酸酯基液压油适用天然纤维及许多人造纤维(包括尼龙和聚酯)。

10.3 液压系统基本组成及其主要附件

液压系统主要由供压、控制和作动几部分组成(图10-2)。这几部分共同工作,既可以保证系统具有足够压力,又可以保证系统安全,还可以保证所作动的部件按操纵控制输入信号的要求而运动,实现液压传动的目的。液压油从吸油管被抽出,经过油滤进入液压泵。在液压泵处,油液被加压,然后通过选择活门,向作动装置(图中为作动筒)供压。在作动装置中,液压油的内能转换为机械能,对外做功作动部件运动。该系统还设有手摇泵,当液压泵不能正常供压时,可人工操纵手摇泵应急供压。系统中的安全活门连接在泵出口与回油管之间,有防止系统压力过高的功用。与供压管路连接的蓄压器属于储能装置,能够降低系统压力波动并提供短时间内大流量的辅助供压。管路中单向活门的功用是允许油液朝一个方向流动,而不能反向流动。

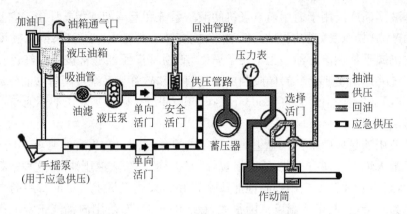

图 10-2　液压系统基本组成示意图

10.3.1　供压部分

供压部分主要包括液压油箱、液压泵、油滤和蓄压器等附件,主要作用是向系统提供洁净的高压油液。

1. 液压油箱

液压油箱用于储存系统所用油液,补充因泄漏或蒸发而损失的油液,还要接受因作动装置(作动筒或液压马达)运动、系统卸荷或系统热膨胀而产生的回油。飞行高度较低的飞机,其液压油箱可不增压,但必须通过管道与大气相通(图 10-3)。液压油箱内设有油量传感器,用于远距离指示油量;通常在油箱上还装设有目视油量观察窗。

液压系统正常工作状态下由发动机或电机驱动泵从油箱抽油,其抽油口由一根垂直安装的竖管构成;用手摇泵应急供压时,其抽油口位于油箱的底部。这种设置的目的是,当正常供油管路及其附件发生泄漏故障时,仍会存留竖管高度的油量,用于手摇泵应急供压。

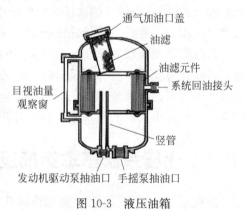

图 10-3　液压油箱

2. 液压泵

液压泵是液压系统供压部分的核心附件,其功用是驱使液压油流向系统。系统没有负载时,液压泵只需克服系统摩擦力就能使液压油在系统中流动,也就是处于卸荷状态。系统有负载时,油液流动阻力很大或流动被完全阻断时,泵出口的压力就会迅速增大,因此液压系统的压力与系统负载有关。

液压泵种类繁多,可根据液压系统的种类和动力源情况选用。所有液压泵都属于容积泵,即通过泵内部的容积变化达到抽油、压油的目的。根据液压泵结构和工作原理的不同,液压泵可分为叶片泵、齿轮泵和柱塞泵等,其中齿轮泵和轴向式柱塞泵应用最广;根据泵驱动动力的不同,可分为电动泵、发动机驱动泵或手摇泵等;根据液压泵输出流量是否可调,又可将液压泵划分为定流量泵和变流量泵两大类。

1）手摇泵

在液压系统中,手摇泵通常作为备用或应急供压装置。手摇泵有单作用式和双作用式两种。单作用式手摇泵在两个行程中仅有一个行程供油,供油流量呈间隔脉动状态,效率较低;而双作用式则在两个行程中都供油,供油流量较连续,效率较高,所以飞机上大多采用双作用式手摇泵。

使用最广泛的双作用式手摇泵是一种单柱塞泵,也称为"活塞杆置换泵"（图 10-4）。该手摇泵由缸筒、具有内部油路的活塞、进口单向活门、出口单向活门、上油腔和下油腔构成。

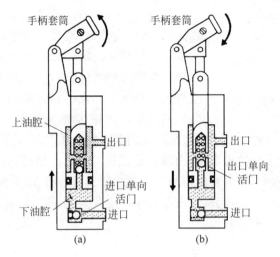

图 10-4   双作用式手摇泵

上提手柄时（图 10-4(a)）,随着活塞向上移动,上油腔体积减小,压力增大,出口单向活门在油压和弹簧作用下关闭,油液从出口被挤出供油。同时,下油腔体积增大,压力减小,形成局部真空,其压力小于油箱内油面压力。这一压力差克服进口单向活门弹簧力,打开单向活门,将油箱油液抽入下油腔。下压手柄时（图 10-4(b)）,活塞向下移动,进口单向活门关闭,出口单向活门打开,下油腔油液被迫进入上油腔。因为上油腔中活塞杆占据了部分空间,下油腔体积略大于上油腔体积,所以多出的部分油液从出口挤出供压。连续上下摇动手柄,则不断重复上述循环,实现连续供压。

2）定流量液压泵

定流量液压泵向系统提供连续的、流量相对固定的油流。泵每运转一周,便输出一个固定体积的油液,只要动力源转速不变,则输出的流量将是恒定的。采用这种泵的系统在建立了正常工作压力之后,如果泵继续运转,其输出的油液量将超出系统能够容纳的限度,系统压力会持续上升,导致液压泵负载增大,系统管路和附件可能因达到其强度极限而损坏。因此,采用定流量泵的系统需要有压力调节活门或释压活门,或者采用其他方式（如中立位开口系统或根据需要接通和关断动力源等）,防止系统压力超过规定值。定流量泵有齿轮泵、摆线泵、柱塞泵和叶片泵几种。

（1）齿轮泵

齿轮泵在中压系统中应用最广,具有结构简单、体积小、重量轻、工作可靠、造价低廉以及对油液污染不太敏感等优点。图 10-5 所示为典型的采用一对直齿圆柱齿轮啮合工作的齿轮泵工作原理图。两个齿轮装于封闭的壳体内,其中主动齿轮由发动机通过花键轴驱动,逆时针转动,并通过啮合带动从动齿轮顺时针转动。随着两齿轮的运转,上腔(抽油腔)因轮

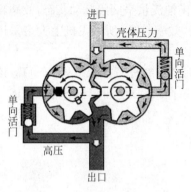

齿连续脱开啮合,体积增大,形成局部真空。因此,油箱中的油液被抽入上腔,并随着齿轮的转动,由两齿轮轮齿之间的空间带到下腔(压油腔)。下腔因轮齿连续进入啮合,空间减小,压力增大,将油液从出口挤出。

部分压力油液通过空心轴(图中虚线)对齿轮及其轴承进行润滑、冷却和封严。当这部分油液压力(称为壳体压力)达到一定值时,通过一个单向活门流回泵的进口。保持泵壳体具有一定压力的好处是,当齿轮轴或密封圈出现划伤时,油液将流出泵体,而不会将空气抽入泵体。空气进入泵体会恶化泵的润滑,导致泵损坏,并使系统出现气塞现象,影响传动的稳定性。

图 10-5　齿轮泵工作原理图

在齿轮泵输出压力较大时,由于进出口之间存在较大压差,会使泵体发生一定的弹性变形,导致油液从压油腔向抽油腔泄漏(内漏),造成压力损失。因此,有些齿轮泵在齿轮一端的内部空间设置法兰盘衬套,并在出口与法兰盘之间设置管路,由单向活门控制通油。当泵输出压力上升时,该单向活门打开,高压油作用在法兰盘上,使法兰盘贴紧齿轮,从而使内漏降至最低,并对齿轮磨损进行补偿。

(2) 摆线泵

摆线泵由固定偏心衬套所构成的油室、内齿轮转子、主动齿轮和端盖组成(图 10-6)。内齿轮转子有 5 个摆线轮齿;主动齿轮有 4 个摆线轮齿,由发动机或电机通过传动轴驱动;端盖上有 2 个月牙槽分别与泵的进口和出口相通。当泵工作时,主动齿轮和内齿轮转子顺时针转动。左边的轮齿从下向上连续脱开啮合,空间增大,形成局部真空,从进口将油液抽入油室;右边的轮齿向下连续进入啮合,空间减小,将油液从出口挤出供油。

(3) 叶片泵

某些液压系统要求泵的输出流量大,但不需要太高压力。这种系统可以采用叶片泵。这种泵由转子、定子、隔离轴、叶片等组成(图 10-7)。转子被偏心地置于定子内,沿其径向均匀开了 4 个槽,插入自由滑动的叶片。叶片由隔离轴顶在定子的内壁上。当转子沿图中箭头所指方向转动时,进口一侧叶片之间的体积增大,而出口一侧叶片之间的体积减小。体积的变化使泵从进口边抽油,从出口边挤出供油。

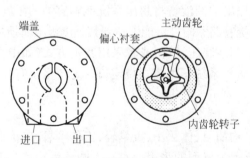

图 10-6　摆线泵工作原理图

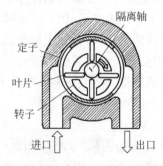

图 10-7　叶片泵工作原理图

（4）柱塞泵

高压液压系统常使用轴向式固定倾角柱塞泵。按其结构特点可分为直轴式和斜轴式两大类。除了结构和外形有所区别外，它们的工作原理完全相同。图 10-8 所示为直轴式柱塞泵工作原理图。该泵主要由旋转缸体、若干柱塞、斜盘和固定分油盘组成。青铜制成的旋转缸体通常钻有 7 个或 9 个缸孔，由发动机附件齿轮箱驱动或电机驱动旋转。与缸孔精密配合的柱塞可沿缸孔轴向滑动。柱塞杆端连接球形万向接头，并通过滑靴或弹簧始终紧靠在斜盘上，而斜盘与旋转缸体轴线的垂直平面之间的夹角为一定值 θ。当泵的旋转缸筒转动时，因斜盘存在

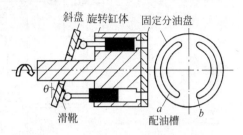

图 10-8　轴向式柱塞泵工作原理图

倾角，自上而下回转的半周内，柱塞向左滑动，使缸孔体积增大而形成局部真空，油液便从配油槽 a（图中为后半月牙）吸入缸孔；而在自下而上回转的半周内，柱塞向右滑动，使缸孔体积减小，将孔内油液经配流槽 b 压出。缸体每旋转一周，每个柱塞就往复运动一次，完成一次吸油和压油过程。缸体连续运转，即可实现连续供油。

（5）定流量泵系统的压力保护

如前所述，采用定流量泵的系统必须具备某种手段，当系统压力超过规定的工作压力值时，能够将泵卸荷，以保护液压泵、管路及附件的安全，并减少功率消耗。小型飞机通常采用中立位开口系统或采用卸荷活门两种方式。

中立位开口系统（图 10-9）指选择活门处于中立位置时，定流量液压泵供来的油液通过选择活门中央通道直接通向回油路而流回油箱。此时系统不建立压力，泵处于无负载运转状态。而当选择活门顺时针或逆时针旋转 45°（如起落架操纵手柄置于"收上"或"放下"位）时，由于泵来油通向作动筒的左腔或油腔，系统立即建立压力，通过作动筒去作动部件运动。系统中的安全活门仅作为备用。

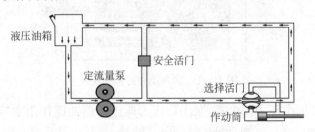

图 10-9　中立位开口系统示意图

图 10-10 所示为另一种采用定流量泵的液压系统。该系统的选择活门处于中立位置时，泵来油不能直接通过回油路流回油箱。因此，在泵出口、供压总管和回油总管这 3 者之间设置了压力调节活门，也称为卸荷活门。该活门的功用是将系统压力保持在设定的工作压力范围内。如果系统压力上升到工作压力范围的上限，卸荷活门将泵来油接通到回油总管，使泵处于卸荷状态。此时系统油液由一个单向活门封闭在供压总管内，保持较高压力状态；当供压总管压力下降到工作压力范围的下限时，卸荷活门将泵的回油路关闭，使泵向供压总管补充油液，直到系统压力上升到工作压力范围的上限。如此循环。有关卸荷活门的

工作原理将在本节后面详细介绍。

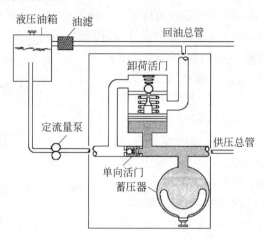

图 10-10　设有压力调节活门的定流量泵系统

3）变流量液压泵

变流量液压泵可根据系统需要输出油液,使系统压力保持在规定范围或规定值,而不需要使用压力调节活门。图 10-11 所示是一种广泛应用于高压液压系统的轴向柱塞式变流量泵。该泵的基本构成与轴向柱塞式定流量泵基本相同,区别在于斜盘的角度可随系统压力变化而自动调整。

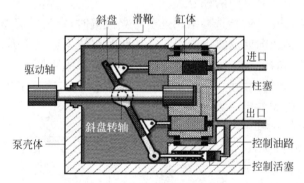

图 10-11　轴向式变流量柱塞泵

泵工作时,随着输出压力的升高,泵出口压力通过控制油路作用于控制活塞,克服弹簧力推动活塞向左移动,使斜盘绕自身转轴顺时针转动,与驱动轴垂直平面的夹角变小。这就意味着柱塞轴向往复移动的行程减小,抽油量和压油量随之减小。当系统压力达到规定值时,控制活塞正好将斜盘推到与缸体轴线垂直的位置,与垂直平面的夹角为 0°。这时虽然缸体仍然在驱动轴的带动下转动,但各柱塞的行程为零,没有抽油、压油过程,所以输出油量也为零,从而将系统压力保持在规定值。

3. 液压油滤

油滤用于过滤悬浮于油液中的杂质,保持液压油的清洁,以防系统运动装置磨损加剧。液压油滤分为低压油滤和高压油滤两大类,其基本构成包括头部组件(滤体)、滤芯、滤杯和旁通活门等。低压油滤通常安装在回油总管进入油箱之前的管路中;高压油滤则安装于泵出口。

低压油滤(图 10-12(a))的滤芯由特殊纤维纸、金属烧结物或不锈钢网线制成,能过滤 $5\sim10\mu m$ 的固体颗粒。来自回油总管的油液从进口进入滤杯,通过滤芯向内流动而过滤,从出口流出。滤芯堵塞时,安装于头部组件内的一个旁通活门在进、出口压差作用下打开,允许未经过滤的油液直接进入系统,以保证系统工作的连续性。这时油滤头部的一个红色指示销被顶起,以提醒维护人员注意检查。

高压油滤因处于泵下游供压系统管路中,承受压力较大,故要求其结构强度足够大。常用的高压油滤是叠片转动式油滤(图 10-12(b)),其滤芯由若干安装在芯轴上的圆叠片和隔离板堆叠而成。在叠片之间有清洁刮刀。芯轴伸出油滤,由驱动装置传动,带动滤芯旋转。油液自滤芯外部从叠片之间向内部流动,并从出口流出,实现对油液的过滤。在滤芯转动过程中,清洁刮刀将过滤在叠片上的污染物刮出,并落到滤杯底部,以便维护人员在下一次检查时清除。

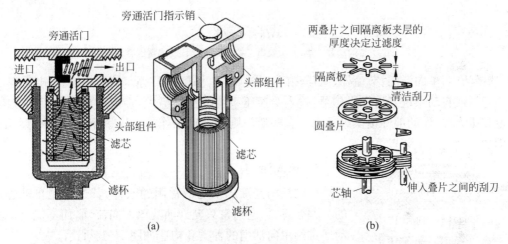

图 10-12　液压油滤的结构与工作示意图
(a) 低压油滤;(b) 高压油滤滤芯

4. 蓄压器

蓄压器是液压系统供压部分的重要附件之一,其功用包括:在系统对流量和压力需求量大时辅助泵供压,并且还可吸收系统中油液的热膨胀;储存能量,需要时向飞机的重要部件(如刹车)供压;在正常工作期间减弱系统压力波动等。

蓄压器主要分为缸筒式和球形两大类(图 10-13)。缸筒式蓄压器内部由浮动活塞分为两个腔。球形蓄压器又分为胶囊式和隔膜式两种,其内部由胶囊或柔性隔膜分为两个腔。蓄压器的两个腔中,其中一个腔充以预定压力的氮气,另一个腔与系统相通。当液压系统压力上升时,液压油推动活塞、气囊或柔性隔膜向充气腔方向运动,压缩气体,直到气体压力与系统压力相等为止。这时气体储存了能量。系统压力降低时,气体推动活塞、气囊或隔膜反向移动,向系统辅助供压。

10.3.2　控制与安全装置

液压系统的控制和安全装置主要包括各种活门和压力调节装置,如卸荷活门、安全活

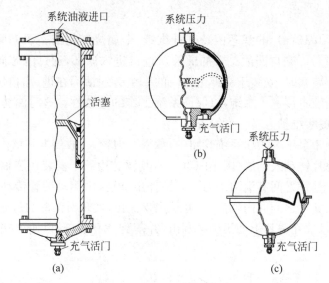

图 10-13　蓄压器的种类与结构

（a）缸筒式蓄压器；（b）胶囊式蓄压器；（c）隔膜式蓄压器

门、选择活门、单向活门、节流器、减压活门、顺序活门、保压活门等。液压系统控制特点是：由飞行员或自动系统发出操纵信号，输入给液压系统的控制组件，控制液压油的流动方向、流量和压力等，作动部件按操纵运动。有些活门则是自动工作的。这里重点介绍小型飞机常用的控制与安全装置。

1. 单向活门

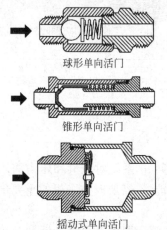

单向活门是液压系统最常用的附件，其工作是自动进行的。顾名思义，它通常只允许油液单方向流动，而不能反向流动。常用单向活门的种类和构造如图 10-14 所示。

球形单向活门的钢珠端与高压连通，作用在钢珠表面上的液压推动钢珠克服弹簧力向右运动，使油液可以全流量流过活门。只要供压压力降低就会引起弹簧将钢珠压回活门座而封严，防止油液倒流。

锥形单向活门的工作原理与球形单向活门类似，所不同的是防止反向流动的封严装置是圆锥面，而且当油液正向流动时，因为弹簧力较大的缘故，油液也不能全流量自由流动。这种单向活门可用于保持齿轮泵壳体压力。

图 10-14　单向活门种类与构造

摇动式单向活门利用一个弱弹簧加载的旋转圆盘作为封严装置。油液正向流动时，活门很容易打开，油液全流量流动；而当油液欲反向流动时，油液压力和弹簧力作用在圆盘上，完全阻断油液流动。

2. 选择活门

所有液压系统在控制上都具有一个重要特性，那就是有能力将液压送往指定系统中，按照操纵输入信号的要求去控制所作动部件的运动方向。这一功能就是由选择活门来实现的。选择活门可分为滑轴式和旋转式两类。驱动活门运动的动力可以是机械力或电磁力。

旋转式选择活门(图 10-15(a))由活门座和可转动活门构成。活门座有 4 个通油口。活门由旋钮操纵转动,有 2 个选择位置,其内部有 2 个相互隔离的通道,4 个孔口与活门座上的 4 个通油口对应。在一个选择位置(上图)时,供压口与作动筒的一个腔相通,而作动筒的另一腔则与回油总管相通。顺时针转动选择旋钮 90°(下图),则作动筒两个腔的供压与回油反向。

图 10-15(b)为控制起落架收放的滑阀式选择活门示意。起落架操纵手柄扳到手"收上"位时,滑轴右移,将供压油路与收上油路沟通,放下油路与回油路沟通,通过收放作动筒操纵起落架收上。反之,收放手柄置于"放下"位时,滑轴向左移动,将供压油路与放下油路沟通,收上油路与回油路沟通,通过作动筒操纵起落架放下。

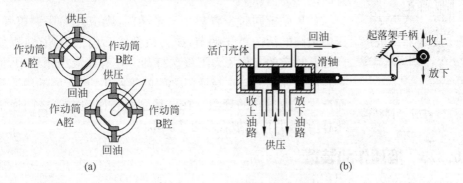

图 10-15 选择活门示意图

(a) 旋转式选择活门;(b) 滑轴式选择活门

3. 卸荷活门

卸荷活门在系统中的安装位置已经在前面介绍过。图 10-16 所示的卸荷活门仅用于采用定流量泵的系统中,它在不需要作动部件时给泵提供一个空转回路,并保证系统工作压力始终处于一定范围内。卸荷活门由活门体、上端带锥形活门的活塞及弹簧构成,有"切入"和"切出"两种工作状态。当系统压力下降到规定工作压力范围的下限时,活门中的活塞在弹簧力作用下将上部锥形活门关闭,阻断泵与回油路的通道,使泵输出的油流向系统供压,系统压力升高,即为"切入"状态;当系统压力达到规定工作压力范围的上限时,活塞在系统压力作用下向上移动,克服弹簧力,顶开锥形活门,将泵输出油液接入回油路,同时单向活门将系统封闭保持压力,使泵处于卸荷状态,即"切出"状态,从而减小泵的功率消耗,并保证泵和管路系统的工作安全。一旦由于泄漏或作动部件运动,导致系统压力降低至工作压力范围的下限时,卸荷活门又进入"切入"状态。如此循环,使系统压力始终保持在规定的范围之内。

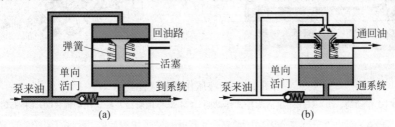

图 10-16 卸荷活门工作原理示意图

(a) "切入"状态;(b) "切出"状态

4. 安全活门

安全活门的功用是当系统压力超过规定值时将系统与回油路接通,起到保护系统的作用。它主要作为系统安全备份,只有当主系统中的压力调节活门失效时,安全活门才开始工作。

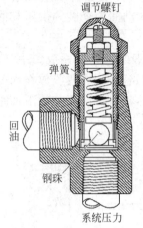

图 10-17 安全活门结构

安全活门通常安装在泵下游与回油总管之间,其构造如图 10-17 所示。钢珠的上部由弹簧加载,下部感受系统压力。弹簧的弹力可通过调节螺钉增减。当系统压力大于弹簧力时,钢珠被顶起,将系统与回油路接通,此时系统压力保持在安全活门打开时的压力值。

如果系统同时设置数个安全活门,则应按顺序调整弹簧力,压力最高的活门首先调节,压力最低的活门最后调节,以使各活门在其特定的工作压力下逐次打开。在有些液压系统中,液压油被封闭在作动筒与选择活门之间的管路中,可能因油液受热膨胀而产生压力过高的现象。在这种管路与回油总管之间通常装设热释压活门,以保护管路免受损坏。

10. 3. 3 液压作动装置

作动装置将油液压力转换为力或运动输出,去作动部件运动。飞机上使用的作动装置主要有作动筒和液压马达两类(图 10-18)。作动筒输出往复直线运动,可用于操纵起落架收放、刹车和飞行主操纵面等;液压马达输出旋转运动,常用于操纵襟翼收放或驱动应急液压泵等。

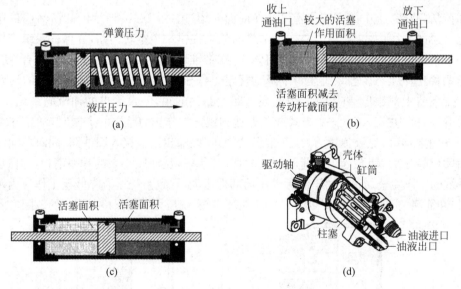

图 10-18 液压作动装置种类

(a) 单作用式作动筒;(b) 双作用单活塞杆式作动筒;(c) 双作用双活塞杆式作动筒;(d) 斜轴式液压马达

1. 作动筒

作动筒是液压系统的重要执行元件之一,它是将液体的压力能转换为机械能的装置,使被作动部件往复直线运动。作动筒的驱动力和作动速度取决于液压压力和流量大小,以及活塞有效工作面积的大小,其基本类型有 3 种:单作用式、双作用单活塞杆式和双作用双活塞杆式。

单作用式作动筒(图 10-18(a))的活塞由液压驱动向一个方向移动,由弹簧复位。机轮刹车作动筒就是单作用式作动筒的实际应用。

双作用单活塞杆式作动筒(图 10-18(b))因为仅一侧有活塞杆,所以活塞两侧有效工作面积不同。无活塞杆一侧有效工作面积为活塞端部面积,而有活塞杆一侧有效工作面积为活塞端部面积减去活塞杆截面积。当作动筒两腔分别输入相同压力和流量的油液时,活塞往复运动的速度不同,作动力也不同。这种作动筒常用于操纵飞机起落架收放等。

双作用双活塞杆式作动筒(图 10-18(c))因为两侧都有截面积相同的活塞杆,所以活塞两侧有效工作面积相同,应用于要求两个方向的作动力和作动速度相等的传动,如自动驾驶仪伺服作动筒。

2. 液压马达

液压马达是将油液压力能转换为旋转运动的机械能的一种装置。即输入一定压力和流量的油液,转换成一定扭矩和转速的旋转运动。液压马达的扭矩和转速取决于它的工作容积、输入压力和流量。即工作容积越大,输入压力越高,它的扭矩就越大;工作容积越小,输入流量越多,它的转速就越高。

液压马达的分类和结构与液压泵基本相同。因此,几乎所有的液压泵在理论上都可以作为液压马达使用。但由于液压和机械效率方面的某些原因,并非所有的液压泵都能作为液压马达使用。例如,液压泵通常是单向转动,而液压马达往往需要双向转动,因此在结构上又略有不同。

图 10-18(d)所示为一种斜轴柱塞式液压马达。压力油液从进口进入缸筒柱塞孔内,推动柱塞退出,进而推动底座法兰盘和输出轴转动。退出的柱塞转动到另半圈时进入柱塞孔,将油液从出口排出。

10.3.4 液压系统的密封

密封装置用于防止液压系统内高压油液向系统外部渗漏,同时将系统内漏限制在允许的范围内。密封件通常分为两大类:一类是密封垫片或垫圈,用于静密封,即对两个没有相对运动表面之间的密封;另一类是密封圈或皮碗,用于动密封,即对有相对运动表面之间的密封。密封圈又可分为单向密封圈和双向密封圈两类。

1. 单向密封

V 形密封圈、U 形密封圈和 D 形密封圈得名于它们的剖面形状,它们都是单向密封圈,即只能在一个方向上阻断液体流动(图 10-19(a))。

如果使用单向密封圈想要达到双向密封的目的,必须同时安装两套单向密封圈,并且其开口端必须面对油液压力方向。图 10-19(b)所示为某作动筒活塞与筒壁之间的双向密封安装方法。密封圈的脊部紧靠在轴端金属支撑环的凹槽内,而具有角形截面形状的撑挡环则压在密封圈的凹槽内。将两套密封件装配在轴上后,用调节螺母将密封圈压紧,并使密封圈紧紧贴靠在作动筒的内壁上。

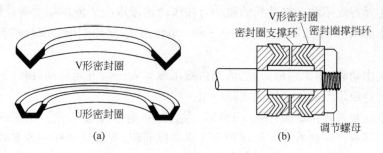

图 10-19　单向密封元件及其安装
(a) 单向密封圈种类；(b) 单向密封圈的双向密封安装

2. 双向密封

最常用的双向密封元件是 O 形密封圈，它既可作为密封垫圈，也可作为密封圈使用。高压系统密封时，采用密封圈挡圈防止 O 形密封圈被挤坏。将这种密封件装入被密封表面中一个表面的凹槽内。凹槽的宽度应比密封圈直径大 10%，而从另一配合表面到凹槽底部的深度则应比密封圈直径小大约 10%（图 10-20(a)）。这样，即使在液压系统无压力时，也能对密封圈产生一定的挤压作用，保持密封效果。图 10-20(b) 所示为凹槽尺寸正确时的密封效果。这时由于密封圈被一定程度地挤压，密封效果良好。图 10-20(c) 所示为凹槽尺寸不正确的情况，密封圈装入后没有被挤压，所以系统存在渗漏现象。

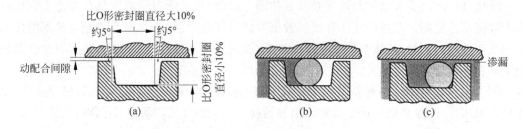

图 10-20　双向密封元件的安装
(a) 双向密封凹槽的尺寸；(b) 凹槽尺寸正确时的密封效果；(c) 凹槽尺寸不正确时将导致渗漏

除了密封元件的种类和基本安装方法之外，在安装和更换密封件时还应特别注意所维护的液压系统对密封件材料的特殊要求，使用密封件安装专用工具，并遵循维护手册上规定的工作程序。

10.4　小型飞机典型液压系统

应用于飞机的液压系统有不同种类，可划分为单液压源系统和多液压源系统。活塞式发动机飞机常采用单液压源系统，即飞机上仅有一个单独的液压系统，主要用于操纵起落架收放（有的还包括襟翼收放等）。

单液压源系统（图 10-21）作为起落架和襟翼收放的动力源，由一个发动机驱动定流量液压泵供压，并配备有手摇泵作为备份。液压泵抽油口位置高于手摇泵抽油口，以便在液压泵区域发生泄漏时仍然有足够的油液供手摇泵之用。飞行员通过选择手柄控制相应选择活门的位置，从而控制作动装置的工作。图 10-21 中所示起落架由作动筒驱动（处于放下状态),襟翼由液压马达作动。采用发动机驱动定流量泵的系统缺点是泵既不能关断,也不能调节输出流量。当不需要作动部件时,系统压力将上升到安全活门打开的较高压力值,这样就会过多消耗发动机功率,也不利于保证泵及管路系统的安全。因此,这类系统中通常在泵出口与油箱之间设置压力调节(卸荷)活门。

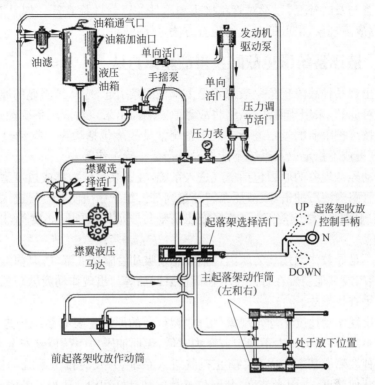

图 10-21 单液压源系统简图

10.5 飞机液压系统工作指示

液压系统的工作信息包括系统压力、液压泵的工作状态、液压油箱的油量等。活塞式发动机飞机所采用的单源液压系统一般具有系统简单、工作可靠性高的特点,在驾驶舱中基本不设置指示系统工作信息的仪表,有的仅设有系统压力表,或泵工作指示灯。

液压系统压力表的传感器属于包端管式,位于选择活门上游供压管路,感受并通过压力表指示系统压力。

在某些活塞发动机飞机的起落架收放液压系统中,其液压泵驱动电机由收放手柄、放下锁微动电门和压力电门控制电路的通断,并且当起落架收上后处于液锁状态。采用这种系统的飞机可在驾驶舱中设置泵工作指示灯,便于飞行员监控起落架在收上液锁状态下的单位时间内的泵循环工作次数,帮助判断收上管路系统的内漏情况,以便维护人员有针对性地进行检查。

小型飞机液压油箱内的油量一般通过油箱上的检查窗,或利用专门的测油尺查看。

10.6　飞机液压系统的检查与维护

　　液压系统的日常维护工作包括对液压传动装置的润滑保养,定期检查清洗和更换油滤,油箱液面的检查与及时补充,以及对管路接头和附件的密封性检查等。如果液压系统发生故障,则应根据故障现象,采取针对性的检查方法,排除故障。

10.6.1　液压系统常见故障及排故基本方法

　　液压系统出现某种故障现象一般都不是由单一因素引起,应从最明显的原因开始查起,逐一查找各种可能性,采用排除法,最终将故障原因隔离出来。对液压系统检查维护及排故方法和程序应按维护手册的规定进行。液压系统常见故障包括噪声与振动过大、系统压力不足、作动速度慢或不稳定以及系统不能按操纵指令正确工作等。

　　噪声与振动异常现象的原因包括空气进入系统,液压泵机件损坏或过度磨损,选择活门操纵过猛引起管路内液压冲击,或液压泵转速过高等。维护中应防止空气进入系统,保持液压泵及各种控制附件的结构完好,调整好液压泵轴与原动机轴的同心度等,以消除噪声与振动。

　　系统压力不足导致作动疲软的原因包括液压泵吸油管阻塞或漏气,泵内漏严重,驱动动力不足,安全活门或其他装置在打开位卡住而使泵回油等。出现作动疲软现象后,应根据这些可能原因着手查找排故。

　　作动装置出现作动速度不均匀现象(俗称"爬行")的原因主要有系统中进入空气,运动部件摩擦阻力不均匀,系统压力不稳定或压力过低,无回油压力(背压)或安全活门工作不正常等。排除这种故障的基本方法有:防止空气进入系统,并及时排出系统的空气;保证相对运动机件的几何精度、表面光洁度、装配位置精度和良好润滑;适当安装密封件;调整系统压力到规定范围;保证安全活门工作正常等。

10.6.2　液压系统泄漏检查

　　液压系统泄漏是最常见的故障现象之一,可导致作动疲软和作动速度不稳定。泄漏分为"外漏"和"内漏"两种。所谓外漏,是指液压油从液压附件或接头处向外部泄漏的现象,很容易通过目视检查确定泄漏地点。内漏指在液压系统内部,油液从液压泵、控制活门或作动装置等有相对运动的附件高压端向低压端渗漏的现象。在有相对运动的液压附件中,虽然采取了密封措施,也不能完全避免内漏。因此,允许内漏在一定限度内存在。但如果内漏严重,特别是当机件磨损严重或密封装置损坏时,将严重影响液压传动的正常工作,并大量消耗功率。因此,应在规定的时间间隔或系统工作失效时,对系统进行内漏试验检查。内漏试验有流量检查和内漏量检查两种方法。采用哪种方法取决于系统的安装形式。

1. 流量检查

　　流量检查需要利用外部试验台和安装在管路中的流量表进行。按相关维护手册的规定,将飞机液压系统与试验台连接好,并按规定程序有步骤地进行控制,记录下流量数据。通过特定附件的流量与作动装置在各传动位置时读出的流量数据进行对比,检验内漏量。对内漏量大于允许值的附件,应从系统中拆下进行专门检查。

2. 内漏量检查

图 10-22 所示为内漏量测试原理图。将系统加压到正常工作压力,然后迅速关闭试验台,记录下系统压力下降到规定值的时间。如果压力保持时间小于规定值,则说明系统内漏较严重,应对部分附件分别进行检查。断开相应接头,并记录通过特定附件或几组附件的内漏量。有时可将特定附件(如作动筒)低压端的管接头脱开,在其高压端施加正常压力,在规定时间内测量从开口处流出的油液量,确定该附件内漏量是否超过维修手册规定值。内漏量超过规定的附件应拆下检查,必要时应更换密封件,或更换整个附件。

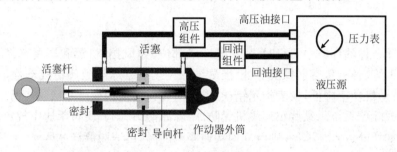

图 10-22　内漏量测试原理图

第11章

防冰排雨系统

在有结冰条件的环境中飞行时,飞机各迎风部位,如风挡、机翼和尾翼前缘、螺旋桨、发动机进气道前缘、各种传感器探头等处,极易结冰。飞机结冰导致飞机气动性能恶化,风挡视线不清,发动机功率降低,仪表指示错误,进而对飞行安全构成严重威胁。所以,现代飞机装备有防冰或除冰系统。某些小型飞机无防冰/除冰能力,则其飞行手册中规定不准进入已知冰区。如意外进入结冰区,则应立即接通座舱加温,迅速脱离结冰区。

本章主要介绍活塞发动机飞机的防冰/除冰系统和风挡排雨系统。

11.1　飞机结冰的形成、分类与探测

11.1.1　飞机结冰机理

大气中经常存在着温度在0℃以下仍未冻结的过冷水滴。这种过冷水滴多出现在−20～0℃的云和降水中。在温度低于−40℃时,过冷水滴就会立即冻结,但是温度高于−40℃时,水滴就会长时间以液态存在。过冷水滴的一个重要特征就是不稳定,稍受振动,即冻结成冰。当飞机在含有过冷水滴的区域飞行时,如果机体表面温度低于0℃,过冷水滴就会在机体表面迎风部位冻结并积聚成冰层。可见,飞机结冰的条件是气温低于0℃,飞机表面温度低于0℃和有温度低于0℃的过冷水滴存在。

11.1.2　飞机结冰的种类

飞机表面结冰的种类包括明冰、雾凇、毛冰和霜等。飞机结冰有的光滑透明,有的粗糙不平,有的坚硬牢固,有的松脆易脱。它们之间的差异主要是由过冷水滴的尺寸大小及其温度高低决定的。

明冰通常是在温度为−10～0℃的条件下由过冷雨或大水滴形成的,其质地光滑透明、结构坚固。在有降水的云中飞行时,明冰的积聚速度往往很快,冻结牢固,除冰设备不易使其脱落,因而对飞行危害较大。

雾凇由许多粒状冰晶组成,不透明,表面粗糙。这种冰多形成于温度在−20℃左右的云中,积聚速度较慢,多出现在飞机的迎风部位。与明冰相比,雾凇很容易除掉,对飞行危害相对较小。

毛冰的特征是表面较粗糙,质地较坚固,色泽如白瓷,故又被称为瓷冰。毛冰多形成在温度为−15～−5℃的云中,这里大小水滴同时存在,或存在由过冷水滴与冰晶混合组成的

云,所以能形成粗糙的不透明的冰。毛冰对飞行的影响不亚于明冰。

霜是在晴空飞行时出现的一种结冰。它是当不饱和空气与温度低于0℃的机体表面接触时,由水蒸气在冷机体表面直接凝华而成。只要飞机表面保持在0℃以下,霜就一直不化。霜虽然很薄,但它对飞行依然有影响,如飞行高度下降时在风挡上结霜,会影响目视飞行。另外,冬季停放在地面的飞机也可能结霜,必须清除机体上的霜层后才能起飞。

11.1.3 飞机结冰的影响

飞行中,飞机易结冰部位主要有机翼、尾翼前缘,风挡,发动机进气口前缘,汽化器,螺旋桨桨叶前缘,天线,以及空速管、大气温度传感器和迎角传感器等各种探头。这些部位结冰都会影响飞行性能乃至飞行安全。结冰的主要影响可分为对空气动力性能、动力装置、仪表与通信几个方面。

飞机结冰不仅增加了飞机的重量,而且会改变飞机的重心和空气动力翼面的气动外形,从而破坏了飞机原有的气动性能,升力下降,阻力增加,引起飞机抖动,操纵困难甚至失控。

活塞式发动机螺旋桨桨叶结冰导致其拉力减小。当冰层厚度达5～7mm时,冰块会在离心力作用下脱落,这不仅会打坏发动机和机身,而且会破坏螺旋桨的平衡,引发强烈振动。汽化器进气道文氏管喉部流道面积变窄,空气流过时温度和压力降低,加之此处喷出的汽油蒸发汽化吸热,双重冷却效应使进气中的水分凝结成冰,严重时会堵塞进气道,使发动机功率下降甚至停车。

空速管结冰会影响空速表、高度表和升降速率表的指示准确度,严重时这些仪表无法正常工作。迎角传感器结冰会影响失速警告系统正常工作。天线结冰则会影响无线电的接收与发射,甚至中断通信。另外,风挡结冰可影响飞行员视线,特别是在起飞和进场着陆时,对飞行安全威胁很大。

11.1.4 飞机结冰探测

飞机防冰/除冰系统应该在需要时才工作,以减少能源消耗和不必要的损耗。这就要求飞机具备能够在飞行中探测结冰情况的能力。应用在飞机上的结冰探测技术多种多样,包括光学法、热学法、电学法、机械法和波导法等。下面仅对现代民用飞机常采用的目视结冰探测(属于光学法)和电子式结冰探测器(属于机械法)进行介绍。

1. 目视结冰探测

在具备结冰条件的情况下飞行时,飞行机组人员应随时观察飞机结构上的结冰情况。例如,通过查看机翼前缘或风挡窗框等处,可发现结冰的早期信号。夜航时,需要有专门的灯(如机翼灯)照亮飞机结构,以便检查结冰情况。CCAR23部要求飞机配备适合于机组人员在夜间检查结冰情况并监视除冰设备工作情况的照明灯。

有些飞机在驾驶舱侧窗外的机身上安装目视结冰探棒(图11-1)。该探棒形似小翼,伸到气流中。由于其前缘曲率大,很容易结冰,故可提供飞机结冰早期信号。探棒底座有照明灯,夜间可照亮探棒前缘以便观察。探棒内有电加热装置,可接通除冰,以便再次探测结冰情况。

2. 电子式结冰探测器

电子式结冰探测器由微处理器电路、翼形支柱和伸到气流中的探头组成(图11-2)。探头以预设的频率振动,当冰积聚在探头上时,其振动频率减小。当探头振动频率下降到预设的频率下限时,微处理器将驾驶舱中的结冰信号灯接通。

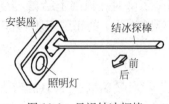

图 11-1　目视结冰探棒

图 11-2　电子式结冰探测器

探测一次结冰后,探头内的加温元件将冰除掉,以便继续探测结冰情况。只要探测器连续探测到结冰,驾驶舱中的结冰信号灯就会一直保持燃亮。只有当探测器已探测不到结冰时,该信号灯才熄灭。

11.2　飞机防冰系统

对飞机某些易结冰部位采取一定措施,使之不能结冰,称为"防冰"。活塞式发动机飞机的翼面前缘、螺旋桨桨叶、汽化器、风挡及各种探头等属于易结冰部位。许多小型飞机因飞行高度和速度较低,热源有限,未装备专门的防冰设备。而较大型的活塞发动机飞机则可能装设防冰系统。防冰系统的种类主要根据所利用的能源来区分,有气热防冰、电热防冰、化学防冰等。

11.2.1　气热防冰系统

气热防冰系统通常用于机翼和尾翼前缘防冰。这种系统需要温度较高的热空气。活塞式发动机飞机如果采用气热防冰系统,则热空气来源于排气加温器或燃烧加温器。关于这两种加温器的工作原理,已在第 3 章中给出了详细介绍,此处略去。

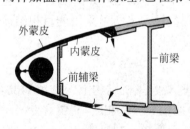

气热防冰系统的热空气通过防冰活门的控制,流向机翼、尾翼前缘蒙皮内沿翼展方向敷设的防冰导管。需要防冰的翼面前缘内部装配小缝隙蒙皮夹层,形成加热通道(图 11-3)。热空气通过防冰导管上的喷气孔喷入夹层,为前缘蒙皮提供足够的热量,以防止过冷水滴在翼面前缘结冰,或者使已冻结在蒙皮上的冰层融化松脱,由相对气流吹除。空气流过夹层通道后,从翼尖或其他易结冰部位排出机外。

图 11-3　机翼气热防冰原理

11.2.2　电热防冰系统

可能遇到结冰的飞机上通常对空速管采用电加温防冰方法,防止结冰堵塞空速管进气口。但空速管电加温元件发热量较大,所以当飞机在地面无相对气流时,不能接通该加温,以免烧坏空速管。飞行中接通空速管加温后,应通过其指示灯或电流表监视其加温工作。

许多飞机的静压孔和失速传感器叶片也采用电加温防冰。如果静压孔没有装设加温元件,则须装有备用静压孔。

许多飞机的驾驶舱风挡利用电加温系统来防止风挡玻璃结冰,以免影响飞行员视线。目前有两种在风挡玻璃中嵌装电加温元件的方法,一是将很细的电阻丝嵌入风挡玻璃内,二是将透明导电薄膜嵌压在外层玻璃的内侧(图 11-4)。电流通过电阻丝或导电薄膜时发热,加热风挡玻璃。

风挡电热防冰可能产生的问题包括玻璃脱层、变色和放静电等。产生这些问题的主要原因是风挡过热。为此,有些飞机在风挡玻璃内埋设了温度传感器。风挡加温过程中,如果其温度超过了预设的正常工作温度,传感器将超温信号传递给控制电路,使加温元件断电,并通过超温信号灯提醒飞行员注意。另外,风挡加温通常设有高能量和低能量两个选择。在地面检查风挡加温系统工作时,应使用低能量加温,用手掌感觉到热度后及时关断,以防止风挡过热。在风挡玻璃外表面涂有氧化锡防静电层,可将风挡静电与飞机结构搭接,以防止静电跳火。

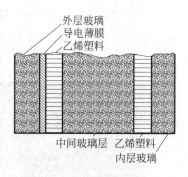

图 11-4 导电薄膜在风挡中的嵌压安装

风挡加温除了防冰功用外,由于加热后的乙烯层韧性增强,所以还可提高风挡玻璃抗鸟撞强度。小型飞机的风挡除雾装置虽然有一定程度的防冰能力,但在飞机没有其他防冰/除冰设备时仍不允许其进入已知结冰区。

11.2.3 化学防冰系统

在飞机的某些表面或部件喷洒异丙基乙醇、甲基乙醇,或乙烯乙二醇和乙醇的混合液,可以降低这些部位水的冰点,同时使喷洒后的表面光滑,冰不容易在这些表面聚集。液体防冰通常用于汽化器、螺旋桨和风挡的防冰。防冰液储存在飞机上的储液箱中。

图 11-5 所示为螺旋桨桨叶前缘液体防冰系统。该系统由防冰液储液箱、液滤、液泵、变阻器、抛液环和供液导槽等组成。需要防冰时,通过带有变阻器的开关控制液泵电机的转速,从而控制供液量。每具螺旋桨设有抛液环,利用离心力将防冰液送到桨叶喷液嘴喷出。

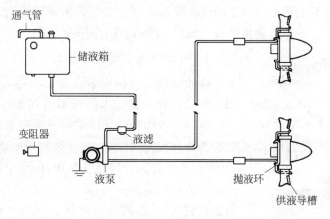

图 11-5 螺旋桨液体防冰系统

由于离心力的作用,喷出的防冰液沿导槽向桨叶叶尖流动,在相对气流的吹动下布满整个桨叶前缘,从而达到防冰的目的。防冰液储液箱的容积限制了该系统的工作。某些飞机的风挡也使用液体防冰系统,其组成和工作原理与此类似。飞行前应检查储液箱内防冰液量是否符合规定,系统是否有渗漏现象,以及系统工作是否正常。

有些飞机的机翼防冰采用一种被称为"渗液翼"的防冰系统(图 11-6)。防冰液由液泵从储液箱抽出,通过埋置于机翼和尾翼前缘的微孔金属渗液条渗出,并在气流作用下沿上、下表面流动,使机翼、尾翼前缘表面均匀分布防冰液。这种系统利用乙二醇覆盖翼面,以防止结冰。防冰液流向整个机翼和尾翼表面,又可起到除冰作用。

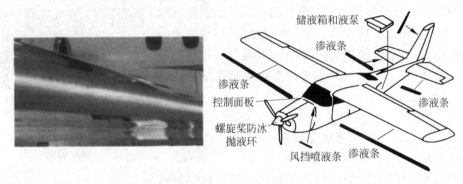

图 11-6　渗液翼系统

11.3　飞机除冰系统

除冰系统是将飞机表面已形成的冰除去。对于速度较低的飞机,在对空气动力翼面气动性能影响不大的前提下,允许一定程度的结冰,然后采用一定方式将冰破掉或融化,由气流带走,这种方式效率更高,且除冰后表面无残留冰,不会在原结冰区域形成冰瘤。

最典型的除冰系统是机翼和尾翼前缘气动除冰带系统。而螺旋桨除冰则常采用电加热元件将桨叶上形成的冰融化,再利用螺旋桨的离心力将脱落的冰甩掉。

11.3.1　气动除冰系统

气动除冰系统利用可充气膨胀的气动除冰带(图 11-7)机械破碎翼面冰层,由气流吹掉而达到除冰的目的。除冰带通常装设于机翼、尾翼前缘,由橡胶制成。

图 11-7　气动除冰带

1. 气动除冰系统工作原理

橡胶除冰带包括安装在需要除冰翼面前缘的几个可膨胀管。具有一定压力的压缩空气通过由定时器控制的分配活门进入膨胀管。在按预设程序工作的系统中,中间的膨胀管首先充气膨胀,将前缘的积冰破开。中间膨胀管收缩时,上下膨胀管再充气膨胀,使整个冰层与翼面分离,并由气流将脱落的冰吹除(图 11-8)。然后所有膨胀管都被抽真空而收缩,紧贴翼面保持气动外形,直到下次结冰时,再重复上述除冰程序。除冰带中的膨胀管交替膨胀不仅破冰效果好,对空气动力翼面外形改变较小,而且可减少所需的压缩空气量。

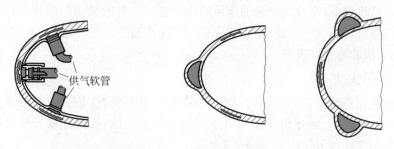

图 11-8　按程序膨胀的除冰带

图 11-9 所示为某种翼面的气动除冰系统工作原理图。该系统的主要附件是空气泵(真空泵)、真空释压活门、压力控制/关断活门、定时器和除冰带。真空泵产生的真空用于飞机仪表的工作,其出口端提供压缩空气,用于膨胀除冰带。当接通驾驶舱内的除冰电门时,定时器开始工作,控制各除冰带按预设程序先后膨胀。当所有除冰带都膨胀和收缩一次而完成一个除冰循环后,系统自动关断。这时,所有除冰带由真空泵抽真空而紧贴翼面前缘,以保持机翼光滑外形,直到下次发出另一个除冰指令。

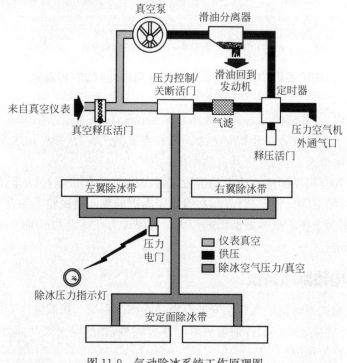

图 11-9　气动除冰系统工作原理图

2. 气动除冰系统主要附件

气动除冰系统的主要附件包括空气泵(真空泵)、真空调节器、压力控制活门、定时器组件和除冰带。

真空泵的正常功能是为相关飞行仪表提供真空,其输出端提供的压缩空气用于膨胀除冰带。真空调节器控制飞行仪表的真空度,同时也控制用于除冰带膨胀的压缩空气流量。

同样,压力控制活门控制进入除冰系统压缩空气的压力大小。除冰带交替膨胀过程中,除冰系统压力表指针将摆动,而真空度表的指示则相对稳定。驾驶舱中的除冰电门接通定时器组件,而定时器则按预设程序控制除冰带完成一个除冰循环。系统完成一次循环后,除冰带被抽真空,为下次除冰做好准备。

3. 除冰带的安装

除冰带在翼面前缘安装的方式有两种,即膨胀管沿翼展方向安装,或沿翼弦方向安装(图 11-10)。现代飞机上除冰带的安装基本都采用粘接方法,在拆卸或安装除冰带时应遵从飞机维护手册或除冰带生产厂家的有关规定。

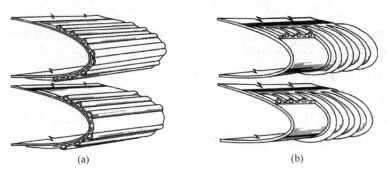

(a)　　　　　　　　　　　　(b)

图 11-10　气动除冰带安装方式
(a) 沿翼展方向安装；(b) 按翼弦方向安装

拆卸除冰带时,使用手册中推荐的溶剂将黏合剂软化,然后轻施拉力,将除冰带从翼面前缘剥离下来。

安装除冰带时,首先应清除安装面的所有涂层和底漆,并彻底清洁除冰带正反两面。将黏合剂均匀涂抹于除冰带背面及翼面前缘。可靠连接供气软管,并将除冰带置于正确位置。使用滚筒轻压除冰带表面,然后使其自然固化。

证明除冰带黏合可靠的唯一途径是进行试验。从废弃的相同材质的除冰带上剪下一小条作为试验样件,按照除冰带安装程序,在除冰带附近的翼面将试验条黏合。经过规定时间固化后,测量从翼面上撕下试验条所需的拉力。如果该力在规定的范围内,则表明除冰带的黏合强度符合规定。

11.3.2　电热除冰系统

许多现代活塞式发动机的螺旋桨安装有电热除冰套系统。橡胶除冰套内埋设电加热元件,并包裹在桨叶前缘。加热元件通电后对除冰套加热,将形成于桨叶前缘的冰融化,并由螺旋桨的离心力将冰甩掉。

在有些飞机上,每个桨叶上的除冰套分为两段。除冰时,以 30s 为间隔分别对各桨叶的两段除冰套通电加热。30s 的时间足以使附着在桨叶未加热区的冰在加热时松脱掉。这种交替加热方式对螺旋桨有很好的除冰效果。

螺旋桨电热除冰系统的主要附件包括电热除冰套、将电流接通到转动桨叶的滑环和电刷组件、控制加热时间和除冰程序的定时器、指示系统工作的电流表以及将飞机电源接通到除冰系统的导线、电门和断路器等(图 11-11)。滑环组件通过专门的与起动机适配的桨帽隔板或曲轴法兰盘连接到螺旋桨上。电刷组件安装在发动机上,因此3个电刷垂直贴紧在滑环上。定时器控制各除冰套的通电顺序。加热顺序有利于使桨叶上的结冰松脱,并在离心力作用下将冰甩掉。每个桨叶的相同部位同时通电加温,以保持螺旋桨的动平衡。

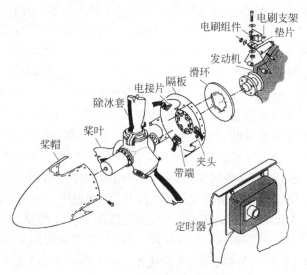

图 11-11　螺旋桨电除冰系统

电流表用来监视系统的工作情况。当每个加热元件通电时,如果电流相等,说明除冰系统工作正常。该系统的优点是重量轻,但耗电量较大。

11.4　飞机地面除冰与防冰

各国的民航管理部门均要求飞机的所有重要部件在起飞前必须确保没有积雪、结冰或结霜情况出现。地面除冰/防冰程序可使飞机保持良好的气动外形,避免积雪或结冰影响飞机的空气动力学特性和机械系统的工作。飞机上需要除冰和防冰的部位分别如图 11-12 和图 11-13 所示。需要除冰的部位主要有螺旋桨及桨帽,起落架支柱,机翼上、下表面,升力支柱表面,机身上表面,背鳍,垂直安定面和方向舵,水平安定面和升降舵等;需要防冰的部位主要包含机翼上、下表面,机身上表面和整个尾翼等。机械清扫是清除飞机外部积雪效率最高的办法,但在操作中不能使用尖锐的工具,以防损伤飞机表面蒙皮。常用的除冰液和防冰液是水性溶液,它们可以降低液态或晶体态水的凝结温度。除冰液和防冰液共有4种类型:

图 11-12　飞机除冰部位

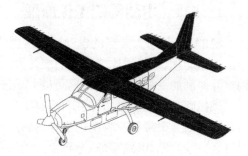

图 11-13　飞机防冰部位

Ⅰ类除冰液乙二醇甲醚(ethylene glycol monomethyl ether)延缓结冰的时间很短,主要用于除冰;Ⅱ类、Ⅲ类或Ⅳ类防冰液延缓结冰时间较长,主要用于防冰。

地面除冰可以采用两种办法:第1种方法是将飞机停放在环境空气被加热的机库中,使积雪或结冰自行融化,但应注意在飞机完全干燥前不能从温暖的机库中返回外场,否则残留的水分会再次结冰;第2种方法是用Ⅰ类除冰液以机械的方式进行除冰,在操作过程中应确认所有融化的冰和水都被清除干净,以防止飞机回到飞行区域时再次结冰。有些飞机的维护手册中会建议使用温度为160~180℉(71~82℃)的Ⅰ类除冰液和中高压清洗设备进行除冰,由于热量会融化冻结的冰雪或霜,因此加热后的除冰液使用效果会更佳。在使用Ⅰ类除冰液时要根据环境温度选取合适的除冰液和水的混合比例。

飞机采用一步除冰方法只使用Ⅰ类除冰液,但结冰延缓时间很短。飞机采用两步除冰方法时则先用Ⅰ类除冰液对飞机进行除冰,然后迅速使用Ⅱ类、Ⅲ类或Ⅳ类防冰液延长再次结冰的时间,保证飞机在防冰有效时间内起飞。若防冰程序完成后飞机等待时间超过了防冰有效时间,则飞机不能起飞,一般应重新实施除冰/防冰程序。Ⅱ类、Ⅲ类或Ⅳ类防冰液中使用了化学增稠剂,使用时不需进行稀释,其结冰延缓时间比Ⅰ类除冰液要长得多。防冰液在已经做完除冰的飞机表面上形成一层保护膜,这层保护膜在飞机高速飞行时会沿着飞机表面流动,防冰液的这种性质使得Ⅱ类、Ⅲ类或Ⅳ类防冰液在飞机上使用时要求飞机的速度达到85节(1节=1.852km/h)以上。由于延缓时间与环境空气条件有关,因此很多飞机维护手册中的数据仅是给出一个估计值。除冰和防冰的效果应由飞行机组负责判断。在操作过程中禁止将Ⅰ类、Ⅱ类、Ⅲ类或Ⅳ类除冰/防冰液混合使用。

飞行前要仔细检查,以下区域不能出现积雪或结冰:飞行操纵面的铰链、轴承和支撑钢索的滑轮,皮托管,飞机静压口,起落架轮毂,发动机进气口,燃油系统油箱通气口,舱门缝隙,排放口。

11.5　风挡排雨系统

飞行中遇到下雨时,雨滴落在风挡玻璃上会影响飞行员的视线,因此必须采取适当措施排除风挡上的雨水。风挡排雨的方法有雨刷、化学排雨剂和喷气吹除等。

大多数飞机的风挡配备了雨刷,以提高雨天飞行中风挡的清晰度。根据驱动动力的不同,雨刷可分为电动雨刷和液压传动雨刷两类。小型飞机如果安装风挡雨刷,则通常采用电动雨刷。

11.5.1　电动雨刷工作原理

图11-14所示为典型的电动风挡雨刷装置。电源来自飞机电源系统。雨刷片由电动机构组件驱动,电动机构改变电机的旋转方向,使雨刷臂做往复运动。雨刷臂连接在从电动机构组件伸出的一根轴上,可根据雨量大小选择雨刷运动速度。

风挡雨刷由控制电门(旋钮)控制工作,其控制电路如图11-15所示。电门通常有低速、高速和关断3个位置。将电门选择"高速"位时,继电器1和继电器2通电,磁场1与磁场2以并联方式激励,电路接通,电机以大约每分钟往返250次的速度运动。当电门选择在"低速"位时,继电器1通电,使磁场1和磁场2以串联方式激励,电机约以每分钟往返160次的速度运动。将电门置于"关断"位时,允许继电器的触点回到其正常位置,但雨刷电机将继续运转,直到雨刷臂到达"停放"位置为止。当两个继电器都断电,同时停放电门处于闭合位时,对电机的励磁是反向的。这就使雨刷向风挡下边框的停放位置移动,并使由凸轮作动的停放电门断开,从而断开电机,并使制动线圈断路,对电机制动。这样就保证了电机不会因惯性而继续运转,并重新接通停放电门。

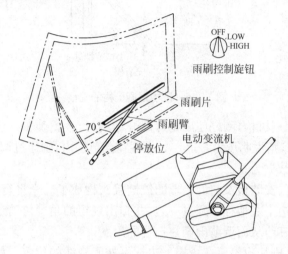

图 11-14 电动风挡雨刷系统

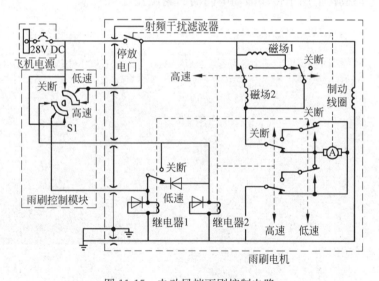

图 11-15 电动风挡雨刷控制电路

11.5.2 雨刷系统的维护

在地面检查雨刷工作情况时,应先向风挡上洒水,尽量避免干刷,以免擦伤风挡玻璃表面。对风挡雨刷的调整包括调节雨刷片对风挡玻璃的压力、雨刷片在风挡玻璃上扫过的角度以及正确的停放位置。图 11-16 给出了风挡雨刷机构上的调节点。

为了检查雨刷片对风挡玻璃的压力,可将一个小弹簧秤置于驱动臂与雨刷片连接点的

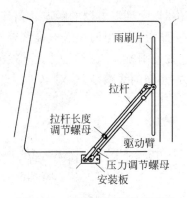

图 11-16　风挡雨刷机构的调整

下面,垂直地向外拉雨刷机构,刚好使雨刷片离开玻璃时,读出弹簧秤读数。如果该读数在 2.5～3.0kg 的范围内,则说明压力合适。如果不在此范围内,则通过调整压力调节螺母,直到弹簧秤指示出适当数据为止。

雨刷驱动臂、拉杆、安装板及它们上端的铰链接头构成了一个平行四边形连杆机构,可使雨刷片从玻璃的一边平稳地移动到另一边,并扫出规定的角度。通过调整拉杆长度调节螺母,可调节拉杆的长度,从而调节雨刷片扫过的角度。

雨刷不工作时,雨刷片应停留在风挡下边框不妨碍视线的位置。如果雨刷没有停在停放位,可调整电动机构上用于传动微动电门的凸轮位置。

第12章

起落架

　　起落架是飞机的重要部件,其主要功用包括:停机时和在地面滑行、滑跑过程中支撑飞机;保证飞机在地面运动的灵活性、操纵性与稳定性;减小飞机着陆时的撞击力和颠簸跳动;实现滑跑中刹车减速。为了减小飞行中的气动阻力,起落架必须能够收放。为了满足这些要求,现代飞机的起落架通常由承力结构、减震装置、收放系统、机轮、前轮转弯控制系统和刹车系统等组成。

　　起落架在飞机运行中受到较大外载荷作用,它的工作性能好坏和正常与否直接影响飞机起飞、着陆安全。因此,飞机维护人员应当详细了解起落架及其各子系统的组成、工作原理和维护要点,以便在使用和维护中正确操作,持久保持和充分发挥其性能。

12.1　起落架的配置型式与结构型式

　　起落架型式的差异决定了起落架使用特点的不同。飞机起落架包括轮式、浮筒式或滑橇式等几种类型。因为绝大多数飞机是在陆地机场着陆的,故本节主要介绍轮式起落架。起落架还可分为固定式和可收放式。固定式起落架不能收上;可收放式起落架则在飞行中可收起,以减小空气阻力,而在着陆前放下,以便安全着陆。

12.1.1　起落架的配置型式

　　根据起落架在机体上安装位置布局的不同,民用飞机起落架配置型式主要有后三点式和前三点式两种(图 12-1)。

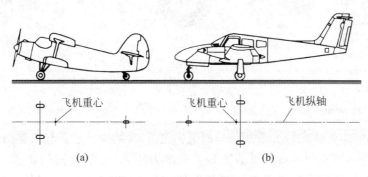

图 12-1　起落架的配置型式

(a) 后三点式起落架;(b) 前三点式起落架

　　后三点式起落架(图12-1(a))是指两个主起落架位于两边机翼根部下方飞机重心之前，另一个起落架(即尾轮)位于飞机尾部下方的配置型式。这种配置型式为早期低速飞机和某些轻型飞机所采用，其主要目的是为了使安装在飞机头部发动机螺旋桨位置升高，远离地面。由于采用后三点式起落架的飞机大多属于小型或轻型飞机，所以这种起落架可在强度较低的道面上起落，如经过碾压的草地或土质沙砾跑道。但后三点式起落架的缺点十分明显，主要表现在地面运动时的方向稳定性较差，滑跑中方向不易控制，受干扰后如操纵不当易进入"打地转"状态；地面运动的纵向稳定性较差，着陆时如刹车过早、过猛或未抱紧驾驶杆，可能导致飞机倒立(拿大顶)。另外，采用后三点式起落架的飞机着陆时机头上翘，前方视线不好，对着陆技术要求较高，要求轻三点接地，并在接地后抱紧驾驶杆(利用升降舵压住尾轮防止倒立，并保持滑跑方向)。如果在着陆时飞行员操作不当，使飞机以较大速度两点接地，会出现向上飘起的现象，即所谓的"跳跃"。当然，只要操作得当，这些缺点对于小型低速飞机来说并不十分突出。随着飞机的大型化和高速化，加之高能量刹车系统的使用，后三点式起落架的缺点日益明显，对飞行安全带来了潜在危险，所以逐渐被前三点式起落架所取代。

　　前三点式起落架(图12-1(b))是指两个主起落架在两边机翼根部下方飞机重心之后，另一个起落架(即前起落架)位于飞机头部下方的配置型式。与后三点式比较，前三点式起落架的地面方向稳定性和纵向稳定性都较好，且着陆时前方视线好，着陆滑跑中可较早实施刹车。所以，现代民用飞机广泛采用前三点式起落架。前三点式起落架的主要缺点是前起落架承受的载荷较大。

12.1.2　起落架的结构型式

　　按照起落架的结构和工作特点不同，其结构型式主要分为构架式、支柱套筒式和摇臂式3种(图12-2)。

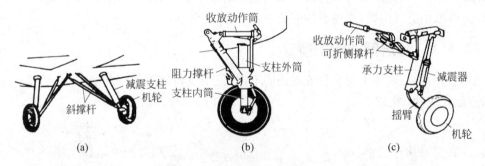

图12-2　起落架的结构型式
(a)构架式起落架；(b)支柱套筒式起落架；(c)摇臂式起落架

1. 构架式起落架

　　构架式起落架(图12-2(a))常用于早期低速飞机，其结构特点是起落架固定，不可收放。典型的构架式起落架由斜撑杆和减震支柱构成承力构架，上部分别与机翼或机身结构铰接，下端与轮轴上的梳状接头铰接。当受到地面反作用力时，起落架各承力构件只承受轴向力，而不受弯矩，故其结构简单，重量轻。但梳状接头处受力较严重，易产生裂纹，应加强检查。

2. 支柱套筒式起落架

支柱套筒式起落架(图 12-2(b))的支柱就是由外筒和内筒构成的减震支柱,它既用于减震,又用于承力。支柱的外筒与机体结构铰接,或通过安装于支柱上的套筒与机体结构铰接,其铰链中心作为起落架的收放转轴;支柱内筒的下端固定安装轮轴。

这种起落架能够承受较大的垂直载荷,并且有很好的减震作用。但在受到纵向或侧向水平载荷时,支柱将承受较大的弯矩,也不能很好地起到减震作用。为了解决这一问题,在主起落架上,沿飞机纵向安装阻力撑杆,而在前起落架上安装可折叠的纵向阻力撑杆,用于承受和传递纵向载荷;在主起落架的内侧安装可折叠的侧撑杆,用于承受并传递侧向载荷。另一个问题是垂直方向的地面反作用力通常与减震支柱轴线不重合,这也将使支柱承受较大弯矩,导致支柱内、外筒之间的接触面产生摩擦,易造成减震支柱密封装置磨损,减震性能也受到较大影响。

由于支柱套筒式起落架容易设计成可收放的型式,且能够承受很大的垂直载荷,结构较简单,结构重量较小,所以在现代民用飞机上得到广泛应用。

3. 摇臂式起落架

典型的摇臂式起落架(图 12-2(c))由承力支柱、减震器和摇臂构成。一个起摇臂作用的轮臂或轮叉上部铰接在承力支柱的下端,下部安装机轮。承力支柱与起落架收放转轴固定连接。在摇臂与飞机结构之间铰接安装减震器。这种起落架的最大优点是可以很好地承受垂直和水平两个方向的载荷,并同时具有很好的减震效果。不论机轮受到垂直方向或者水平方向的载荷,都可以转变为摇臂绕其铰接点的转动,并通过摇臂将载荷轴向传递给减震器。

由于摇臂式起落架具备上述优点,所以它在高速飞机上得到较广泛应用。但它的结构较复杂,减震器及其接头受力较大,且结构重量较大。因此,摇臂式起落架在现代民用机上应用较少。

12.2　起落架的基本组成及主要部件

现代民用飞机通常采用支柱套筒式起落架。虽然在不同飞机上这种结构型式的起落架有某些差别,但其基本构成却是相同的。本节重点介绍小型飞机起落架的基本组成及主要部件。

12.2.1　起落架的基本组成

1. 主起落架

主起落架主要由减震支柱、侧撑杆及其安装支架、收放转轴及其安装支架、扭力臂、轮叉和机轮、收放作动筒和收放位置锁等部件组成。另外,在主起落架机轮上还装有刹车装置。图 12-3 所示为某活塞发动机飞机左主起落架处于放下位置的情况。

放下起落架时,收放作动筒活塞杆在液压作用下向外伸出,将可折叠侧撑杆撑直,推动起落架绕其收放转轴向机翼外侧转动放下。当可折叠撑杆伸直后,其折叠铰接点过中点,并

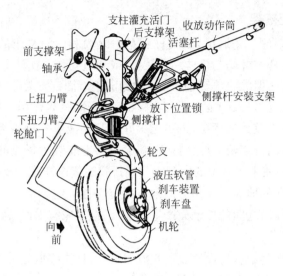

图 12-3　主起落架构成

由机械锁钩(即放下位置锁)固定。收上起落架时,作动筒活塞杆回缩,首先打开锁钩,并带动侧撑杆向上折叠,从而将起落架向翼根方向收起,并收入机身下部的主轮舱内。在起落架收放过程中,主轮舱门总是处于打开状态,而当起落架收上或放下到位后,主轮舱门经机械连动机构或液压传动装置的传动而关闭。由于起落架结构本身需要一定空间,所以当起落架放下后,机身与机翼之间有一部分舱门不可能再关闭,所以这块舱门就被机械地连接在支柱上,随起落架的放下而打开,收上后则关闭。

飞机着陆或在地面运行、停机时,地面垂直方向的反作用力通过轮叉传给减震支柱,其能量大部分由支柱吸收和消耗掉,但仍有部分载荷(包括停机载荷)通过与支柱外筒收放转轴铰接的前、后支撑架传递给机翼结构,并通过翼梁最终传递给机身结构。机轮受到的侧向载荷则通过减震支柱、侧撑杆传递给机体结构。因此,在对主起落架进行检查时,上述各连接点应作为重点对象。

2. 前起落架

前起落架的组成与主起落架基本相同,主要由减震支柱、可折叠阻力撑杆及其安装支架、具有收放转轴的 Y 形套筒及其安装支架、扭力臂、轮叉和机轮、收放作动筒和收放位置锁等部件组成(图 12-4)。前起落架的收放过程与主起落架类似,只不过小型飞机的前起落架通常是向后收起,向前放下。

由于前起落架必须能够绕支柱轴线转动,以便于操纵飞机在地面灵活转弯,所以整个减震支柱安装在一个 Y 形套筒内,并通过套筒上的收放转轴与固定在机身隔框上的用于安装支撑架的轴承铰接。减震支柱外筒可以在套筒内转动,但不能上下移动。

早期飞机常采用单侧主轮刹车的方式来转弯,现代的飞机常采用前轮转弯来控制飞机地面机动方向。为了便于操纵前轮转弯,设置了前轮转弯传动机构。前轮能够左右偏转带来了方向稳定性、空中前起落架自动定中以及摆振等问题,因此在设计上采用前轮稳定距、前轮定中机构和减摆器等,较好地解决了这些问题。

为了保证飞机在地面运动时的方向稳定性,需将前轮置于支柱轴线(即前轮偏转轴线)

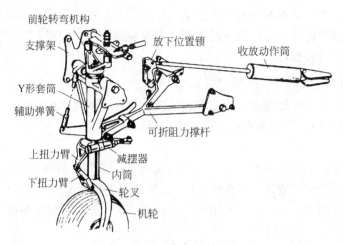

前轮转弯机构
支撑架
放下位置锁
收放动作筒
Y形套筒
辅助弹簧
可折阻力撑杆
上扭力臂
减摆器
下扭力臂
内筒
轮叉
机轮

图 12-4　前起落架构成

之后一定距离,机轮接地点与前轮偏转轴线间的垂直距离就是所谓的"稳定距"(图12-5)。飞机在地面运动时,如果前轮受到侧向干扰,可能被迫产生偏转。当干扰消除后,由于稳定距的存在,地面对前轮的摩擦力将对偏转轴线形成恢复力矩,使前轮恢复到飞机运动的方向上,从而保证了飞机地面运动的方向稳定性。因此转弯操纵结束时,稳定距的存在使地面摩擦力作用线不经过前轮偏转轴线,从而形成恢复力矩,帮助前轮迅速回到中立位。

前轮定中机构和减摆器将在本章后面部分详细讨论。

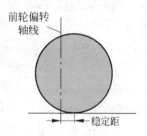

前轮偏转
轴线

稳定距

图 12-5　前轮稳定距

12.2.2　起落架减震装置

飞机在着陆接地时,将与地面发生剧烈碰撞;在滑行、滑跑中,可能因道面不平或有异物,也会使飞机受到撞击。减震装置与机身或机翼的承力结构连接,如果其减震性能不好或工作不正常,飞机机体结构就会受到很大的撞击载荷,并引起飞机强烈的颠簸跳动。这对飞机结构、飞行安全和乘坐品质都极为不利。因此,起落架减震装置的功用就是:吸收着陆撞击能量,减小撞击力,并减弱在滑行和滑跑时的颠簸跳动。

起落架减震装置的型式取决于飞机的重量。某些轻型活塞发动机飞机采用弹簧钢支柱或橡皮筋减震器,而现代飞机则普遍采用油气式减震支柱。

1. 弹簧钢减震支柱

弹簧钢减震支柱由弹性钢管或钢板制成(图12-6),其上端用螺栓固定在机身加强隔框上,下端固定连接轮轴。弹簧钢具有弹性,在地面垂直和水平方向撞击载荷作用下发生幅度逐渐减小的弹性变形,在弹簧钢材料内摩擦作用下将部分撞击能量转化为内能耗散掉,从而减小了起落架对机体结构的冲击力。

应定期检查弹簧钢起落架的损伤和腐蚀情况。检查时应顶起飞机,使机轮可自由转动,然后扳动支柱,检查起落架与

图 12-6　弹簧钢减震支柱

机身连接处是否可靠。如果发现连接处松动,应拧下螺栓,进一步检查螺栓孔边缘是否有裂纹或磨损。对轮轴连接处应进行同样的检查。在安装螺栓时,应使用专用力矩扳手,按规定力矩值紧固所有螺母和螺栓。

2. 油气式减震支柱

绝大多数现代飞机的起落架采用油气式减震支柱。不同飞机的油气式减震支柱虽在设计上存在较大差别,但它们的基本构造和工作原理却是相同的。

1) 构造

油气式减震支柱主要由外筒和内筒(活塞)构成(图12-7)。外筒与飞机机体结构连接,而与外筒精密配合的内筒安装在外筒内,并可在外筒内上下运动。在外筒和内筒之间安装扭力臂,可防止内外筒相对转动,同时限制内筒伸张行程,防止内筒从外筒中脱出。内筒的下端固定连接轮轴,用于安装机轮。

图12-8所示为一种典型的油气式减震支柱内部构造。减震器的主要作用是减小着陆撞击时的载荷峰值,并消耗撞击动能。支柱外筒被活塞管分成内、外两个腔室。内筒(活塞)伸入外筒内,并包围住活塞管。活塞管壁上钻有一定数量的小孔,用于油液在活塞管和内筒之间流动。活塞管底部隔板又将内筒分为上、下两个腔,用于油液上下流动。下腔充满油液,上腔的上部充以压缩空气或压缩氮气。隔板上开有节流孔,以形成一个油液通道。内筒下部活塞中心处垂直固定安装有一根穿过节流孔的锥形调节油针。当减震支柱伸缩运动时,该油针在节流孔中上下移动,通过改变节流孔的通油面积来控制油液在上、下腔之间来回流动的速率(流量)。在支柱压缩和伸张过程中,液体上下流动速率不是常数,而是受到穿过节流孔变截面积油针的调节。

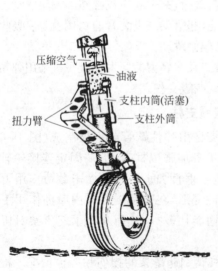

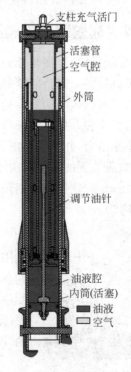

图 12-7　油气式减震支柱　　　　图 12-8　油气式减震支柱构造

在外筒的顶部附近通常安装支柱充气活门,用来给减震支柱灌充油液和气体。在外筒的下端支承座或封严螺母的凹槽内装有双向密封圈,并在最下部装有防止外界污染物进入的防尘密封圈。

2) 工作原理

当飞机着陆、机轮接地时,飞机重心继续向下运动,支柱压缩行程开始。这时外筒随飞机向下运动,内筒则相对外筒向上滑动,推动调节油针穿过节流孔向上运动,使节流孔通油面积逐渐减小。在整个压缩行程中,油液从下腔通过节流孔向上流动,并且因为通油面积逐渐减小,所以油液向上流动速率也逐渐减小,流动阻力则逐渐增大。由于产生剧烈的摩擦作用而生热,并通过支柱管壁散失,因而将部分着陆能量转换成热量而消耗掉。同时,由于支柱内油面升高,使上部气体压缩,将飞机着陆能量转换为气体压力能而储存起来。

压缩行程结束时,因为气体压力较大,所以支柱又开始了伸张行程,飞机相对地面和机轮向上运动。在压缩空气的作用下,油液又通过节流孔向下流动,再次摩擦生热,消耗部分能量。在有些减震支柱内设有包含回弹活门的阻尼或缓冲装置,可减小伸张行程中的反跳,防止支柱伸张太快。经过数次压缩和伸张行程循环,几乎全部着陆能量被消耗掉,飞机则平稳地在地面滑跑。

从以上分析可知,油气式减震支柱的基本工作原理可概括为:利用气体的可压缩性吸收着陆能量,延长飞机速度垂直分量消失时间,从而减小地面撞击力;利用液体反复流过节流小孔,产生摩擦热,耗散着陆能量,从而减弱飞机的颠簸跳动。

为了使减震支柱的减震性能处于最佳状态,必须保证油和气灌充量符合规定。每个减震支柱上都有一个标牌,其上注明了向支柱充液和充气的简要说明、灌充曲线及允许的误差范围。检查液面位置时,必须将支柱内的气体放出,这项工作存在危险性,必须十分熟悉高压充气活门的工作原理,并严格遵循维护手册中有关工作程序和安全措施。

3) 减震支柱的灌充与维护

不论是前起落架还是主起落架,证明其减震支柱灌充正确的直接标志是内筒(即镜面)伸出长度符合规定的尺寸,应当在飞机处于水平位置,且飞机加注正常燃油量的条件下测量这一尺寸。只要对起落架进行维护,都应同时检查减震支柱的清洁状况、损伤痕迹和内筒伸张量。在对减震支柱进行维护之前,应认真查阅飞机厂家提供的维护手册相关内容。具体程序因机型而异,但基本工作程序大同小异。以下列出的是有关减震支柱灌充的一般步骤。

对支柱进行灌充前,检查并清除支柱顶部灌充孔塞周围的尘土和其他污染物。然后将飞机用千斤顶顶起,并将收油盘放在机轮下面,用来接住从支柱内溢出的旧油。接下来,打开充气活门盖,并按压活门芯,释放支柱内上腔的压缩空气。然后拆下灌充孔塞,用手向上推机轮,使支柱内筒向上运动,直至上死点,确保支柱处于完全压缩状态。通过已打开的充气活门向支柱灌注油液,直至油面上升到充气活门的高度(有油液溢出即可)。用手拧紧灌充孔塞,并使支柱伸张和压缩2~3次,使支柱内的空气排放干净。取下灌充孔塞,将支柱压缩到底,如果需要则补充油液。将灌充孔塞装入,并按规定力矩拧紧。在根据维护手册要求正确灌注液压油后,拆除千斤顶,然后依据充气曲线给支柱充入足够的压缩氮气,使减震器内筒伸出的长度与维护手册规定值相吻合。通过摇动飞机使新灌充的支柱伸缩,以确定起落架是否处于正确位置。最后,在盖好活门盖前,还应检查活门芯是否漏气。

日常维护中,应定期检查支柱油液的渗漏情况。要经常对支柱内筒的伸出部分进行擦拭,并仔细检查是否有划伤痕迹或腐蚀。

3. 复合材料减震支柱

复合材料减震支柱广泛应用于复合材料机体结构的活塞发动机飞机上。减震支柱主体一般采用玻璃纤维增强树脂层合板状结构,有些飞机为了提高支柱的柔韧性,常在支柱弯曲时受拉的一侧增加芳纶纤维铺层。在受压的一侧为了防止出现结构局部失稳,有时也会布置少量碳纤维铺层。飞机着陆时,减震支柱发生幅度逐渐减小的弯曲弹性变形,通过结构材料内摩擦来耗散冲击能量。与传统的金属材料减震支柱相比,复合材料减震支柱具有更优异的抗疲劳性能,并且具有结构简单、重量轻、维护工作量小等特点。图 12-9 给出了典型的复合材料减震支柱结构及装配关系示意图。

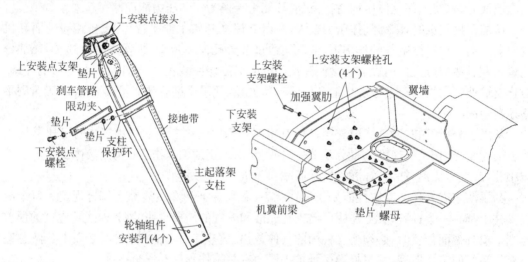

图 12-9　复合材料主起落架减震支柱

日常维护中要注意检查复合材料减震支柱是否出现分层、裂纹、磨损等情况,通常可以采用硬币敲击法对复合材料的内部损伤进行初步的判断,然后对发现的可疑部位采用超声等无损探伤方法进行检查。当减震支柱被滑落的工具或其他杂物击中时,也要做上述的损伤检查。对于复合材料结构而言,损伤可疑区域表面目视检查完好时,内部有可能已发生了分层、纤维断裂、纤维与基体抽离等各种形式的损伤,需要加倍注意。另外还需要检查减震支柱的连接支架、螺栓孔是否有裂纹产生。在安装复合材料减震支柱时,必须严格按照手册要求的力矩进行紧固,拧紧力矩超限有可能导致复合材料支柱发生损伤。

12.2.3　起落架的扭力臂

扭力臂的功用是将起落架定位在正前方位置,防止减震支柱内筒和外筒之间相对转动,并限制支柱的伸张行程。扭力臂由上、下两臂组成(图 12-10)。上扭力臂的上端铰接在减震支柱的外筒上,下扭力臂的下端铰接在

图 12-10　扭力臂

内筒（通常是轮轴或轮叉）上，两臂之间用螺栓组件铰接。这样的连接方式决定了减震支柱内、外筒可以相互伸缩运动，但不能相对转动。因此，扭力臂是一种定位装置。

12.3 起落架收放系统

飞机的飞行速度越高，固定式起落架所产生的阻力也就越大。因此，现代飞机大多采用可收放式起落。飞机起飞后收上起落架，可使飞机保持良好的气动外形而减小气动阻力。但是，可收放式起落架属于运动系统，其可靠性比固定式起落架降低。因此，起落架收放系统工作的可靠性直接关系到飞行安全，尤其是飞机起飞、着陆和地面运行的安全。

某些小型飞机起落架采用简单的机械收放系统，通过手柄及链轮链条机构操纵。另一些小型飞机采用电机驱动的起落架收放机构，甚至有的飞机还利用气压传动来收放起落。但是，由于液压系统具有其他动力系统所没有的诸多优点，所以绝大多数飞机的起落架收放系统采用液压传动。本节重点介绍起落架收放系统的基本组成、工作及维护要点。

12.3.1 起落架收放系统的组成

起落架收放系统（图 12-11）主要由收放作动筒、收放位置锁、收放操纵机构、地面安全装置和应急放下系统等部分组成，保证起落架能够可靠地收上和放下。

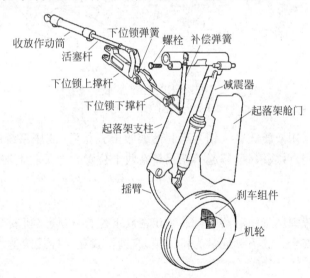

图 12-11 起落架收放系统组成

1. 收放作动筒

起落架的收放作动筒属于非平衡双作用式。小型飞机由于起落架重量较轻，所以作动筒的安装方式采取活塞杆伸出时放下起落架，活塞杆缩回时收上起落架。虽然这种安装方式使得收上传动力小于放下传动力，但液压系统仍然能够提供足够的动力，确保起落架收上或放下到位（图 12-11）。

当起落架重量较大时，为了充分利用作动筒无活塞杆一侧产生的传动力较大的特点，作动筒的安装方式则多采用活塞杆缩回时放下起落架，活塞杆伸出时收上起落架。这样的安装方式需要在支柱上增设收放摇臂和连杆机构。

2. 收放位置锁

为了确保起落架可靠地保持在收上位置和放下位置,每个起落架都分别设有一个收上位置锁和一个放下位置锁。收上位置锁一般为机械锁钩式,某些飞机的收上位置锁为液锁;放下位置锁则通常为机械撑杆式,少数为机械锁钩式。

1) 收上位置锁

起落架收上位置锁用于将起落架锁定在收上位置,保证起落架在飞行中不会由于自身重量的原因而意外落下。收上锁主要有机械锁钩式和液压锁两类。图 12-12 所示是一种锁钩式收上锁的工作示意图。锁钩机构的安装座固定在飞机结构上,锁钩与安装座铰接;锁环固定在减震支柱上。随着起落架收上,锁环进入锁钩,并使锁钩顺时针旋转,在锁钩定位机构的作用下,将起落架可靠锁定在收上位置。放下起落架时,液压传动的开锁作动筒活塞杆驱动锁钩逆时针旋转,使锁环脱离锁钩而开锁。

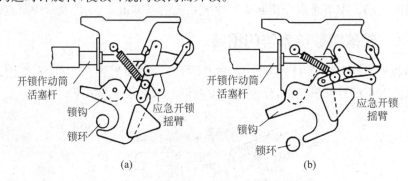

图 12-12　起落架机械锁钩式收上位置锁
(a) 锁定状态;(b) 开锁状态

某些小型飞机采用液压式收上锁。当起落架收上到位后,液压系统的相应装置使收上管路中的液压油封闭,形成液锁,将起落架保持在收上位置。有关收上液锁的详细内容请参阅 12.3.2 节。

2) 放下位置锁

起落架放下位置锁用于将起落架可靠锁定在放下位置,以便飞机安全着陆,并保证飞机在地面运行期间的安全。放下锁通常为机械锁,有锁钩式和撑杆式两类,其中撑杆式放下锁在现代飞机上应用广泛。

撑杆式放下锁通常与主起落架的侧撑杆或前起落架的阻力撑杆做成整体。在许多小型飞机撑杆式放下锁中,常设置一个锁钩机构,当起落架放下到位时,将撑杆锁定。图 12-13(a) 所示为某小型飞机主起落架撑杆式放下位置锁的结构。当液压作动筒传动起落架放下到位时,侧撑杆伸直。活塞杆继续推动调节螺杆,使铰接于侧撑杆上臂支板上的锁钩逆时针转动,钩住侧撑杆下臂上的一个锁销,将侧撑杆固定在伸直位置,从而将起落架锁定在放下位置。为了防止在地面反作用力作用下,侧撑杆自动折叠,使起落架意外离开放下位置,将侧撑杆折叠铰链处设计成过挠度(或称为"过中点"),即当起落架处于放下位置时,伸直的侧撑杆的上、下臂并不与其上、下两端铰链点连线重合,其折叠铰链在侧撑杆伸直的过程中转过了上、下两端铰链点连线(图 12-13(b))。这种设计可得到一个确定的机械锁定,且不需要其他动力。当飞机在地面上时,作用在侧撑杆上的载荷趋于将侧撑杆进一步推向过挠度位,而不会将其推向折叠方向。因此,有过挠度的侧撑杆就可靠地将起落架锁定在放下位置。

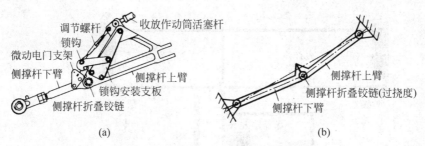

图 12-13 起落架机械撑杆式放下位置锁
(a) 撑杆式放下锁结构;(b) 放下锁过挠度示意

3. 起落架位置微动电门

在驾驶舱仪表板上设有起落架位置指示灯,帮助飞行员判断起落架的位置,以确定是否可以正常飞行或安全着陆。这些指示灯的工作由起落架位置微动电门控制(图 12-14)。当起落架放下锁好时,放下微动电门被触动,使表示起落架放下锁好的绿灯亮;当起落架收上锁好时,收上微动电门被触动,使起落架收放过程中点亮的红灯灭,表示起落架收上锁好。

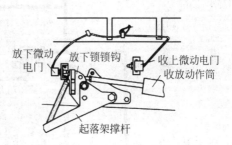

图 12-14 起落架位置微动电门

12.3.2 起落架液压收放系统

图 12-15 和图 12-16 所示是一种典型起落架液压收放系统的两个工作状态。由于该系统具有重量轻、结构紧凑、安装维护方便、工作可靠等诸多优点,被许多飞机厂家选装在活塞式发动机飞机上,作为收放起落架的动力系统。该系统将液压油箱、双向电动齿轮泵以及多个控制压力和流动方向的活门做成一个整体组件,安装于独立的壳体内,称为液压动力组件。

图 12-15 所示为起落架放下状态的单源液压系统。当把驾驶舱中的起落架收放手柄扳向"放下"位时,就接通了齿轮泵驱动电机,驱动泵工作,压力油从齿轮泵左边出口流出,首先进入位于泵下方的空腔,推动小活塞向右移动。活塞右端的针状顶杆将起落架收上单向活门顶开,使起落架收上管路通油箱(解除收上液锁)。压力油继续向下流动,将往复活门向左推动,关闭放下管路的回油路,并将压力油接入放下管路。因此,压力油通过左边的放下管路分别进入每个起落架作动筒的上端,推动活塞向下(外)运动,从而传动起落架放下。活塞另一端的低压油液则沿着右边的收上管路,通过被打开的单向活门从液压泵的抽油口被抽到放下管路。当起落架放下锁好时,起落架放下位置锁处的微动电门(绿灯电门)触通,通过起落架控制电路中的继电器将泵电机断电,泵停止供油。放下管路油液失去压力,往复活门在复位弹簧的作用下向右移动,再次将放下管路与油箱接通,从而使放下管路释压,起落架则被机械锁定在放下位置。起落架放下到位后,如果绿灯微动电门没能使泵电机断电,则泵会继续向放下管路供压,导致放下管路压力迅速上升,可能使泵电机负荷增大而损坏。这

时,设置于放下管路中泵出口与油箱之间的低压活门自动打开,将泵来油接通到油箱,防止放下管路压力过高。

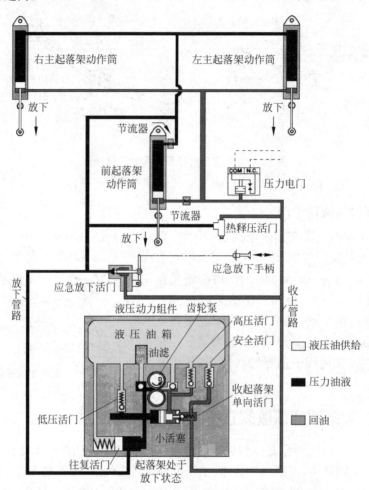

图 12-15 典型的单源液压系统(起落架放下状态)

图 12-16 所示为起落架正在收上过程中的单源液压系统。当把驾驶舱中的起落架收放手柄扳向"收上"位时,齿轮泵驱动电机反向转动(相对于放下起落架而言),带动泵向收上管路供压。压力油从泵的右边出口流出,将小活塞向左推动,并通过收上管路流到每个起落架收放作动筒的下端,推动活塞向上(内)运动,从而将起落架收上。同时,活塞另一端的低压油液则沿着左边的放下管路,通过被往复活门接通的油路回到油箱。当活塞运动到它的上死点时,起落架已收好,但齿轮泵仍然在继续向收上管路供油,导致管路内的压力迅速升高。当压力上升到一定值时,与收上管路相连的压力电门开始起作用,断开泵电机的供电电路,泵立即停止供压。收上管路内的高压油液必然有反向流动的趋势,迫使起落架收上单向活门关闭。此后,收上管路的高压油液就被封闭在管路及作动筒的收上腔内,形成液锁,将起落架保持在收上位置。飞行时间较长时,如果因为系统内漏导致收上管路压力降低到一定值时,压力电门又将泵电机电路接通,泵会短时间向收上管路补充油液,直到压力又上升到压力电门断电,泵再次停止工作。

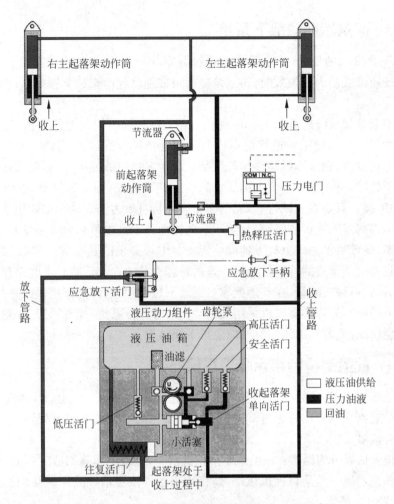

图 12-16 典型的单源液压系统（起落架收上过程中）

起落架收上到位后，如果因压力电门故障，没有及时将泵电机断电，则收上管路内的压力将继续升高。这时高压活门自动打开，将泵出口与油箱相通，从而防止系统压力过高而损坏电机、泵及管路。如果压力电门和高压活门都出现故障，则安全活门会在更高的压力水平上自动打开。

在起落架收上液锁期间，如果收上管路内油液因受热膨胀而超压，则通过一个设置在收上管路与放下管路之间的热释压活门，将压力过高的部分液压油通过放下管路释放回油箱。

前起落架重量比主起落架轻，所需传动力也较小。为了使3个起落架能够基本上同时收上或放下到位，在前起落架作动筒的2个通油口处设置节流器，使前起落架收放速度与主起落架基本同步。

该系统还设置了应急放下起落架装置。当起落架在收上位置不能正常放下时，飞行员可拉动应急放下手柄，作动应急放下活门，将收上管路与放下管路连通，打开收上锁（即解除液锁）。这时收上管路的油液可以通过应急放下活门自由地流到放下管路和作动筒放下腔，使3个起落架靠自身重力放下，过程中不会受到收上管路内油液的阻尼。

12.3.3　起落架应急放下系统

按照CCAR23部的规定,凡是可收放的起落架,都必须设置应急放下起落架系统。当正常放下系统故障或动力源失效时,该系统能够可靠地将起落架放下锁好,以确保飞机能够安全着陆。

应急放下起落架系统的基本工作原理是:人工打开起落架收上位置锁,起落架靠自身重力放下并锁好。在驾驶舱中通常设有应急放下起落架操纵器件(手柄、手轮或旋钮等)。如果收上锁为机械锁,则该操纵器件与起落架收上位置锁机械连接,当扳动或转动应急放下操纵手柄或手轮时,机械地打开收上锁。如果收上锁是液锁,则应急操纵的动作使收、放油路连通,解除液锁。只要收上锁打开,起落架就会在自身重力和气动力的作用下应急放下。

小型飞机因起落架重量较轻,靠自重下落的惯性力不足以可靠地放下锁好,所以针对小型飞机起落架,设计了多种应急放下辅助装置。其中最简单的是在起落架收放机构中加装拉伸弹簧和具有气动弹簧的补偿作动筒。这两种弹性装置在起落架收上时储存能量。应急放下起落架时,它们释放能量,在起落架靠自重放下过程中,为起落架提供额外的传动力,以便可靠地放下锁好。有些小型飞机采用辅助动力应急放下系统,如本书第10章中曾介绍过的手摇泵应急供压,或者利用压缩氮气应急放下起落架。

12.3.4　起落架位置指示和警告信号

CCAR23部规定,为了给飞行员提供可收放起落架的可视位置指示,在驾驶舱中必须设置起落架位置指示器;在进近着陆过程中如果飞行员忘记放下起落架,必须有提醒放下起落架的警告信号。

起落架位置信号分为两类:一类是正常位置信号,可指示起落架收上锁好、放下锁好及收放过程的信息;另一类是目视机械信号,仅用于正常位置信号故障时帮助机组判断起落架放下锁好情况。

1. 正常位置信号

不同飞机有不同种类的起落架位置指示器,但这些指示器一般都属于电气信号,通过不同颜色的指示灯或变换的图案来适时指示起落架所处的位置。电气位置信号通常来源于与起落架收上锁和放下锁有机械联系的微动电门,当起落架收上或放下并锁好时,这些微动电门被机械地触动,通过信号电路和信号灯,给飞行员提供可靠的位置信号。

图12-17所示为某小型飞机起落架收放控制面板。该面板上有1个红灯(图中方块)和3个绿灯(图中向下的箭头)。当起落架处于放下锁好位置时,红灯灭,3个绿灯亮。将起落架手柄上扳至"UP"(收上)位时,放下锁打开,起落架离开放下位置开始收上,放下微动电门脱开接触,所以3个绿灯立即熄灭,同时红灯亮,表示起落架正在收上的过程中。起落架收上锁好时,收上微动电门被触动,红灯灭,表示起落架已收上锁好。着陆进近过程中,将手柄置于"DOWN"(放下)位,收上锁打开,收上微动电门脱离接触,红灯立刻亮,表示起落架正在放下过程

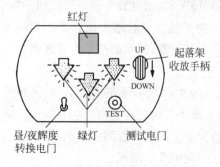

图12-17　起落架收放控制面板

中,当起落架放下锁好时,放下微动电门被触动,绿灯亮。当3个起落架都放下锁好时,3个绿灯都亮,同时红灯灭。

面板上的测试电门用于检查位置信号电路及指示灯是否正常工作。按压电门,如果所有红灯和绿灯都亮,表示电路和指示灯完好。昼/夜辉度转换电门用于转换指示灯的亮度,以满足白天或夜航时飞行员对灯光亮度的不同要求。

2. 目视机械信号

在有些飞机上,特别是大型飞机,设有起落架目视机械位置信号,作为灯光位置信号的补充。当正常电气位置信号系统或信号灯故障时,可帮助飞行机组判断起落架放下锁好情况。常见的机械信号有指示杆、牌、红漆线等,在飞机上特定的部位通过目视观察。如果这类位置信号处于预设位置,表明起落架已放下锁好。

3. 起落架警告信号

着陆进近阶段如果未在规定的时机放下起落架,再同时满足一定条件时,驾驶舱中就会出现提醒放下起落架的警告信号。

起落架位置与发动机油门位置和襟翼位置共同构成该警告的逻辑电路。当起落架没有处于完全放下并锁好的位置时,油门向慢车位收回,或襟翼放下到一定角度,都会接通该电路,使警告喇叭发出连续的响声。某些飞机的红色位置信号灯此时同时亮,以示警告。CCAR23部规定,因收油门而导致的音响警告可以通过静音按钮而停响,但如果停响后继续收油门,则会再次触发音响警告;而由于襟翼放下到较大角度而导致的音响警告不能被停响,因为这时飞机离跑道更近,也更危险。

12.3.5　起落架地面防收起装置

采用可收放式起落架的飞机必须具有相应的安全装置,以防止飞机在地面时意外收起起落架,造成起落架及机体结构损坏。防收起装置主要有支柱安全电门和起落架地面锁等。

1. 支柱安全电门

支柱安全电门通常安装在某个主起落架减震支柱上,用来感受飞机的空地状态,所以也称为空地安全传感器,或简称支柱电门。支柱电门有多种类型,其安装方式也不尽相同,但基本工作原理都是利用飞机在地面或空中两种状态下,减震支柱处于压缩或伸张两种对应状态,来触动或脱开一个微动电门,发出相应的表示空地状态的电气信号。

图12-18(a)所示为一种支柱电门安装方式。微动电门安装在固定于减震支柱外筒上的一个托架上。另有一个微动电门触板固定安装在上扭力臂上。当减震支柱压缩时,上扭力臂绕其上铰链向上转动,触板与微动电门接触,发出飞机在地面的信号。当起飞离地后,触板与电门脱开,发出飞机在空中的信号。

支柱电门发出的信号可用于防止飞机在地面时意外收上起落架。如果起落架控制手柄机械地与液压收放系统的选择活门连接,则通常设置电磁式手柄锁(图12-18(b))。当飞机在地面时,起落架手柄处于放下位置。由支柱电门控制的手柄锁电路开路,电磁线圈不产生磁力。这时手柄锁锁销在弹簧的作用下穿过手柄上的锁孔,并插入选择活门或其他固定结构上的锁孔,将手柄锁定在放下位置,不能扳动,从而使飞机在地面时起落架不会意外收起。

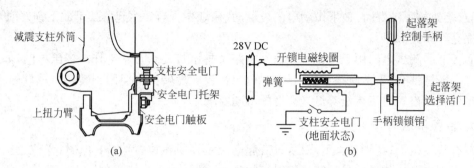

图 12-18　起落架支柱安全电门及手柄锁

当飞机起飞离地时,因支柱电门处于空中位置,所以手柄锁电路接通,锁销在电磁力作用下退出锁孔,这时手柄可移动到收上起落架的位置。

有些小型飞机的起落架控制手柄控制的是液压泵驱动电机的工作电路。在这种情况下,支柱电门的空地信号可以直接用来控制电机电路的通断。当飞机在地面时,支柱电门使泵电机电路断电。这时即使扳动起落架手柄到收上位置,收放系统也不会工作。飞机离地后,支柱电门使电机电路通电,这时可操纵起落架手柄收上起落架。

2. 起落架地面锁

即使设有支柱安全电门控制的防止起落架意外收起装置,也不能保证万无一失。例如,在用千斤顶顶起飞机,并且飞机已通电或液压系统正在工作的条件下,如果无意中将起落架手柄扳到收上位,由于这时支柱电门处于空中状态,不能起到防止收上起落架的作用,起落架将会意外收起,很可能对飞机下面的人员造成伤害,也可能损坏飞机结构和地面设备。所以大多数飞机有另外的地面锁定措施。常见的地面锁是用销子插入起落架可折撑杆折叠铰链附近专门预设的锁孔内,确保起落架不能被收起。销子通常系有红色飘带,以便于引起人们的注意。飞机飞行前必须将销子取下。

12.3.6　起落架收放系统的检查与维护

1. 日常维护

在对起落架收放系统进行日常维护过程中,应按照维护手册规定的时间间隔对起落架所有铰接点和运动部位进行润滑,并进行相应检查。检查收放机构保险、运动件的磨损、油液渗漏、管路和电缆的擦伤情况,以及轮舱门、轮胎的损伤情况。较轻微的损伤通常作保留处理,并在适当时候做部分再保留。但不允许存在裂纹、管路扭结及超过手册规定的磨损等情况。液压系统的渗漏通过清洗和重新连接而解决,持续渗漏的部件应更换。

2. 起落架收放机构的校装与调整

对起落架位置锁、轮舱门、撑杆等部件进行调整,可确保起落架及其轮舱门准确的收放。

1) 起落架位置锁的调整

对起落架收上位置锁和放下位置锁进行调整的主要目的是保证起落架在收上到位或放下到位时可靠锁住。其主要内容是调整作动筒活塞杆剩余行程和锁机构传动杆长度。作动筒活塞杆余程是传动起落架收、放到位后活塞杆继续移动量,用来推动锁机构上锁。通过调整余程和锁传动杆长度,可使位置锁准确地将起落架锁定在规定的位置。

位置锁的调整工作还应当包括对起落架位置微动电门与锁机构之间间隙的调整。按照维护手册规定的程序,将这一间隙调整到规定的误差范围之内,以防止微动电门发出错误的位置信号。

2)起落架舱门间隙的调整

为了检查轮舱门与结构以及与其他舱门之间的间隙,应将飞机用千斤顶顶起,然后将起落架收上到位并锁好,即可测量轮舱门的间隙。如果测得的间隙超出了允许范围,则应通过调整轮舱门铰链以及关门传动杆端部接头长度,直到在起落架收上锁好状态下,轮舱门能够完全关闭。应注意的是,轮舱门关得过紧可能导致轮舱门卡死,而过松则会在飞行中豁开。因此,轮舱门的间隙应调整到规定的尺寸范围内。另外,调整传动杆长度后,必须确保接头处螺纹连接正确,并上紧防松螺母。

3)阻力撑杆和侧撑杆的调整

对阻力撑杆和侧撑杆进行调整是为了保证起落架能够在正确的位置停止,即保证起落架定位于正确的方向上。由于起落架收放系统的构造千差万别,所以在实施这项工作时,必须参照维护手册。

3. 起落架收放试验

起落架收放试验一般作为100h定检和年检的重要内容之一。更换起落架收放系统零部件后,或者起落架受到严重载荷,如重着陆可能导致起落架损伤时,也应当进行收放试验。所有收放试验工作必须遵照维护手册规定的程序进行。

进行收放试验时,首先用千斤顶顶起飞机,然后操纵起落架进行全程收上和放下循环工作,检查起落架及其相关零部件有无松动现象,运动是否连续,有无阻滞。同时检查机轮与轮舱的间隙是否适当,轮舱门传动机构连接是否正确,位置锁、微动电门、指示信号工作是否正常,全部机构是否平稳工作等。

在进行收放试验的过程中,应使应急(或备用)放下系统处于工作状态,以确定其工作是否正常。此外,还应检查起落架警告系统的工作情况。当起落架处于收上位置时,向后收油门,警告喇叭应发出连续响声,直到向前推油门时才停响。在操纵襟翼放下较大角度时,警告喇叭应发出连续响声,直到收上襟翼时才停响。

收放试验完成后,对所有存在问题的零部件和部位进行专门检查,视情况进行修理、更换或重新安装,排除所有故障或隐患。

12.4　刹车系统

飞机刹车系统的主要功用是使飞机在地面滑跑或滑行时减速,同时还具有制动和帮助转弯的作用。在地面运动过程中,除了机体受到的气动阻力对飞机减速有一定帮助外,小型飞机唯一可控制的减速手段就是刹车。它必须提供足够的刹车能量使飞机在一定距离内停住;在发动机达到正常转速时,刹车必须能刹住飞机。因此刹车系统工作是否正常对飞行安全至关重要。为了获得高效率刹车,必须确保刹车系统中的每一个组件都能正常工作,并且具有相同的刹车性能。因此,应当经常检查刹车系统,保证刹车液压系统的充分供压,正确调整刹车装置,并保持装置的清洁完好。

飞机刹车系统有独立刹车系统、动力刹车系统和动力增压刹车系统3种类型。采用哪种类型的刹车系统主要取决于飞机着陆滑跑减速所需刹车能量的大小。多数现代活塞发动机飞机属于小型低速飞机,所需刹车能量较小,所以普遍采用独立刹车系统。因此,本节以下内容只涉及独立刹车系统。

12.4.1　刹车减速基本原理

如图 12-19 所示,飞机在地面运动时,机轮的滚动由道面与轮胎之间的摩擦力 X 对轮轴产生的滚动力矩($M_滚$)维持,该力矩与阻止机轮滚动的力矩($M_阻$)处于动态平衡状态,即

$$M_滚 = X \cdot R = M_阻 = P \cdot e + M_{轴承}$$

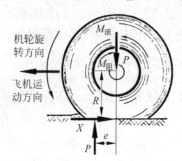

图 12-19　刹车减速原理

式中,摩擦力 X 与飞机运动方向相反,它就是飞机的减速力;R 为轮胎接地点到轮轴中心的距离;e 为地面反作用力与轮胎对地面正压力之间的水平距离;$M_{轴承}$ 为机轮轴承处的摩擦力矩。

根据滚动摩擦理论的结论,在一定限度内,滚动力矩随着阻滚力矩的增大而增大。机轮未刹车时,由地面反作用力和机轮轴承所产生的 $M_阻$ 很小,所以 $M_滚$ 也很小,也就是地面摩擦力 X 很小,飞机减速慢。刹车时,由于刹车装置对轮轴产生较大的刹车力矩,从而增大了 $M_阻$,所以维持机轮滚动的力矩 $M_滚$ 必然随之增大,即地面摩擦力 X 必须增大(因为 R 值相对固定),使飞机减速较快。因此,在一定限度内,刹车越重,地面摩擦力就越大,飞机减速也就越快。

由上面的分析可知,地面摩擦力随着刹车力矩的增大而增大。但是,地面摩擦力的增加是有限度的。当刹车力矩增大到一定值时,地面摩擦力增大到其最大值后不再增加。这时如果继续加大刹车力矩,则会出现机轮卡滞(俗称抱死)现象而拖胎,这时机轮相对地面滑动,摩擦力急剧减小,不仅刹车效率降低,而且使得轮胎剧烈磨损,甚至爆胎。

最大可能获得的地面摩擦力称为轮胎与地面的结合力,近似等于轮胎与地面的最大静摩擦力,其值为机轮对地面的正压力乘以摩擦系数。由于正压力的大小取决于飞机重力与升力的差值,所以当飞机运动速度较大时,因飞机升力较大,正压力就较小,可达到的结合力也较小;而飞机速度较小时,正压力就较大,可达到的结合力也较大。因此,在人工操纵飞机刹车时,应随着飞机运动速度的减小,逐渐加重刹车。这样才能既保证刹车效率较高,同时又不会出现拖胎现象。

12.4.2　独立刹车系统的基本组成

独立刹车系统由脚蹬机构、刹车控制筒、液压管路、刹车装置以及停留刹车组件等部分组成(图 12-20)。该系统之所以被称为"独立",是因为它有自己的储油箱和管路系统,与飞机液压系统完全没有关系。

独立刹车系统的刹车控制筒与脚蹬机构机械连接。刹车装置由刹车控制筒供压。当仅有机长位飞行员用脚踩下脚蹬顶部时,传动左侧两个刹车控制筒内的活塞将油液挤出,通过刹车管路将液压油送到刹车装置,并由刹车装置产生所需的摩擦力矩,即刹车力矩。放松脚蹬时,刹车控制筒活塞在弹簧作用下复位,刹车油液在刹车装置活塞的推动下流回副驾驶刹车控制筒上腔。当仅有副驾驶位飞行员踩刹车时,右边两个刹车控制筒中的液压油被挤入

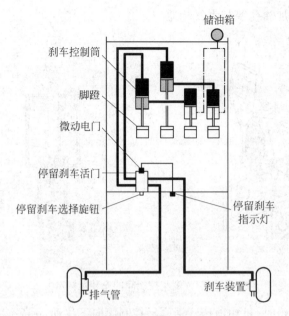

图 12-20　独立刹车系统简图

机长位刹车控制筒活塞下腔,推动活塞向上运动将油液输往刹车装置。当两位飞行员同时踩刹车时,左侧两个刹车控制筒活塞将同时获得来自机长位脚蹬的机械压力和来自于副驾驶位脚蹬的液压压力,从而使刹车装置获得更高的刹车压力。管路内混入空气时,可通过刹车组件上的排气管,采用重力排气或压力排气的方式将系统管路内的气体排尽。

　　独立刹车系统通常有一个独立的小容积非增压储油箱,一般仅有 $50\sim100mL$ 的容量,可通过刹车控制筒向刹车系统补充油液,还可以接收因温度变化导致管路超压而多余的系统回油。在图 12-20 所示系统中,机长位刹车控制筒从副驾驶位刹车控制筒的上腔获得补充油液,而副驾驶位刹车控制筒则直接从储油箱获得补充油液。反之当油液回流时,也存在类似的关系。有些飞机安装的独立刹车系统仅在机长位配置有两个刹车控制筒,副驾驶通过与脚蹬互联的扭力管可以帮助机长踩刹车。

　　独立刹车系统通常设有停留刹车组件。该组件由停留刹车活门、操纵器件、微动电门和指示灯等组成。未施加停留刹车时,安装于刹车管路中的停留刹车活门保持正常刹车油路的畅通,相当于输油管;施加停留刹车时,先均衡地踩下一边座位前的两个脚蹬,再操纵停留刹车手柄(或旋钮),停留刹车活门将刹车管路完全阻断,对活门下游管路和刹车装置形成液锁,从而实现停留刹车。

12.4.3　独立刹车系统的主要附件

1. 刹车控制筒

　　刹车控制筒的功用是将飞行员踩脚蹬的力转变为油液压力,为刹车装置供压。早期飞机曾采用过多种刹车控制筒,但现代小型飞机大多采用能够产生较大压力,并能够提供较大油量的刹车控制筒。图 12-21 所示为一种典型的刹车控制筒的安装方式及内部构造。控制筒的活塞杆直接与脚蹬机构连接,筒体下端固定在飞机结构上。筒体的上腔可作为储油箱,并可通过钻有小孔的加油孔塞与大气相通。

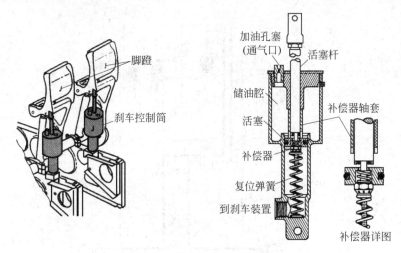

图 12-21　刹车控制筒的安装及构造

当飞行员踩下脚蹬时,机械地传动活塞沿控制筒向下移动,活塞被向下推离了补偿器轴套,关闭了补偿器端口。一个特殊的自锁型 O 形密封圈将油液封闭在刹车管路中,并使增压油液供向刹车装置。松开脚蹬时,复位弹簧的弹力将活塞向上推动,这时补偿器轴套将补偿器端口保持在打开位,以便从刹车装置回流的油液能够通过补偿器端口与储油腔相通。

刹车压力的大小与飞行员踩脚蹬的力成正比。不刹车时,补偿器端口打开,刹车管路中的油液回流到储油腔,并可与大气相通。这样,一方面可防止刹车管路中油液的热膨胀,另外也可随时向刹车管路补充因刹车装置和管路渗漏而损失的油液。

2. 刹车装置

刹车装置的功用是利用静止的刹车片与随机轮转动的刹车盘(套)之间产生摩擦力,增大机轮的阻滚力矩,达到刹车减速的目的。某些早期低速飞机采用胶囊式或弯块式刹车装置,并且目前仍有飞机在使用。现代小型飞机则通常采用单圆盘式刹车装置。

1) 胶囊式刹车装置

某些早期飞机或轻型飞机使用胶囊式刹车装置,它由橡胶制成的可膨胀胶囊、刹车块、刹车套和液压或冷气管路组成(图 12-22)。胶囊为一个圆周形管子,安装在轮轴上。若干由金属或碳基/碳增强体复合材料制成的刹车块沿周向分布在胶囊的顶部,并由复位弹簧连接成一个整体,即刹车体。刹车套是轮毂的一部分,随机轮转动。刹车时,压缩空气或液压

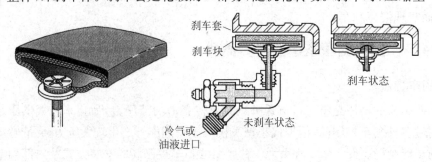

图 12-22　胶囊式刹车装置

油进入胶囊,使之膨胀,迫使刹车块克服弹簧力沿径向移动,刹车体直径增大,紧贴刹车套产生摩擦力而刹车。解除刹车时,胶囊恢复原来形状,刹车块在复位弹簧的作用下恢复原直径,并离开刹车套。

2) 单圆盘式刹车装置

单圆盘式刹车装置通过对一个安装在轮毂上,随机轮转动的刹车盘施加摩擦力来实现刹车。这种刹车装置具有多种构造类型,但都具有相同的工作原理,其主要差别在于刹车作动筒的数量不同,以及刹车盘在轮毂上的安装方式不同,分为固定和可滑动两种方式。

图 12-23 所示是一个典型的固定式单圆盘刹车装置及机轮的分解图,图示为左主轮及其刹车装置。该刹车装置由刹车盘和刹车滑架组成。刹车盘用螺栓固定在内侧轮毂上。刹车滑架由刹车作动筒组件、刹车片、压力板及背板等组成,整个滑架可沿两个定位螺栓来回滑动。刹车作动筒内部有刹车活塞。两个刹车片用铆钉分别固定在压力板和背板上,面向刹车盘。

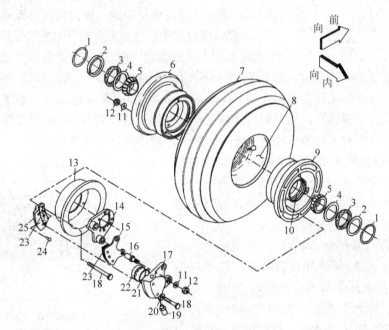

图 12-23 固定式单圆盘刹车装置及机轮分解图

1—卡环;2—油脂密封护圈;3—油脂密封毡;4—油脂密封护圈;5—圆锥轴承内环;6—外侧轮毂;7—轮胎;8—内胎;9—内侧轮毂;10—轴承座;11—垫圈;12—螺母;13—刹车盘;14—扭力板;15—压力板;16—定位螺栓;17—刹车作动筒壳体;18—螺栓;19—排气活门;20—垫圈;21—O 形密封圈;22—刹车活塞;23—刹车片;24—铆钉;25—背板

刹车时,刹车液压油进入刹车油缸,活塞推动压力板向刹车盘靠近。同时,因背板与作动筒壳体固定连接,在液压作用下作动筒壳体带动背板相对压力板反向移动。这样,在刹车液压的作用下,两个刹车片就紧贴在刹车盘上产生摩擦力,实现刹车的目的。

图 12-24 所示为固定式单圆盘刹车装置安装图,它可以更清楚地表示出刹车装置的工作原理。轮轴端部固定安装一个扭力板,整个刹车滑架通过定位螺栓安装在扭力板上,并可沿锚定螺栓杆左右滑动。刹车时,液压油进入刹车作动筒,在推动活塞向左移动的同时,作动筒壳体也在油液压力作用下带动背板一起向右移动,使压力板和背板上的两个刹车片相

对夹紧刹车盘,产生摩擦力。摩擦力的大小取决于油液压力的高低,也就是飞行员踩脚蹬力的大小。

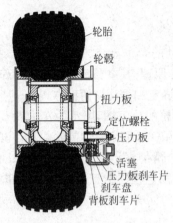

图 12-24   固定式单圆盘刹车
装置安装图

有些飞机的刹车盘并不是固定安装在轮毂上,而是通过花键与轮毂滑动连接,使刹车盘可以沿轮轴方向自由滑动。这种安装方式可保证作用在刹车盘两侧的摩擦力相等。

现代飞机刹车装置的刹车片通常采用新型有机材料制成,具有很高的摩擦系数和极佳的高温特性,且对人体健康无害。这种刹车片可以采用金属作为衬板,或者整体均采用有机材料。有些飞机的刹车片用金属制成,采用烧结方法使金属粉末与摩擦面结合,即在一定温度和压力下将金属粉末焊结在刹车片衬板上,然后用铆钉将制成的刹车片固定在压力板和背板上。在安装刹车片时,应将平整光滑的一侧面向刹车盘,而有字母或钢端盖的一侧面向压力板或背板。

许多单圆盘式刹车装置设有刹车间隙调节器(图 12-25),当未施加刹车或解除刹车时,该调节器能够自动调节并保持刹车盘与刹车片之间的间隙。调节器由一个带有大头端的调节杆、复位弹簧、弹簧保持轴套等组成。调节杆由摩擦衬套夹持在刹车作动筒的缸体上,而夹紧衬套由锁紧螺母固定。调节杆大头端深入活塞凹孔内。弹簧保持轴套与活塞凹孔螺纹连接,弹簧安装在轴套与销杆大头端之间。摩擦衬套与调节杆的摩擦力始终大于复位弹簧的张力。

施加刹车时,液压推动活塞挤压刹车片夹紧刹车盘。这时复位弹簧被压缩,弹簧保持轴套将直接顶压在调节杆的大头端,并拉动调节杆克服摩擦衬套的摩擦力向右移动。

刹车片磨损越严重,调节杆被拉动的距离就越大。解除刹车时,复位弹簧右端顶在调节杆的大头端上,将活塞向未刹车位置推动,直到活塞凹孔底部与调节杆大头端面接触为止,使刹车片离开刹车盘。活塞的这种复位间距在刹车装置整个寿命周期内都会得到保持,并且每次刹车时刹车装置都会自动地进行调节。另外,通过观察调节杆在刹车作动筒壳体端部的伸出量,可帮助判断刹车片的磨损状况。

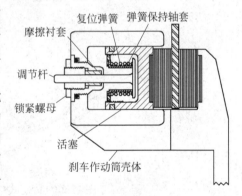

图 12-25   刹车间隙调节器

12.4.4   刹车系统的检查与维护

对独立刹车系统的维护工作主要包括渗漏检查,工作状态检查,对系统进行排气,刹车片磨损量检查等项目。其中最重要的两项工作是刹车片磨损量检查和刹车装置排气。

1. 刹车片磨损量检查

在装有复位弹簧及间隙自动调节器的单圆盘式刹车装置上,可以通过测量调节杆伸出长度来检查刹车片磨损量。维护手册上规定了该尺寸的最小限度,如果测得尺寸小于规定值,则必须更换刹车片。

如果刹车装置上没有设置自动调节器，则可在施加刹车的状态下，测量刹车盘与刹车作动筒壳体面向刹车盘一侧端面之间的距离（图12-26）。如果该测得的尺寸超过了手册规定值，则应更换刹车片。

2. 刹车装置排气

如果刹车系统中进入了空气，其直接表现为踩脚蹬时感觉松软，刹车效率降低。所以必须将空气从系统中排掉。对刹车系统排气工作应遵循维护手册的相关程序进行。

在独立刹车系统中，刹车作动筒通过刹车控制筒补偿活门端口直接与储油箱相通。这种设计可防止因热膨胀导致压力升高而造成的刹车阻滞现象。刹车装置排气方法有重力排气法和压力排气法两种。

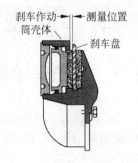

图 12-26　刹车片磨损测量

1）重力排气

重力排气法是从刹车系统的顶部向下排气的方法（图12-27(a)）。从刹车排气活门上取下螺盖，将一根软管连接到排气活门上，并将软管的自由端放入一个装有与刹车系统同类型的洁净油液的容器内，并使容器内液面淹没软管末端。然后施加刹车，使刹车控制筒活塞保持在全行程刹车位置，将含有空气的油液从系统中压出来。在松开刹车之前，应关闭排气活门，以免将外界空气吸入系统。排气工作必须连续进行，直到容器中没有空气泡冒出为止。为了使排气工作顺利进行，可以在刹车油箱的通气口上连接一个简单的加压装置，对油箱液面提供适当压力，保证系统油量足够。

2）压力排气

压力排气是从刹车系统底部向上部排气的方法（图 12-27(b)）。这种方法需要使用一个用来排气的压力罐，其内部装有与刹车系统同种类的洁净油液，油面由空气加压。

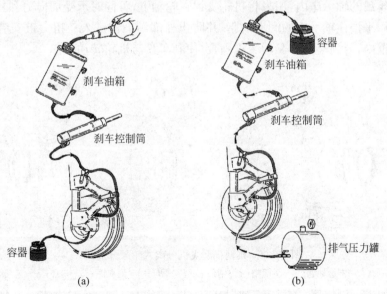

图 12-27　刹车系统排气

(a) 重力排气；(b) 压力排气

取下排气活门螺盖,排出压力罐软管中的空气,并连接到排气活门上。再用一根软管连接到刹车油箱的通气口上,另一端放到一个洁净容器内。随着压力罐供压,排气活门打开,迫使刹车系统内的油液沿着刹车装置、刹车控制筒和刹车油箱向上流到容器内。保持这种流动的连续性,直到容器内没有气泡出现为止。关闭排气活门,关断压力罐上的供压活门,拆下软管并盖上螺盖。最后应检查刹车油箱的油量是否符合要求。

12.5　机轮与轮胎

飞机的机轮主要由轮毂和轮胎两部分构成。它帮助飞机在地面滑行、滑跑中灵活运动。机轮轮胎具有吸收着陆撞击的作用,并且在刹车时与地面形成较大摩擦力,帮助飞机刹车减速。

12.5.1　轮毂

轮毂通常用铝合金或铝镁合金,采用铸造或锻造工艺制造,具有强度高、重量轻的特性,并且可维护性好。由于现代飞机机轮轮胎材料硬度较大,为了便于轮胎安装,几乎所有飞机机轮的轮毂都采用分离式结构或可卸轮缘式结构,亦即把轮毂分为两个部分,待轮胎装好后,再用螺栓将两部分轮毂固定在一起。

1. 轮毂的构造

现代活塞发动机飞机普遍采用无内胎式轮胎,为了改善轮胎的气密性,通常采用分离式轮毂(图 12-28)。这种轮毂由外侧半轮毂和内侧半轮毂两部分构成,用若干螺栓将两部分连接成整体。刹车盘安装在主轮的内侧轮毂上。充气活门安装在外侧半轮毂上。为了防止两个半轮毂结合面处漏气,在外侧半轮毂结合面上安装有橡胶封严圈。轴承为锥形轴承,安装在两个半轮毂的轴承座内,用来将机轮支撑在轮轴上,可同时承受周向力和径向力。轴承处的挡油圈用来挡住轴承内的润滑油脂,并防止外部污染物进入。扭力键安装在内侧半轮毂轮缘的凹槽内,与刹车盘的驱动装置啮合,使刹车盘与机轮转动。

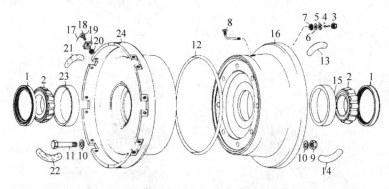

图 12-28　典型小型飞机分离式轮毂分解图

1—挡油圈;2—锥形轴承;3—活门帽;4—活门芯;5—螺母;6—隔离圈;7—扣环;8—充气活门杆;9—螺母;10—垫圈;11—螺栓;12—封严圈;13,14,21,22—标牌;15,23—轴承座;16—外侧半轮毂;17—保险丝;18—螺钉;19—扭力键;20—螺旋塞;24—内侧半轮毂

2. 轮毂的检查

对轮毂的检查包括在位检查和离位检查。在位检查包括安装检查和轮轴螺母拧紧扭矩检查等；离位检查的工作内容更广。

安装正确性检查主要是确定轮毂、刹车装置等所有组件是否都在正确的位置，安装是否可靠。轮轴螺母拧紧扭矩检查则是确定该扭矩值是否符合规定。螺母过松会导致轴承座松动旋转，导致安装孔扩孔，这需要昂贵的修理成本；螺母过紧则会挤出轴承内的润滑脂，使轴承润滑不良而损坏。

离位检查的工作内容主要包括卸下轮胎、分解和清洁轮毂，清洗并检查轴承，对轴承重上润滑脂，以及检查轮毂的磨损、腐蚀情况，轮毂螺栓是否存在损伤，刹车盘驱动键是否有松动、划伤或过度磨损情况。这些工作都应当按照维护手册的要求实施。

12.5.2 轮胎

1. 轮胎类型

轮胎根据其充气压力和有无内胎等因素分类。根据充气压力大小可分为低压、中压、高压和超高压轮胎；根据有无内胎分为有内胎式轮胎和无内胎式轮胎。

活塞发动机飞机最常用的是低压轮胎(图 12-29)。这种轮胎的横截面宽度相对于胎缘直径来说显得比较宽，允许较低的充气压力，以改善缓冲性能和漂浮性能。截面宽度和胎缘直径通常被用来标注轮胎尺寸。例如，某轮胎宽度为 9.5in，使用轮缘直径为 16in 的轮毂上，则在轮胎的侧面将印"9.5-16"字样。

有内胎式轮胎和无内胎式轮胎的主要区别在于轮胎的内衬。无内胎式轮胎的内衬厚度约为 0.1in，作为容纳空气的容器；有内胎式轮胎则没有这样的内衬，但在光滑的轮胎内侧装有橡胶内胎，用来容纳空气。为了便于识别，在无内胎式轮胎的侧壁上印有"TUBELESS"(无内胎)字样。而有内胎式轮胎则没有这样的标记。

图 12-29　低压轮胎外形

2. 轮胎结构

飞机轮胎必须能够承受很大的静载荷和动载荷，且能吸收着陆能量，还要产生与道面的结合力，以帮助飞机刹车减速。因此，飞机轮胎具有耐磨、柔韧的特性，且强度较大。图 12-30 所示为典型的轮胎构造。

胎缘是轮胎最重要的部分。它使胎体保持稳定，并为轮胎在轮毂上安装提供安装面。几乎所有的地面反作用力最终都作用在胎缘上。两侧胎缘内部分别包裹了 1～3 束高强度碳素钢胎圈，以提高胎缘的强度。橡胶尖顶条包围胎圈形成流线形，使包裹在它外面的纤维光滑而无间隙。橡胶和纤维隔离层则包围在尖顶条外，将胎体与胎圈隔离开。由于轮胎内的热量集中在胎缘区域，这种隔离具有提高轮胎使用寿命的作用。

胎体由橡胶层和尼龙束缚纤维带(帘线)层叠而成，是轮胎的主要受力部分。每层纤维带的纤维方向约 45°，并延伸过整个轮胎，而且绕过轮缘卷边层卷回。各层纤维方向互成 90°夹角，以使胎体强度均衡。橡胶和纤维构成的胎缘包边包裹胎体帘线，并围绕整个胎缘

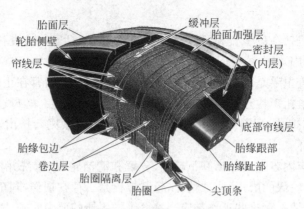

图 12-30　飞机轮胎基本构造

区域,具有防止胎缘与轮毂之间产生磨损的作用。胎面底层由特殊的合成橡胶制成,位于胎体顶部,用来为胎面层与胎体之间提供良好支撑。胎面加强层由 1 层或多层尼龙纤维制成,用来增大胎面层强度,并承受机轮高速转动时产生的离心力。该离心力有使胎面层脱离胎体的趋势。同时,胎面加强层还具有将胎面层稳定在束缚体上,防止胎面层蠕动的作用。加强层虽然不能算做轮胎层,但它在轮胎翻新时可作为移除胎面层的基准。

无内胎式轮胎内侧有一层特殊合成橡胶,与轮胎其他部位的橡胶相比,其密封性很好,所以被称为密封层。它作为空气容器,最大限度地防止轮胎内的空气从胎体层渗漏出去。密封层上覆盖了一层很薄的橡胶,用来防止密封层被擦伤。

胎面层是轮胎周向外侧(即胎冠)的磨损表面,它由合成橡胶制成,具有良好的耐磨耐久性。根据飞机运行机场道面条件的不同,胎面层设计成不同的花纹。常见的有沿轮胎周向起棱的子午线纹,这种胎面在各种道面上都能提供较大的结合力。

轮胎侧壁是从胎面到胎根的橡胶覆盖层,主要用于覆盖胎体侧面,保护帘线不受损伤和暴露在外。无内胎式轮胎中的空气如果渗漏出来,又被侧壁阻止在胎体层内,当轮胎受热时,侧壁就会膨胀,导致层间分离,而且可能使胎面层脱离轮胎。因此,在侧壁上钻有通气孔,以排出渗漏的空气。这些通气孔用油漆标注出来,并且在轮胎翻新时必须保持通气能力。有内胎式轮胎也有同样的通气措施,以排出阻滞在轮胎与内胎之间的空气。

3. 轮胎的检查与维护

轮胎的检查工作大多数属于在位检查,主要包括检查轮胎的充气压力和胎面层的磨损情况。

1) 充气压力检查

因为轮胎内的空气起到支撑飞机重量的作用,所以对轮胎充气压力的要求非常严格。

充气压力过大会导致胎面层中间部位(胎冠)的磨损,而胎肩部位则残留较厚的胎面橡胶。这种磨损状态将增大机轮打滑几率。充气压力不足会导致轮胎大量产热。如果轮胎充气压力只有正常值的 45%,因为轮胎过大的变形,其产热量将比它的设计承受热量增大 3 倍。过度变形还会导致胎体内部产生不易发现的损伤,使轮胎提前报废。充气压力不足引起的胎肩磨损比胎冠严重。

可见,保持轮胎正确的充气压力是非常重要的。因为同一种轮胎可能应用在不同的飞机上,对应的充气压力值也不同,所以应遵照飞机维护手册给定的充气压力值来对轮胎充气,而不是轮胎制造厂家的说明书列出的充气压力额定值。额定值只适用于不承受载荷的冷轮胎充压。飞机维护手册给定的轮胎压力是指承载压力,即轮胎承载飞机重量时轮胎的压力。这时因轮胎体积减小约 4%,所以轮胎压力值相应地比额定压力大 4%。通常规定高于承载压力 5%~10%的容差,并允许轮胎压力达到该最大值,这样有利于保证轮胎的可靠性。具体飞机轮胎的承载充气压力值应查阅维护手册相关规定或图表。

检查轮胎压力的工作应在轮胎处于常温条件下进行。所以,飞行后必须等 2~3h,再用压力表测量轮胎压力。轮胎压力会随环境温度的变化而变化,每 5°F 胎压变化约 1%。另外,如果飞机从高温机场飞向低温机场,从理论上讲,飞机起飞前应适当增大轮胎充气压力,但不应超过手册规定的最大充气压力。

轮胎过热是轮胎使用过程中的最大危险。轮胎热量的来源包括轮胎变形产热、摩擦生热等内部热源,或刹车、高温道面等外部热源。轮胎过热会在内部产生不易发现的损伤,导致轮胎提前报废。所以应采取诸如减少地面运行时间、逆风滑行滑跑、低速运行、轻刹车及正确的充气压力等措施,防止轮胎过热。

对于有内胎式轮胎充气压力的检查,除了上述内容外,还应检查轮胎与轮毂之间的相对错动(轮胎蠕动)情况,以及充气活门及活门杆的完好状况。轮胎压力不足会导致轮胎带着内胎相对轮毂蠕动或滑动。而充气活门安装在内胎上,并通过轮毂上的开孔穿出,所以一旦发生轮胎蠕动现象,充气活门杆就可能被折弯甚至折断,同时,与活门连接部位的内胎也可能被撕裂。

2) 胎面层状况检查

因为轮胎强度主要由胎体提供,所以只要胎面层没有磨损到胎体层,轮胎就始终具有原来的强度。一旦胎面层磨损殆尽,轮胎与地面的附着特性就会受到严重影响。

在正确维护和充气压力适当的条件下,胎面层磨损均匀(图 12-31(a))。当胎面层最薄点厚度还剩下约 1mm(1/32in)时,就应该更换轮胎。

如果胎冠磨损严重,而胎肩还剩下明显厚度的胶层(图 12-31(b)),表明该轮胎长时间在过大的充气压力条件下工作。出现这种磨损形态时,表明轮胎非常容易被割伤或擦伤,应特别注意检查轮胎的损伤情况。

(a)　　　　　　　　　　(b)

(c)　　　　　　　　　　(d)

图 12-31　胎面层磨损形态

(a) 正常磨损形态;(b) 充压过大磨损形态;(c) 充压不足磨损形态;(d) 过度磨损形态

充气压力不足会引起胎肩磨损量大于胎冠的磨损形态(图 12-31(c))。这时应重点检查轮胎是否有鼓包现象,因为鼓包表明轮胎产生了层间分离。

当胎面层磨损到可见胎体帘线层的程度,表明维护工作有疏忽,没有及时更换轮胎。如果磨损仅达到胎面加强层露出的程度,则该轮胎还可通过翻新来补救。但如果磨损已达到帘线层,则该轮胎为过度磨损形态(图12-31(d)),必须报废,不能翻新。

胎面局部磨损可能是由不正确刹车导致的拖胎、机轮轴承卡滞、减震支柱机件损坏、机轮滑水或带着刹车接地等原因造成的。胎面割伤或划伤则是因为道面上有坚硬异物所致。这些损伤的严重程度决定了轮胎是否应该被更换。具体更换标准应查阅飞机维护手册,根据相关规定检查损伤状态,确定更换与否。

12.5.3 机轮校装

主轮位置校准是非常重要的,因为如果主轮位置偏移,不在正对前方位置,将会影响飞机起飞、着陆滑跑方向控制、机轮滚动特性、轮胎磨损的均匀性等,并且当飞机在地面运行时会发生意外偏转。主轮严重偏移会导致起落架系统主要零部件损坏。机轮校装工作包括机轮前束或后束以及内倾角的检查和调整。维护手册通常给定了起落架应具有的前束量和内倾量。机轮校准时,必须使用扭力臂配合机轮校准工作。

1. 机轮前束的检查和调整

从飞机正上方往下看,如果两个主轮前端相对于机身纵轴向内倾,则机轮具有前束(内八字);如果两主轮前端向外倾,则机轮具有后束(外八字)。具有前束的飞机向前运动时,两个主轮有向内滚到一起的倾向;而具有后束的飞机,两个主轮有向外分开的倾向。由于起落架结构的限制,这些倾向性运动是不可能发生的,因此机轮势必产生滑动,这就加剧了轮胎的磨损,恶化了起落架机件的受力状况。所以不允许飞机机轮存在超出容差的前束或后束。

测量机轮前束需要使用角尺和直棱规板。将直棱规板横向靠在两个主轮的前端,与轮毂高度大致平齐,并保证规板与飞机纵轴垂直。然后将飞机用千斤顶顶起,顶起的高度应正好使减震支柱轴线与上、下扭力臂铰链轴线之间的距离符合飞机维护手册规定。垫高直棱规板,使之与轮毂平齐。将角尺的短边靠在规板上,并将长边向轮毂法兰盘或刹车盘推靠。如果角尺与刹车盘前后都接触,或前后的偏离角在维护手册规定的容差范围内,则表明该起落架和机轮处于正确的位置(图12-32)。如果角尺后部与刹车盘接触,而前部与刹车盘之间存在缝隙,则说明机轮有后束。如果角尺与刹车盘后部有缝隙,则说明机轮有前束。

图 12-32 前束与后束的检查方法

矫正前束或后束状态的方法是在上、下扭力臂铰链连接处增减隔离垫片数(图12-33)。以扭力臂安装在前方的右主起落架为例,矫正前束应增加垫片数,而矫正后束则应减少垫片数。

2. 机轮内倾的检查和调整

机轮内倾是机轮倾斜程度的度量。以飞机纵向对称面为基准,从飞机正后方向前看,如果机轮顶部向外倾斜,则称为正内倾;如果向内倾斜,则称为负内倾(图12-34)。内倾使机轮胎面磨损不均匀,同时会恶化轮轴、轴承和减震支柱的受力状况,加剧其机件的磨损。

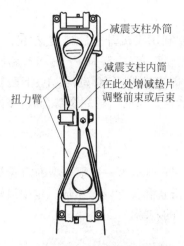

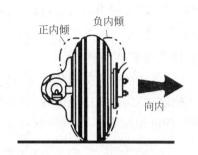

图 12-33　前束与后束的调整方法　　　　图 12-34　内倾的检查

　　起落架采用弹簧钢减震支柱的飞机在地面运行时,由于飞机重量的作用,导致支柱延伸变形,会使机轮产生较大的内倾量,因此必须对这种起落架的机轮进行内倾调整。调整方法是在轮轴与支柱连接处加减薄垫片。

　　许多小型飞机的维护手册中推荐,当飞机具有正常运行重量时,应将内倾角调整为 0°。

12.6　前轮转弯系统

　　为了方便在地面运动时进行方向控制,起落架为前三点配置的飞机多数都设有前轮转弯系统。为了实现前轮转弯的目的,前起落架在结构上进行了专门设计。在小型飞机上,通常将整个减震支柱安装在一个 Y 形套筒内,并通过套筒两侧的耳轴与飞机结构铰接。该铰链轴可作为起落架收放转轴。减震支柱可在套筒内转动,带动机轮左右偏转,但不能沿轴向上下移动。如果在支柱上连接传动机构,就可实现对前轮左右偏转的控制,达到控制前轮转弯的目的。某些小型飞机在前起落架或尾轮结构中设有无操纵转弯机构,在利用主轮单边刹车转弯时,地面摩擦力使前轮或尾轮偏转,辅助飞机地面转弯。

　　同时,前起落架减震支柱及前轮能够左右偏转也带来了许多问题,如方向稳定性变差、前轮偏置和前轮摆振等。所以在设计上必须考虑既要实现前轮转弯,又要尽量避免所带来的这些问题。稳定性问题由前轮稳定距解决,本章前面已有介绍。下面主要讨论活塞发动机飞机广泛采用的前轮自动定中机构和减摆器类型,以及机械传动式前轮转弯系统和无操纵前轮(尾轮)转弯机构。

12.6.1　前轮定中机构

　　前轮定中机构的功用是当飞机起飞离地后,自动将前起落架机轮定在中立位,便于收进轮舱。如果没有定中机构,则前轮可能处于偏置状态,这时收上起落架可能使前轮舱及相关机件损坏。另外,飞机着陆前放下起落架时,定中机构使前轮处于中立位,便于飞机正常接地。飞机上采用的前轮定中机构主要有内部定中机构和外部定中机构两种类型。

1. 内部定中机构

前轮内部定中机构常应用于较大型的飞机上,它利用飞机升空后减震支柱完全伸张状态,由减震支柱内一对凸轮啮合定中(图 12-35)。支柱活塞(内筒)的下部和外筒底部端盖的上部分别做成可啮合的上、下凸轮。当活塞向下(即支柱伸张)移动时,上、下凸轮在支柱内部空气压力和机轮重力的双重作用下,被迫进入啮合。当两凸轮完全啮合时,正好将前轮定在中立位。

2. 外部定中机构

许多小型飞机的前轮采用外部定中机构。图 12-36 所示为一种很典型的滑轮与滑轨组合机构。该定中机构由定中控制杆、定中滑轮、蝶形滑轨和拉伸弹簧组成。定中滑轮安装在控制杆中部的滑轮托架上,拉伸弹簧则连接在控制杆的左端。

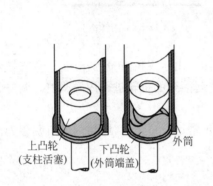

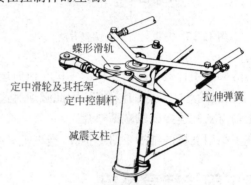

图 12-35　前轮内部定中机构　　　　图 12-36　前轮外部定中机构

飞机起飞离地后,因前轮失去地面摩擦力的制约,减震支柱可自由偏转。这时,拉伸弹簧拉动定中控制杆绕其右端铰链向后转动。控制杆向后压滑轮,迫使它沿着蝶形滑轨滑动。当滑轮滑到滑轨凹入部分的最底部时,滑轮不再滑动,并由拉伸弹簧通过控制杆保持在这个位置。而这个位置正好将前轮定中。在这个定中机构中,拉伸弹簧的弹力仅限于在空中将前轮自动定中,而当飞机在地面需要操纵前轮转弯时,飞行员蹬脚蹬的力足以克服弹簧的定中力,从而实现转弯控制。

对前轮定中机构的维护主要是确保各机件连接可靠,润滑良好。

12.6.2　减摆器

减摆器用于防止飞机在地面运动时前轮出现摆振现象。由于飞机前轮可以左右偏转,加之金属结构的起落架为弹性体,其机轮受到地面摩擦力的作用,如果飞机在直线滑跑中遇到干扰,使前轮偏离原来的运动方向,则前起落架在地面摩擦力和自身弹性力的交替作用下,很可能产生以原来运动方向为轴线的左右偏摆振荡现象。如果飞机滑跑速度较小,这种振荡可自行收敛,不会导致严重后果。但如果飞机速度增大到一定值时,这种振荡呈发散趋势,振幅将越来越大,导致机轮磨损加剧,滑跑方向难以控制,驾驶舱仪表读数看不清楚,严重时可造成起落架结构损坏,危及飞行安全。

为了防止摆振,几乎所有飞机都在前起落架上安装了某种类型的液压式减摆器,作为前轮转弯系统的一部分。减摆器有活塞式和旋板式两种类型,其中活塞式应用最广,小型飞上几乎都采用这种类型的减摆器。

活塞式减摆器的构造类似于一个液压作动筒,所不同的是在减摆器活塞上钻有若干小孔(图12-37)。减摆器的缸筒一般铰接在前起落架的固定(静止)结构上,如减震支柱套筒;活塞杆则与可左右偏转的支柱铰接。缸筒内充满了油液。

当前轮左右偏转时,减震支柱外筒通过一个连杆迫使减摆器活塞杆左右移动,亦即减摆器的活塞要在缸筒内左右移动。因为活塞上开有小孔,所以活塞左右移动必然迫使油液来回流过小孔,产生液压阻尼。操纵前轮转弯时,因为前轮偏转速度较慢,活塞移动速度也较慢,油液流过小孔时产生的阻尼很小,不妨碍前轮转弯操纵。发生摆振时,因为前轮左右高频率振荡,活塞左右移动的速度很快,所以油液流过小孔时产生很大的摩擦阻尼,阻止机轮的高速偏摆,同时因油液与小孔摩擦产生大量的热,也就是将摆振的能量转换为热量,并通过减摆器筒壁散失掉,从而有效地减弱或消除摆振。

近年来还出现了免维护的橡胶减摆器,这种减摆器中没有液压油,只依靠橡胶活塞与减摆器缸筒的摩擦来耗散摆振能量,损坏后可直接更换。

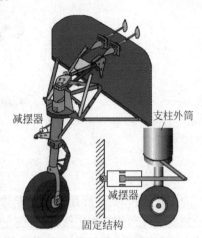

图 12-37　减摆器及其安装位置

12.6.3　机械传动式前轮转弯系统

现代活塞发动机飞机的前轮转弯系统多采用机械传动式。这种系统通过与方向舵脚蹬相连的机械传动机构将前起落架与脚蹬联系起来。飞行员蹬脚蹬的力通过传动机构,机械地操纵前起落架偏转。这种系统应用在固定式起落架或可收放起落架时,其传动机构的连接方式存在一定差别。

1. 固定式起落架的前轮转弯系统

某些轻型飞机的起落架不可收放,所以将方向舵脚蹬机构与前轮转弯机构机械连接。图12-38所示为一种典型的固定式起落架前轮转弯系统安装连接方式示意图。该系统由脚蹬、扭力管、传动杆和转弯控制杆等组成。左脚蹬通过传动杆与转弯控制杆右端铰接,右脚

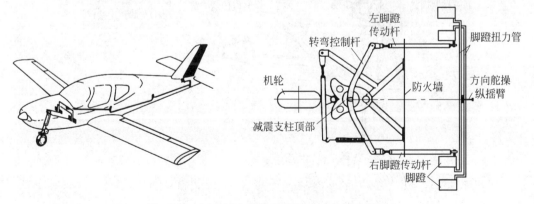

图 12-38　固定式起落架前轮转弯系统安装简图

蹬通过传动杆与转弯控制杆左端铰接。转弯控制杆的中间部位通过螺栓与减震支柱外筒顶部固定连接。该系统的转弯机构如图 12-39 所示。

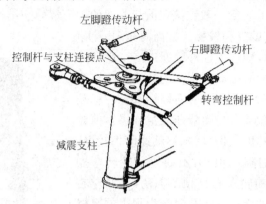

图 12-39　固定式起落架前轮转弯机构详图

蹬左脚蹬时,左脚蹬传动杆推动转弯控制杆的右端向前移动。控制杆通过固定连接点带动减震支柱和前轮向左偏转,实现左转弯操纵。蹬右脚蹬时前轮向右偏转,实现右转弯操纵。

这种系统将脚蹬与前轮转弯机构机械连接在一起,实际上就将前轮转弯系统与方向舵操纵系统机械连接。任何时候蹬脚蹬都会操纵方向舵和前轮同时偏转。因为存在这种关系,所以当飞机在地面停放时,前轮与地面的摩擦力可以作为方向舵的舵面锁。因此,采用这种前轮转弯系统的飞机通常都没有专门的方向舵舵面锁。

2. 可收放式起落架的前轮转弯系统

由于起落架可收放,就必须在起落架收上后,使脚蹬与前轮转弯机构脱离联系,否则在空中操纵方向舵时,已收入轮舱的前轮会阻碍这一操纵动作,影响飞行安全。因此,在采用可收放式起落架的飞机上,前轮转弯系统与脚蹬的关系并不是机械连接,而是采用靠接方式。图 12-40 所示为这种可收放式起落架前轮转弯系统详图。该系统由与脚蹬连接的传动

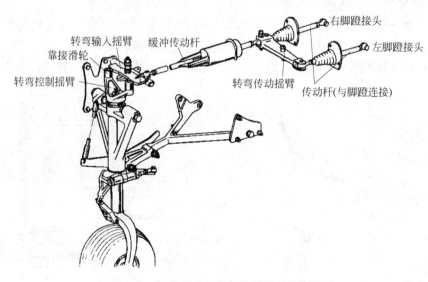

图 12-40　可收放式起落架前轮转弯系统详图

杆、传动摇臂、缓冲传动杆、输入摇臂、控制摇臂及靠接滑轮等组成。在起落架向前放下过程中，减震支柱顶部向后运动，与之固定连接的控制摇臂靠向输入摇臂。当起落架放下锁好时，控制摇臂两侧耳轴上的滑轮正好靠紧在输入摇臂的前端面。收起落架时，减震支柱顶部向前运动，控制摇臂及其靠接滑轮离开输入摇臂，转弯机构与前起落架脱离关系。此时蹬舵仅方向舵偏转，前轮不会偏转。

蹬右脚蹬时，传动杆推传动摇臂逆时针转动（俯视），从而推缓冲传动杆向前移动。缓冲传动杆向前移动的动作又推动输入摇臂顺时针转动，通过靠接滑轮传动控制摇臂逆时针转动，带动减震支柱和前轮向右偏转，实现右转弯操纵。蹬左脚蹬，传动摇臂顺时针转动，后拉缓冲传动杆，拉动输入摇臂逆时针转动，传动控制摇臂带动减震支柱和前轮向左偏转，实现左转弯操纵。

当飞机在地面停放时，这种前轮转弯系统同样对方向舵有锁定作用。

12.6.4　无操纵转弯机构

某些小型活塞发动机飞机的前起落架或尾轮没有转弯操纵机构，它们在地面运动时，只能依靠主轮单边刹车来实现转弯。为了减小转弯半径，实现灵活转弯，同时消除因前轮或尾轮的地面摩擦力而产生的方向不稳定力矩，在这类飞机的前起落架或尾轮中设置了无操纵转弯机构。

1. 前轮无操纵转弯机构

图 12-41 所示为两种典型的前轮无操纵转弯机构。

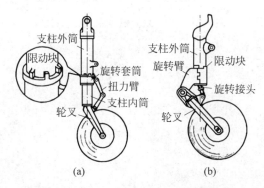

图 12-41　前轮无操纵转弯机构
(a) 支柱套筒式前起落架；(b) 摇臂式前起落架

在支柱套筒式前起落减震支柱外筒的下端装设有一个旋转套筒，扭力臂的上、下臂分别与旋转套筒和轮叉铰接（图 12-41(a)）。当操纵主轮单边刹车转弯时，地面对前轮的摩擦力侧向分量对支柱轴线形成偏转力矩，迫使前轮偏转，即支柱内筒相对外筒转动，并通过轮叉、扭力臂带动旋转套筒转动。前轮偏转的角度由固定在支柱外筒和旋转套筒上的限动块限定。

前起落架如果是摇臂式结构，则在支柱外筒下端部装设旋转臂（图 12-41(b)）。轮叉（摇臂）上部与旋转臂铰接，并通过旋转接头与支柱内筒连接。当操纵主轮单边刹车转弯时，由于前轮具有稳定距，所以地面摩擦力会对支柱轴线形成偏转力矩，迫使前轮偏转，并通过轮叉带动旋转臂转动。前轮偏转的角度同样由限动块限定。

2. 尾轮无操纵转弯机构

后三点式起落架的尾轮通常没有可操纵的转弯系统。为了使飞机在地面灵活转弯,尾轮应能够左、右偏转,但要在滑行和滑跑中保持直线方向,又要求尾轮保持中立位置。为了解决这一矛盾,通常在尾轮装置中设置尾轮锁或尾轮中立机构。直线滑行时将尾轮上锁,或依靠中立机构使尾轮保持中立位置;而当主轮单边刹车转弯时,解除尾轮锁,或使中立机构脱开,使尾轮能够自由偏转,以帮助飞机灵活转弯。

图 12-42 所示是一种装有凸轮中立机构的某后三点式起落架飞机的尾轮装置。承力支柱内、外筒下部有一对凸轮,在弹簧的作用下、上、下凸轮紧密啮合,使尾轮保持中立。外筒通过叉形臂的两个接耳铰接在机身隔框上,不能转动;内筒和轮叉为整体结构,可随尾轮偏转。当操纵主轮单边刹车时,地面对尾轮的摩擦力侧向分量克服弹簧力和凸轮凸边周向力,迫使上、下凸轮脱离啮合,从而使得尾轮能够偏转,保证了飞机在地面上的灵活转弯。当解除单边刹车恢复直线滑行时,地面摩擦力使尾轮向中立位置偏转,上、下凸轮重新啮合,从而使尾轮重新恢复中立位置,以保持直线滑行。

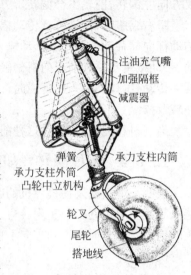

图 12-42　尾轮装置

第13章

飞机灯光与照明

飞机灯光与照明设备的功用是为保证飞行安全、提供舒适旅客的环境、确保机组人员工作、飞机维护和勤务以及货舱物品的装卸提供必需的照明。这些设备按照安装位置的不同可分为机内照明和机外照明,按照工作状态的不同可分为正常照明和应急照明。

13.1 飞机照明光源

利用电能的飞机光源有白炽灯、日光灯、卤素灯、发光二极管(LED)等。

1. 白炽灯

飞机上使用的白炽灯按其结构与原理来说,与地面使用的白炽灯没有多大区别,均由灯泡、灯丝和灯座3个主要部分组成。灯泡由优质玻璃或耐熔玻璃制成,常用的有球形、梨形、棒形等,灯泡采取密封形式,多抽成真空或充入惰性气体。灯丝由难熔的金属丝——钨丝固定在支架上而成,支架对金属丝起支撑作用,同时将电能输送至灯丝。白炽灯的主要参数有4个:工作电压、工作电流、亮度和使用寿命,某些时候还要考虑灯泡的体积和使用环境等因素。

随着白炽灯使用时间的增长,灯丝不断被烧蚀,直至烧断。对于透明的灯泡,可以采用目视方法判断灯丝是否已经断裂;但通过目视检查无法判断灯泡的好坏时,应该使用欧姆表(或万用表的欧姆挡)的较小电阻挡,对灯泡的两个连接端子进行测量,如果指示电阻值,就说明灯泡是好的。但在测量过程中需要注意:①灯泡所在电路必须断电。②仪表的量程不能放得过大或过小,如果过小,则测量值超过了满量程;如果过大,则指针偏转少,不易区分。③测量电路不能有并联的其他电路,否则将测量并联电路的电阻,如果并联有其他电路时,应将灯泡取下测量。

2. 日光灯

日光灯又称为荧光灯,它是利用气体放电的原理制造的,日光灯电路主要由灯管、镇流器和起辉器组成。灯管的两端各有一个灯丝,管中充有稀薄的氩和微量水银蒸气,管壁上涂着荧光粉。灯管的工作原理和白炽灯不同,两个灯丝之间的气体在导电时主要发出紫外线,荧光粉受到紫外线的照射才发出可见光。荧光粉的种类不同,发光的颜色也不一样。日光灯的光效由荧光粉、环境温度和电源频率决定。当环境温度低于15℃时,灯的光输出随温度的降低减小很快,日光灯在高频区间光效增加,因此在飞机上为日光灯配有专用电源。

镇流器分为电子式和电磁式,电子式镇流器得到了广泛应用,在电路中取消了起辉器。镇流器的作用是:

(1) 产生高压,起辉灯管;

(2) 灯管起辉后起镇流(限流)作用,使灯管正常且稳定地工作。

日光灯的工作特点是:灯管开始点亮时需要一个高电压,正常发光时只允许通过不大的电流,这时灯管两端的电压低于电源电压。

日光灯一般用于遮光板照明和客舱照明。

3. 卤钨灯和高强度气体放电灯

充有溴、碘等卤族元素或卤化物的钨灯称为卤素灯或卤钨灯。为提高白炽灯的发光效率,必须提高钨丝的温度,但相应会造成钨的蒸发,使玻壳发黑。在白炽灯中充入卤族元素或卤化物,利用卤钨循环的原理可以消除白炽灯的玻壳发黑现象。为确保卤钨循环的正常进行,必须大大缩小玻壳尺寸,以提高玻壳温度(一般要求碘钨灯的玻壳温度为 250～600℃,溴钨灯的玻壳温度为 200～1100℃),使灯内卤化钨处于气态。因此,卤素灯的玻壳必须使用耐高温和机械强度高的石英玻璃。其结构有双端直管形、单端圆柱形和反射形3 种。

由于卤素灯中钨的蒸发受到有效的抑制,加之卤钨循环消除了玻壳发黑,卤素灯灯丝的温度就可大大提高(高达 3000℃),使卤素灯的发光效率远比普通白炽灯高。例如,白炽灯需要消耗 75W 电能才能达到 960lm(流明)的光通量,而卤素灯仅需 50W。卤素灯具有体积小、发光效率高(达 17～33lm/W)、色温稳定的特点。卤素灯的使用与维护与白炽灯基本相同,但由于卤素灯工作温度高,维护时要避免造成烫伤。

高压气体放电灯简称 HID(high intensity discharge),它的原理是在水晶石英玻璃管内,以多种化学气体充填,其中大部分为氙气与碘化物等惰性气体,然后再透过镇流器将低压直流电压瞬间增压至 2 万伏以上,经过高压激发使石英管内的氙气电子游离,在两电极之间产生光源,这就是所谓的气体放电。HID 的亮度是卤素灯的 3 倍,功耗是卤素灯的 45%,使用寿命是卤素灯的 10 倍。

安装卤素灯和 HID 灯组件时,应注意不要用手接触 HID 灯泡的石英玻璃管,手上的污迹、油脂会使高温工作的 HID 灯泡留下痕迹,致使灯的亮度降低,影响灯体寿命,在粘上油渍后应该擦拭干净。

由于 HID 没有灯丝,因此不能采用目视或测量电极间电阻的方法判断灯泡的好坏,其常用方法是用正常的 HID 灯泡测试,如果安装新灯泡后工作正常,说明旧灯泡已损坏;如果新灯泡也不能正常点亮,就要进一步判断是否照明电路出了故障。另外,还可以试用专用的灯泡测试装置进行灯泡的功能检查。

卤钨灯和高强度气体放电灯常用做飞机外部照明的光源。

4. LED

LED 是英文 light emitting diode(发光二极管)的缩写,它的基本结构是一块电致发光的半导体材料,置于一个有引线的架子上,然后四周用环氧树脂密封,即固体封装,如

图 13-1 所示,固体封装可以起到保护内部芯线的作用,所以 LED 的抗震性能好。

发光二极管是由Ⅲ-Ⅳ族化合物,如 GaAs
(砷化镓)、GaP(磷化镓)、GaAsP(磷砷化镓)等
半导体制成的,其核心部分是由 P 型半导体和
N 型半导体组成的晶片,在 P 型半导体和 N 型
半导体之间有一个过渡层,称为 PN 结。在某些
半导体材料的 PN 结中,注入的少数载流子与多
数载流子复合时会把多余的能量以光的形式释

普通LED　　　食人鱼LED　　　大功率LED

图 13-1　LED 的封装形式

放出来,从而把电能直接转换为光能。PN 结加反向电压,少数载流子难以注入,故不发光。
当它处于正向工作状态时(即两端加上正向电压),电流从 LED 阳极流向阴极时,根据材料
的不同,半导体晶体就发出从紫外到红外不同颜色的光线,光的强弱与电流有关。

随着电子技术的进一步发展,LED 灯在航空领域应用越来越广泛,除了应用于导光板
照明、仪表板照明、座舱照明外,LED 灯已扩展到航行灯、防撞灯的应用上,在小型飞机上甚
至用做滑行灯和着陆灯。

13.2　飞机灯光与照明

13.2.1　飞机外部灯光与照明

在不同的飞机上,外部灯光和照明设备的种类、数量和安装位置各不相同,但着陆灯、滑
行灯、航行灯、防撞灯在飞机上都有安装,用于在能见度不良的情况下照亮跑道、滑行道,标
示飞机所处位置。飞机外部灯光在机上的典型安装情况如图 13-2 所示。

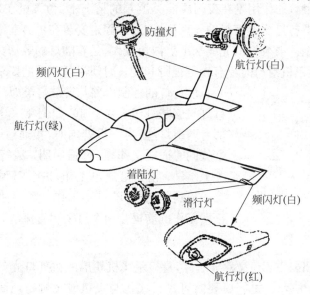

图 13-2　飞机外部灯光照明设备

1. 着陆灯

着陆灯(landing light)主要是为飞机在夜间或能见度不良的条件下起飞或着陆时提供照明,以便飞行员观察跑道和目测高度。

按照结构型式不同进行分类,通常将着陆灯分为固定式和活动式两种,有些着陆灯还兼有着陆照明和滑行照明两种功能。固定式着陆灯常安装于机翼前缘、机身前端或前起落架构件上,并按照机翼前缘的形状盖上透明整流罩。活动式着陆灯又称为可收放式着陆灯,它安装于机翼、机身前部或发动机舱表面的开口处,并要求在收起时能收缩到机翼或机身外部轮廓之内。

着陆灯内的反光镜具有抛物面的形状,白炽灯的灯丝位于反光镜的焦点处,是密封的光束型灯。因此,着陆灯能产生较窄的光束,使它能够从机翼前缘、前机身或前起落架等位置照射飞机前部的跑道。

着陆灯主要采用白炽灯、卤素灯和 HID 作为光源,目前部分机型开始采用 LED 光源。

着陆灯控制电路如图 13-3 中的下半部分所示,断路器用于电路保护,开关控制着陆灯的工作。在有的机型上采用跳开关同时完成开关控制和电流保护功能。

着陆灯功率很大,使用时产热很高,需要高速气流进行冷却,因此着陆灯在飞机起飞滑跑前打开,离地后关闭;在飞机最后进近阶段打开,落地后即关闭。当飞机停留在地面时,检查、使用着陆灯的时间要尽可能短。

不要用手触摸灯玻璃面。手指上的油脂会降低灯泡的使用寿命。如果不小心触摸了灯的玻璃面,应使用毛巾或棉手套擦拭干净。要确保灯罩表面清洁,无污染物,如发现有污染物应使用干净的毛巾擦拭干净。

2. 滑行灯

滑行灯(taxi light)的作用是在夜间或能见度差的情况下,为飞机在地面滑行时照亮前方跑道和滑行道。滑行灯也是密封的光束型灯,通常固定安装在机翼前缘,也可安装在机身头部或起落架构件上。滑行灯的光线水平扩散角较大,是着陆灯的数倍,但光的强度比着陆灯弱,这是为了满足飞机滑行时要有较宽视野和较长时间滑行照明的要求。

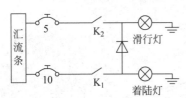

图 13-3　着陆灯和滑灯电路

滑行灯的控制电路与着陆灯类似。在有些飞机上,滑行灯与着陆灯组合在一起,如图 13-3 所示。这种灯的内部有两组灯丝,当飞机着陆时,接通着陆灯开关 K_1,两组灯丝同时通电工作,进行强照明;滑行时,接通滑行灯开关 K_2,只有滑行灯通电工作,进行弱照明,这时由于二极管的隔离作用,着陆灯不工作。需要注意的是,该电路能正常工作的前提是两个灯采用直流电源供电。

3. 航行灯

航行灯(navigation light)又称导航灯,是显示飞机轮廓的机外灯光信号装置,便于黑暗中辨认飞机的位置及运动方向,必要时可进行飞机与飞机或飞机与地面之间的紧急联络。夜间在地面进行发动机试车,飞机滑行和牵引时,也用它来标志飞机的位置和外部轮廓,以免车辆、人员与飞机相撞。

航行灯的安装根据航空规章和空中交通管制规则条例要求,自飞机的正前方向飞机望过去,在整个110°弧形范围内的水平平面上都可以看到右侧翼尖或靠近右侧翼尖处一个绿色灯和左侧翼尖或靠近左侧翼尖处一个红色灯。

自飞机的后部,可以在140°的水平平面弧形范围内观察到白色航行灯,白色航行灯一般安装在飞机的尾锥或机翼翼尖的后部。

图13-4所示为航行灯的供电电路。

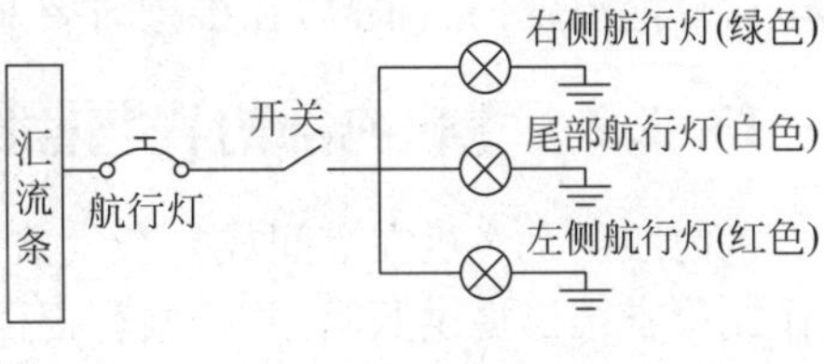

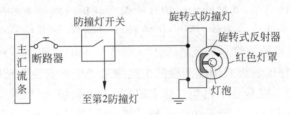

图13-4　航行灯电路

4. 防撞灯/频闪灯

防撞灯(anti-collision light)俗称闪光灯,它与航行灯配合,显示飞机的位置以防止飞机相撞。为使目标明显,防撞灯发出红色闪光。

为了使飞机更加容易被识别,除在机身上下安装红色闪光灯外,还在翼尖处(通常在航行灯的后面位置)安装白色闪光灯,这些灯称为频闪灯(strobe light)。

防撞灯和频闪灯有旋转光束式(图13-5)、气体脉冲放电式(图13-6)和晶体管数字开关式等几种类型。

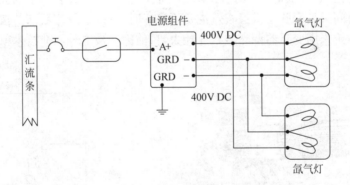

图13-5　旋转式防撞灯电路

图13-6　放电式闪光灯电路

旋转光束式防撞灯一般由白炽灯组件和电动机旋转机构组成。如在某机型上,防撞灯是在一个半球形透明的红色灯罩内安装一个由电动机带动旋转的白炽反光灯,灯泡内壁的一半镀成镜面,另一半为透明,当电动机带动发光的灯泡旋转时,观察透明灯罩可以看到红光,而观察灯罩背部时则看不到红光,这样,当电机连续旋转时,就看到了红色闪光。由于此电路采用了直流电动机和白炽灯的结构,整个组件的可靠性和发光效率都比较低。为提高可靠性,有些防撞灯内装有两支灯泡。

为了提供可靠性和可维护性,目前多采用脉冲放电式,如图13-6所示。电路中采用了专用的电源组件,输出400V以上的脉冲直流电,灯泡多采用氙气灯。此种发光电路灯的亮度、发光效率和可靠性都较高。由于电路中有高压部件,在维护时需要在开关断开一定时间后再对电路进行维护,避免高压造成人身伤害。同着陆灯、滑行灯一样,由于灯泡发热量大,断电后灯泡温度仍然很高,在维护时要避免发生烫伤。

13. 2. 2　飞机内部灯光与照明

机内照明是飞机在夜间或复杂气象条件下飞行和做航前准备时,为空勤和地勤人员的工作或检查维修提供照明,并给旅客提供舒适而明亮的环境。依照机内不同的部位,飞机内部照明可分为驾驶舱照明、客舱照明、服务设备舱和货舱照明等。

1. 驾驶舱照明

驾驶舱照明是机内照明的重要组成部分,它用于照明驾驶舱、仪表、指示器、操作机构及其他设备,帮助机组人员阅读航图等资料,以便机组人员顺利地完成工作。对驾驶舱照明的基本要求是足够而又不引起目眩的亮度,良好的暗适应性,尽可能小的反射光和抗舱外强光等。按照不同需要,驾驶舱照明通常分为普通照明、局部照明、仪表板和操纵台以及各仪表设备的照明。

普通照明设备比较简单,通常使用安装在座舱天花板或侧壁上的座舱顶灯来照亮整个座舱。座舱顶灯的发光部分一般盖以乳白色或粒状玻璃罩,使其能均匀、全面地进行照明,图 13-2 所示为某型飞机的顶灯。

局部照明可采用在仪表板或操纵面板的上边缘遮光板下安装日光灯对某个板面进行泛光照明,也可在遮光板下安装若干白炽灯或 LED 作为背景照明灯,照亮整个仪表板或操纵面板。有的机型上使用图 13-7 所示的活动照明灯,对驾驶舱的某个区域进行局部照明。活动照明灯内装有白炽灯泡和亮度调节变阻器。转动变阻器旋钮,可均匀地调节灯光亮度。当需要进行短时间大亮度照明或检查灯泡是否良好时,可按下灯体后部的按钮,使灯泡与电源直接连通。由于采用变阻器调光装置能耗大,目前已经被电子调节技术取代,其基本原理如图 13-8 所示。

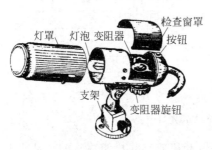

图 13-7　活动照明灯

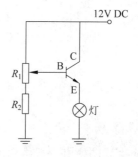

图 13-8　电子调光电路

在图 13-8 中,调节电位器 R_1 的阻值,可以调节三极管的基射极电流,从而调节灯光的亮度。向上移动电位器的滑片,三极管的基极电位升高,基极电流增大,发射极电流也成比例增加,灯的亮度增加;如果向下移动电位器的滑片,三极管的基极电位降低,基极电流减小,发射极电流也成比例减小,灯的亮度减小,灯光变暗。

仪表板、操纵台面板还广泛采用透射照明(又称导光板照明),其基本组成如图 13-9 所示。单独配置的仪表则采用表内整体照明(又称楔形照明,见图 13-10)或外部柱式照明(图 13-11),可以采用串加电位器、电子调光电路对灯光的亮度进行调节。

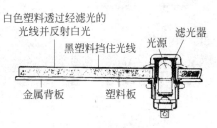

图 13-9　仪表板透射照明　　　图 13-10　楔形照明　　　图 13-11　柱式照明

目前驾驶舱照明的灯光主要为白光,卤素灯、白炽灯、日光灯、LED 照明也都有应用。

2. 客舱照明

客舱照明提供客舱区域和入口处的一般照明,为旅客提供舒适、便利的条件。客舱照明一般安装在飞机顶板或行李架的底部,进口灯和门槛灯为登机进口处提供照明。另外,客舱灯光还包括厕所灯、阅读灯、旅客信号牌和服务员信号系统。

除了上述主要舱室照明外,还有为乘客服务板提供灯光的设备,用来照明主要的乘客信息符号,如系好安全带、禁止吸烟、返回座位等。这些信号的灯光可以是白炽灯,但越来越普遍地采用场致发光照明。这些设备由驾驶舱操纵台或顶板上的电门进行控制。

3. 货舱和服务设备舱照明

货舱和服务设备舱照明为完成货物装卸和各项服务工作提供必需的照明。货舱、轮舱和服务舱的照明主要采用顶灯和泛光灯。

4. 应急照明

飞机处于应急状态(如夜间应急着陆等),主电源断电,为了完成迫降以及在客机迫降后机上人员进行应急撤离时,必须配置应急照明设备。

应急照明用于能见度不良情况下的照明,对机上人员安全撤离飞机至关重要,因此应急照明系统应满足以下要求:

(1) 应急照明独立于机上的正常照明系统,备有独立的电源(一般为小型蓄电池),在主电源或飞机蓄电池不能供电的情况,可以提供应急照明所需电源;

(2) 具有规定的亮度、照度、颜色和照明时间;

(3) 系统的控制开关安装在机组人员容易操控的地方;

(4) 在主照明系统不能正常工作时,能够按照系统设置的逻辑自动燃亮,而在照明系统正常工作时不能产生误动作。

飞机上的应急照明设备主要有以下功能:①为确保安全迫降所需要的仪表(如磁罗盘、地平仪等)进行照明;②客机迫降后为机上人员迅速撤离飞机而配置的客舱主通道、应急出口区域、出口指示、出口标记等提供内部照明,以及应急撤离路线和应急撤离设施的外部照明。当正常照明系统电源失效后,则通过控制线路使应急灯自动点亮,点亮出口标志,并照亮疏散通道。此外,许多飞机还采用惯性开关作为辅助控制,当飞机紧急迫降,碰到地面或水面时,惯性开关可自动接通应急灯电路。

第14章

冷气系统

由于压缩空气在膨胀时温度降低,给人以"冷"的感觉,故常将压缩空气称为"冷气"。现代飞机可采用压缩空气作为动力,去操纵诸如起落架、襟翼、刹车、货舱门和其他机械运动装置工作。有些采用液压系统实现上述传动目的的飞机,则利用压缩空气瓶或压缩氮气瓶作为液压系统失效时的备用动力。还有一些飞机利用较低压力的空气源作为除冰和驱动相关飞行仪表工作的动力源。某些在高空飞行的飞机,利用气源系统为座舱提供正向空气压力,满足座舱增压的要求。

本章仅介绍将压缩空气作为传动动力的高压冷气系统的组成、工作和主要附件等内容。

14.1　冷气传动基本原理与特点

14.1.1　冷气传动基本原理

空气被压缩时,其压力升高。将压缩后的空气储存于冷气瓶中,经过导管、开关等与作动筒连接,这样就组成了一个简单的冷气系统(图 14-1)。

打开冷气开关时,储存在冷气瓶内的压缩空气进入作动筒内活塞上端的工作腔,推动活塞向下移动。冷气不断膨胀,连续地推动活塞运动。因此在作动筒内,冷气就对活塞做功,将自身内能转变为机械能,通过作动筒的活塞杆传动部件运动。可见,冷气系统就是利用冷气膨胀做功的原理来传动部件的。

冷气开关
动作筒
冷气导管
冷气瓶

图 14-1　冷气系统工作原理

冷气做功能力的大小取决于冷气瓶的容积和冷气压力两个因素。对于具体飞机而言,冷气瓶容积是一定的,所以冷气压力的高低就决定了系统的做功能力。高压冷气系统的工作压力通常为 1000~3000psi。

14.1.2　冷气传动主要特点

与液压系统或电气系统相比,冷气传动的主要优点是:

(1) 作为工作介质的空气取之不尽,用之不竭;

(2) 冷气系统的附件重量轻,结构相对简单;

(3) 压缩空气本身重量轻,并且不需要设置回路,因此管路系统重量也减轻;

（4）冷气系统的工作受温度影响小；

（5）没有失火的危险，通过对系统的精心设计和正确使用，爆炸的危险也降至最低；

（6）通过安装适当的气滤，可在很大程度上减小系统污染。

冷气传动也存在其固有的缺点，如冷气传动速度迅猛，易造成机件损坏；冷气黏性小，易泄漏，对密封要求高；冷气膨胀时温度降低，使冷气中的水分凝结成冰堵塞管路等。因此在使用中应柔和操纵、加强检查，及时排放系统中分离出的水和杂质。

14.2　冷气传动系统基本组成

高压冷气系统通常由供压部分和传动部分组成。供压部分是由冷气泵、气滤、分油分水器、压力调节器、冷气瓶、地面充气接头等组成。传动部分的组成则取决于所传动的部件，通常包括压力控制、冷气分配、执行元件（如作动筒）及其他相关附件。另外，在冷气瓶出口处设有冷气压力表，便于维护人员检查。在驾驶舱中也设有冷气压力表，以及指示执行元件上游管路的冷气压力。

图 14-2 所示为某小型飞机冷气刹车系统示意图。发动机驱动的冷气泵将外界空气压缩，通过分油分水器、压力调节器、气滤和冷气开关向冷气瓶充气。操纵刹车时，冷气从冷气瓶流出，通过刹车调压器、刹车分配器进入刹车装置。解除刹车时，用过的冷气从止刹活门排出机外。

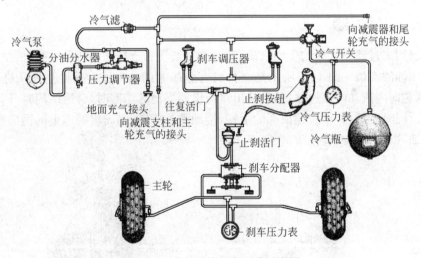

图 14-2　冷气系统基本组成示意图

14.3　冷气系统主要附件

冷气系统除了不使用手摇泵和蓄压器外，其附件与液压系统有类似之处。冷气系统的主要附件包括冷气泵、冷气滤、分油分水器、单向活门、节流器、往复活门、冷气开关、释压活门等。

14.3.1　冷气泵

冷气泵用于预先将空气压缩，储存于冷气瓶中。要得到高压冷气，需要分级增压。根据系统所需压力大小,冷气泵分为二级、三级甚至四级泵。

图14-3所示为一种典型的活塞式二级冷气泵工作原理图。冷气泵通常安装在发动机附件齿轮箱处,由发动机驱动。随着驱动轴的转动,曲轴带动两个缸筒内的活塞同时向左或右做往复直线运动。当活塞向右运动(图示位置)时,缸筒1容积增大,单向活门打开,外界空气通过气滤进入;而缸筒2容积减小,将缸筒1送来的空气进行二级压缩,其进口单向活门关闭,出口单向活门打开,向冷气瓶输送经过二级压缩的高压空气。当活塞向左运动时,缸筒1容积减小,对空气进行初级压缩,其进气单向活门关闭;缸筒2容积增大,接受来自缸筒1的压缩空气,其进口单向活门打开,出口单向活门关闭。只要驱动轴连续运转,该冷气泵就呈脉动状态连续向冷气瓶提供经二级压缩的高压空气。

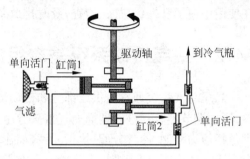

图14-3　二级冷气泵工作原理图

14.3.2　冷气瓶

冷气瓶(图14-4)用于储存高压空气,待系统需要时随时供气。冷气瓶出口处有两个活门:一个是地面充气活门,可利用地面压缩气源连接到该活门上,向冷气瓶充气;另一个是控制活门,作为冷气瓶关断活门,将高压空气保持在瓶内,直到操纵系统工作时才打开。

14.3.3　冷气滤

冷气滤用来过滤空气中的尘埃杂质,其滤芯有纸质和金属滤网两种,它们的结构和工作原理与液压油滤类似。图14-5所示是一种具有金属滤网的气滤。外界空气从进口进入滤杯,通过滤芯向内流动时被过滤,然后从出口流出。当滤芯堵塞时,旁通活门打开,保证空气连续流动。同时,可以转动气滤顶部的手柄,带动滤芯旋转,刮筒将滤芯上的污染物刮掉,落在滤杯底部,以便维护人员排放。

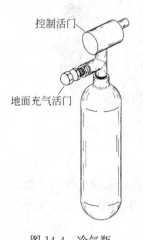

图14-4　冷气瓶

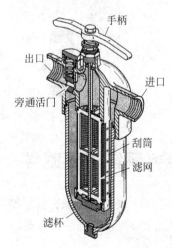

图14-5　冷气滤

14.3.4 分油分水器

分油分水器安装于冷气泵出口,用来将压缩空气中的水分和滑油蒸气分离出来,防止其进入冷气瓶和系统。图 14-6 所示是一种最简单的分油分水器。空气进入时,因气体膨胀和外壳器壁的散热作用,内部温度迅速降低,加之空气在容器内的流动方向和速度发生急剧变化,促使水汽和滑油蒸气很快凝结在器壁上和冷气中的杂质周围,并逐渐沉积在容器的底部。每次飞行后,应及时打开放沉淀开关放出沉淀物。

14.3.5 释压活门

冷气系统压力过高可能损坏导管,挤压出密封装置。因此,在系统中装有释压活门(图 14-7),用于防止冷气系统压力过高。当系统压力正常时,弹簧将盘形活门压在活门座上,冷气不会流出系统。当系统压力超过规定时,作用在盘形活门上的冷气压力克服弹簧力,将系统与外界沟通,多余的空气就被排出机外。此时系统压力为活门打开时刻的值。当系统压力降低时,活门关闭。

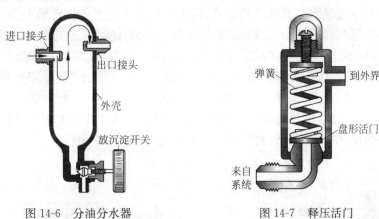

图 14-6 分油分水器　　　　　图 14-7 释压活门

14.3.6 单向活门

冷气系统中单向活门的功用是控制冷气单向流动,不允许反向流动。冷气系统常采用瓣状单向活门(图 14-8)。活门瓣由一个弱弹簧加载。冷气进入活门时,很容易打开活门,但如果冷气欲反向流动时,活门立刻关闭,阻断冷气的倒流。

14.3.7 节流器

冷气系统中的节流器是一种控制活门,用于控制冷气传动装置的传动速度。图 14-9 所示是一种大进口、小出口节流器,其出口流通面积减小可降低冷气流量。

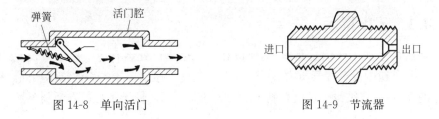

图 14-8 单向活门　　　　　图 14-9 节流器

另一种传动速度调节装置是可调节流器(图 14-10)。该节流器有一个可调锥状活门,可通过其顶部调节螺纹控制底部锥尖与活门座的间隙,来调节节流通道的流通面积,从而决定冷气流量和冷气传动速度。

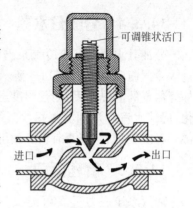

图 14-10   可调节流器

14.3.8   往复活门

往复活门(图 14-11)用于转换冷气来源。例如,在冷气刹车系统中,当两个飞行员同时操纵刹车时,往复活门将刹车较重一边的冷气接入刹车装置,同时将另一边冷气关闭(参见图 14-2)。另外,在正常冷气源与应急冷气源导管之间安装往复活门,可以在正常冷气压力失去后,自动将应急冷气源接入系统,保证传动装置仍然能够工作。

14.3.9   冷气控制活门

控制活门是冷气系统必不可少的附件,用来控制冷气是否流向传动元件。图 14-12 所示为一个控制冷气刹车的控制活门。图示位置为关断位,此时左边的提升活门由弹簧保持在关闭位置,冷气不能流向刹车装置;而右边的提升活门被控制手柄右凸台压下,刹车装置与大气相通。刹车时,将控制手柄压入,活门被置于打开位,此时手柄左凸台将左边的提升活门向下压开,同时右凸台离开右提升活门,故右提升活门在其弹簧作用下向上移动,关闭外界空气的通道。因此,冷气通过预钻通道从进气口流向刹车装置去刹车。解除刹车时,控制活门回到关断位,供气被阻断,刹车装置中的冷气从通气口排出机外。

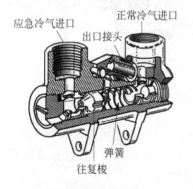

图 14-11   往复活门

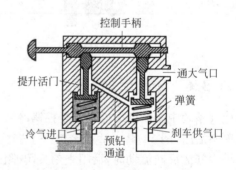

图 14-12   控制活门

14.4   冷气系统工作指示与维护

14.4.1   工作指示

冷气系统的主要工作信息是压力,所以在冷气瓶出口处装有冷气瓶压力表,便于维护人员检查。在驾驶舱中设有冷气压力表(图 14-13),与冷气瓶出口压力表的指示相同。有些利用冷气刹车的飞机,在驾驶舱中还设有刹车压力表(图 14-14),便于飞行员判断刹车是否正常。

图 14-13　冷气压力表

图 14-14　刹车压力表

14.4.2　系统维护工作

冷气系统的日常维护包括冷气泵滑油油量检查、污染及沉淀排放及冷气瓶检查等。

在对系统的日常维护工作中,应定期通过目视检查窗或测油杆检查冷气泵滑油油量。加注滑油后,应及时盖好加油口盖,并打好保险。

对冷气系统应定期清洁,从系统附件和导管中清除污染物、积水或油污。清洁系统时,应首先对系统增压,然后从各附件处拆下导管,这样一来,大流速的冷气就可以将系统中的外来物吹除出去。如果从系统中排出的异物过多,特别是滑油,则应拆下相应的导管和附件,进行清洗或更换。

系统清理完毕并重新连接好系统后,应将冷气瓶进行彻底排放,以放出冷气瓶中可能存在的水分和杂质。

第15章

真空系统及气动陀螺仪表

在目前的中小型飞机上,为了提高仪表的可靠性,在采用电动陀螺仪表的同时,还采用部分气动陀螺仪表。气动陀螺仪表由真空系统提供气源,驱动陀螺转子高速转动。气动陀螺仪表一般有气动地平仪和气动陀螺半罗盘。这样配置的目的是保证在飞机电源系统失效时,还可以通过气源获得必要的姿态和航向信号。

15.1 真空系统及气动陀螺仪表的工作原理

真空系统及气动陀螺仪表的工作原理如图 15-1 所示。活塞式发动机飞机主要利用发动机驱动的真空泵提供真空压力。发动机真空泵形成的抽吸力使空气从进口气滤进入系统,通过气动陀螺仪表后经过出口气滤和真空泵排出系统。

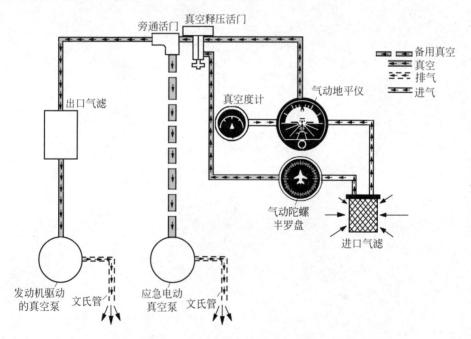

图 15-1　气动陀螺仪表的配置及原理

真空释压活门(有的飞机上使用的是调压活门)用于对真空压力进行调节,以保证真空系统压力在正常范围(如某型飞机上为 4.4～5.2inHg)内。如果真空系统压力不在正常范围内,气动陀螺仪表的指示将不可靠。真空度计为飞行员提供真空系统的压力信号,用于监控系统的工作状态。有些飞机上装备有真空系统压力低"GYROS"警告灯,当真空系统压力低于一定值(如3~3.5inHg)时,该灯点亮。

为了提高系统工作的可靠性,在某些飞机上还安装有应急电动真空泵,当发动机真空泵出现故障时,应急电动真空泵可以提供应急真空压力,它通过旁通活门与发动机真空泵并联进入系统,可以保障相关仪表的正常工作。

15.2 气动陀螺的工作原理

在气动陀螺内,陀螺安装在气密性表壳内,表壳内的空气通过真空泵或文氏管抽出,所以,表壳内形成了局部真空,表壳内的气压减小,替代的空气从表壳外进入该系统,并流经气滤,然后由导管导引到转子上的鱼鳞片。在鱼鳞片的作用下,转子转动。空气经由出口气滤流出仪表。正常情况下转子以约10 000r/min的转速旋转。真空系统驱动气动陀螺转子转动的原理如图15-2所示。

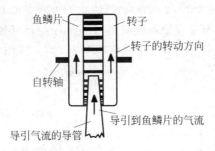

图 15-2 真空系统驱动气动陀螺转子转动的原理

15.3 气动陀螺仪表

气动陀螺仪表主要有气动地平仪和气动陀螺半罗盘。

15.3.1 气动陀螺半罗盘

气动陀螺半罗盘的结构如图15-3所示。其转子由真空系统气源驱动,始终保持在水平面内。自转轴、内框轴和外框轴相互垂直。

1. 气动陀螺半罗盘的原理

在飞机转弯过程中,飞机和表壳沿垂直的外框轴转动,而陀螺转子、框架和刻度盘则因为陀螺的稳定性而保持方位不动。航向标线与仪表壳固连在一起,所以,航向标线相对于刻度盘转动的角度就是飞机的转弯角度。

2. 气动陀螺半罗盘的扶正

在气动陀螺半罗盘要求其自转轴保持在水平面内的某一个方向上。当自转轴保持在水平面内该方向时,称为扶正。

为了使自转轴扶正,气动陀螺半罗盘采取了一定的措施。可以利用气流侧向分力使陀

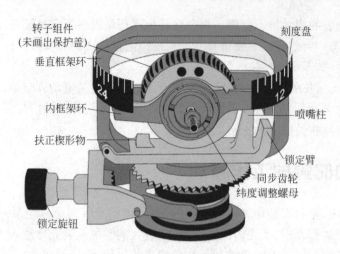

图 15-3　气动陀螺半罗盘的结构

螺扶正,也可以采用专门的机构使陀螺扶正。

图 15-4 所示是利用气流侧向分力使陀螺扶正的原理。在图 15-4 中,当自转轴偏离扶正方向时,气流对转子的作用力被分解成两部分。其中与自转轴垂直的分力继续起驱动陀螺转动的作用,而与自转轴平行的分力则使陀螺进动,使自转轴重新回到水平面内。

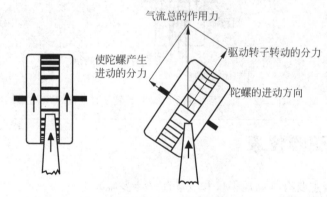

图 15-4　气动陀螺利用气流的作用进行扶正的原理

图 15-5 和图 15-6 所示是利用扶正楔形物对陀螺进行扶正的原理。通常情况下,规定扶正楔形物安装在外框上。当自转轴在扶正方向时,流出陀螺的气流被楔形扶正物分成相等的两部分,这两部分气流在外框上产生的反作用力相等,对陀螺没有力矩,所以,陀螺保持在扶正方向不动,如图 15-5 所示。一旦自转轴偏离了扶正的方向,流出陀螺的气流被楔形扶正物分成不相等的两部分,这两部分气流在外框上产生的反作用力不相等,如图 15-6 所示。这两个不相等的力在陀螺外框上产生力矩,使陀螺进到扶正的方向。

15.3.2　气动地平仪

气动地平仪的结构如图 15-7 所示。自转轴保持在地垂线方向(X-X 方向)。内框轴为飞机俯仰姿态的测量轴,外框轴为飞机横滚姿态的测量轴。转子由真空气源驱动。气流经位于陀螺室底部的 4 个小孔流出地平仪。

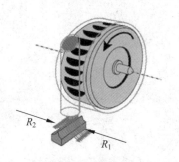

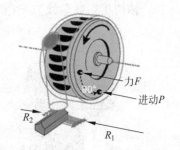

图 15-5　自转轴扶正时楔形扶正物的功用　　图 15-6　自转轴未扶正时楔形扶正物的功用

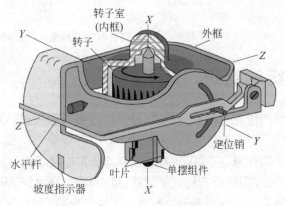

图 15-7　气动地平仪的结构

气动地平仪的自转轴要求保持在地垂方向,这一要求通过气动地平仪的扶正控制结构实现。气动地平仪的扶正机构由位于陀螺室底部单摆组件上的 4 个小孔和 2 对摆性(悬挂)的叶片组成。这 2 对摆性(悬挂)的叶片中的一对(2 个)与俯仰测量轴平行,而另外一对(2 个)与横滚测量轴平行。在每一个叶片的下方有一个小孔。在重力的作用下,叶片位于地垂方向。叶片与小孔的相对位置控制从小孔中流出的气流的大小。

当自转轴位于地垂线方向时,每一个小孔都被叶片覆盖一半,所以,从每一个小孔流出的气流相等,且方向相反,所以,没有外力作用到陀螺上,陀螺不会进动,陀螺自转轴保持在地垂线方向,如图 15-8 所示。

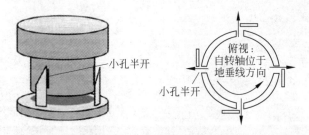

图 15-8　气动地平仪的扶正原理(自转轴位于地垂线方向)

当自转轴偏离地垂线方向时,每对叶片中的一个将完全离开其下方的小孔,使流出该小孔的气流量达到最大。而该对叶片中的另外一个叶片则完全覆盖在其下方的小孔上,使流出该小孔的气流量最小,这将导致作用到陀螺上的力不再平衡,并在陀螺上施加力矩,使陀螺进动,将自转轴扶正到地垂线方向,如图 15-9 所示。

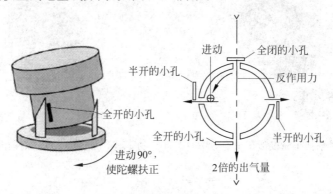

图 15-9　气动地平仪的扶正原理(自转轴偏离地垂线方向)

15.4　真空系统的维护

真空系统的定期维护检查包括目视检查、操作检查和功能检查。有些飞机要求每 400h 更换一次空气滤。

更换真空系统的零部件时,应确保所有的连接部位都连接正确,避免损伤陀螺系统。当一个零部件被拆卸下来时,要将所有的开放管路、接头和附件做好标识,盖上盖子,以防尘土进入真空系统。重新安装时应按照手册规范进行正确的安装,不要将连接螺纹拧得太紧。

更换零部件时,要仔细检查所有的接头,确保接头清洁,没有被细屑、滑油和溶剂污染,结构内部垫片没有老化塌陷的情况,外部没有损伤。接头出现老化、硬化、裂开、易碎现象时,应该进行更换。有些飞机规定真空系统接头的使用寿命为 10 年。不能在连接螺纹上使用维护手册中禁止使用的特氟龙胶带、各种涂料和螺纹润滑剂。

发动机停车状态下,出于维护目的而运转应急电动真空泵时,电动真空泵的工作时间不能太长(一般不超过 2min),其长时间工作会影响电瓶的充电量。如工作时间必须超过 2min,应使用地面电源组件(如装有地面电源插座)进行供电。

参 考 文 献

[1]   冯元生. 飞机结构的分析与先进设计原理[M]. 西安：西北工业大学出版社,1991.

[2]   陶梅贞. 现代飞机结构设计[M]. 西安：西北工业大学出版社,1997.

[3]   钟长生. 民用飞机机体结构与安全[M]. 成都：西南交通大学出版社,2004.

[4]   段维祥,郝劲松. 飞机系统[M]. 成都：西南交通大学出版社,2000.

[5]   赵廷渝. 飞行员航空理论教程[M]. 成都：西南交通大学出版社,2004.

[6]   中国人民解放军空军司令部. 飞机构造学教程. 北京：1964.

[7]   中国民用航空总局航空工程司标准处,中国民用航空学院编译. 民用航空器维修人员指南(基础部分/机体部分)[M]. 成都：四川科学技术出版社,1986.

[8]   U. S. Department of Transportation, FAA. Airframe & Powerplant Mechanics General/Airframe Handbook[M]. Washington, D. C. 1976.

[9]   Jeppesen. A&P Technician Airframe Textbook[M]. Jeppesen Sanderson Inc. ,2002.

[10] Jeppesen. Aviation Fundamentals[M]. Jeppesen Sanderson Inc. ,1995.

[11] 中国民航总局航空器适航中心译. CAT Ⅱ/CAT Ⅲ Operations,1998.

[12] 何小薇,徐亚军. 航空电子设备[M]. 成都：西南交通大学出版社,2002.

[13] 王大海,杨俊,余江. 飞行原理[M]. 成都：西南交通大学出版社,2004.

[14] 朱新宇,胡焱. 民航飞机电气及通信系统[M]. 成都：西南交通大学出版社,2002.

[15] 申安玉,申学仁,李云保,等. 自动飞行控制系统[M]. 北京：国防工业出版社,2003.

[16] 王有隆. 航空仪表[M]. 成都：西南交通大学出版社,2001.

[17] 刘连生. 飞机通信系统[M]. 北京：兵器工业出版社,2005.

[18] 蔡成仁. 彩色气象雷达/现代航空电子设备知识丛书[M]. 北京：中国民航出版社,1992.

[19] 姜波. 飞机检测与维修实用手册[M]. 长春：吉林科学技术出版社,2005.

[20] 蔡成仁. 航空无线电[M]. 北京：科学出版社,1992.

[21] 严仰光,谢少军. 民航飞机供电系统[M]. 北京：航空工业出版社,1998.

[22] EHJ·帕利特. 飞机电气系统[M]. 韩世杰,徐荣林,译. 北京：国防工业出版社,1985.

[23] 沈颂华. 航空航天器供电系统[M]. 北京：北京航空航天大学出版社,2005.

[24] 严仰光. 航空航天器供电系统[M]. 北京：航空工业出版社,1995.

[25] 刘迪吉. 航空电机学[M]. 北京：航空工业出版社,1993.

[26] Lombardo D A. Aircraft Systems：Understanding Your Airplane[M]. TAB BOOKS Inc. ,1988.

[27] Vincent C A,Scrosati B. Modern batteries：An Introduction to Electrochemical Power Sources[M]. 2nd ed. J. W. Arrowsmith Ltd. Bristol,1997.

[28] 益小苏,杜善义,张立同. 中国材料工程大典第 10 卷——复合材料工程[M]. 北京：化学工业出版社,2006.

[29] 单辉祖. 材料力学教程[M]. 北京：高等教育出版社,2004.

[30] 王志瑾. 飞机结构设计[M]. 北京：国防工业出版社,2004

[31] Cessna Aircraft Company,USA. Cessna 172 Aircraft Maintenance Manual,2012.

[32] Cessna Aircraft Company,USA. Cessna 208 Aircraft Maintenance Manual,2006.

[33] Cirrus Aircraft Company. Cirrus SR20 Aircraft Maintenance Manual,2011.

[34] Socata Aircraft Company. Socata TB200 Aircraft Maintenance Manual,2004.